服装跟单实务（第2版）

THE PRACTICE FOR GARMENT MERCHANDISER

（SECOND EDITION）

主 编 楼亚芳

副主编 周爱英 于春阳

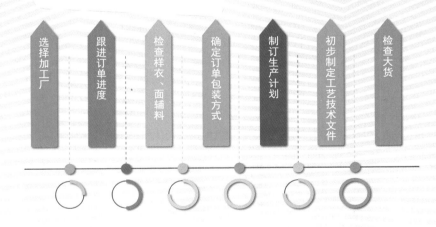

选择加工厂　跟进订单进度　检查样衣、面辅料　确定订单包装方式　制订生产计划　初步制定工艺技术文件　检查大货

中国海洋大学出版社

·青岛·

图书在版编目（CIP）数据

服装跟单实务 / 楼亚芳主编. — 2版. — 青岛：中国
海洋大学出版社，2021.3
ISBN 978-7-5670-2773-2

Ⅰ. ①服… Ⅱ. ①楼… Ⅲ. ①服装工业－生产管理－
高等学校－教材 ②服装企业－销售管理－高等学校－教材
Ⅳ. ①F407.8

中国版本图书馆 CIP 数据核字（2021）第 024111 号

出版发行	中国海洋大学出版社				
社　　址	青岛市香港东路 23 号		邮政编码	266071	
出 版 人	杨立敏				
网　　址	http://pub.ouc.edu.cn				
电子信箱	tushubianjibu@126.com				
订购电话	021-51085016				
责任编辑	矫恒鹏		电　　话	0532-85902349	
印　　制	上海万卷印刷股份有限公司				
版　　次	2021 年 4 月第 1 版				
印　　次	2021 年 4 月第 1 次印刷				
成品尺寸	210 mm×270 mm				
印　　张	12.5				
印　　数	1 ～ 3000				
字　　数	322 千				
定　　价	59.00 元				

发现印装质量问题，请致电 021-51085016，由印刷厂负责调换

前　言

　　随着纺织服装行业生产、贸易的迅速发展和世界经济全球化趋势的日益增强，纺织服装行业的分工越来越细化，跟单工作也显得越来越重要。可以说，企业所有的工作都是以客户和订单为中心展开的，因此，纺织服装企业大多以订单为核心来运作和管理，跟单人员所从事的跟单工作涉及运作体系的各个环节。

　　跟单工作作为企业管理中不可缺少的一个环节，直接影响着企业产品的质量、运作效率和经济效益。产品质量是企业的生命线，运作效率是企业生存和发展的必要条件。纺织服装跟单工作起着承接管理知识与纺织服装知识，进而指导实际生产的桥梁作用。因此，跟单员必须具备一定的纺织服装专业知识和管理知识，这样在工作中才能游刃有余。

　　教材内容紧跟行业动态，与时俱进。编者在大量调查研究、资料收集的基础上，与服装企业管理人员、跟单从业人员进行多次交流、探讨后，结合国内服装企业的实际运作，编写了《服装跟单实务》一书，对服装企业的跟单进行全面阐释。

　　本书既可作为服装专业人员的培训教材或参考书，又适合从事服装跟单工作的跟单员新手学习，也可帮助资深的跟单员提升订单管理水平并再度发展，解决跟单业务上的难题，提高跟单工作水平。

　　本书第一章、第二章由浙江纺织服装职业技术学院周爱英老师编写，第五章由浙江纺织服装职业技术学院于春阳老师编写，其余部分由浙江纺织服装职业技术学院楼亚芳老师编写。同时在本书的编写过程中，得到了许多同行专家的热情帮助，在此表示衷心感谢！本书引用了一些国内外文献资料，在此向有关著者表示诚恳的谢意。

　　由于编者水平有限，书中错漏之处在所难免，恳请读者批评指正。

编者

2020 年 10 月

内容简介

本书紧紧围绕出口服装跟单这条主线，从订单合同签订审查、样衣跟单、面辅料准备、大货生产和出运跟单整个订单处理过程进行阐述，展开相关内容并讨论其管理方法，思路清晰简明。同时本书结合企业实际运作情况，运用典型案例，对跟单常见问题与规避技巧进行深入浅出的分析，更切合企业的实际工作情况。

参考课时安排   总课时数：48 课时

章　节	教学内容	课　时
第一章	绪论	4
第二章	订单开发	8
第三章	加工厂的评估与选择	4
第四章	样衣跟单	12
第五章	面辅料跟单	10
第六章	大货生产跟单	8
第七章	大货出运跟单	2

目　录

第一章　绪论

一、纺织服装出口发展情况

纺织服装出口贸易的发展与我国纺织服装产业的发展密切相关，同时也受到国内外市场环境变化的影响。随着这些年来中国经济的快速发展，中国的服装产业已经具备了世界上最完整、规模最大的产业供应链。

纺织服装出口在我国国民经济的发展中占有非常重要的地位。虽然受金融危机等影响，出口增长出现缓慢情况甚至偶有下降，但总体来说出口总量和增长势头良好，如图1-1-1所示（数据来源于中国纺织品进出口商会网站，截至2019年12月）。

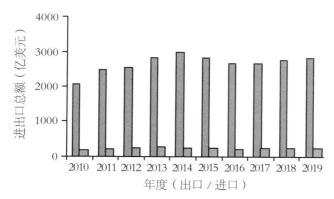

图1-1-1　中国近年纺织服装进出口总额

但是，随着我国出口的增长，外国出于保护其本国纺织服装市场的需要，对中国等有竞争力的国家进行打压。发达国家环保、安全与健康意识较强，技术性贸易壁垒由于其隐蔽性和灵活性就成为发达国家实行贸易保护主义的主要手段和高级形式，而我国纺织服装在此方面差距较大，因此频频受到绿色壁垒、生态标签、安全要求、合格评定程序、SPS（*Agreement on the Application of Sanitary and Phytosanitary Measures*，《实施卫生与植物卫生措施协议》，简称SPS）、包装和标签及标志要求等形式的技术性贸易壁垒限制。例如，2019年2月我国纺织服装及鞋类产品召回情况如表1-1-1所示（数据来源于中国纺织品进出口商会网站）。

表1-1-1　2019年2月我国纺织服装及鞋类产品召回统计

通报原因	违反法规、标准	通报数量	涉及产品
绞勒及伤害风险	EN 14682, CCPSA	3	儿童夹克、儿童裤子、儿童外套上衣
窒息风险（小部件）	CCPSA, Target's quality standards, Small parts	3	儿童开衫套装、儿童牛仔背带裤
燃烧性能	16CFR 1610	1	女生围巾
六价铬	REACH	2	皮裤、皮包

二、服装出口贸易的复杂性

服装外贸中所涉及的各类工作非常复杂烦琐，从面料、辅料到服装成品，牵涉的面非常广。为了适应市场的竞争需求，服装的款式、用料还在不断翻新变化。另外，日益增长的对小批量多品种交易模式的需求，使得服装出口更加复杂。

1. 极强的季节性和实效性

服装的季节性和实效性非常强，这使得服装交货期问题非常敏感。对于服装进口方来说，如交货期计划不周，或出口方交货期延误，将可能使进口方进口的服装不能如期投入市场，错过季节。这时，可能将不得不降价销售或压仓待来年销售，导致收益减少，甚至亏本。因此，服装进口方除了需要非常谨慎地计划要求出口方交货的期限外，还需要时时关注出口方是否如期装运。出口方也应注意制订合理的跟单计划，及时备货，按期交货，装运延误有时会严重影响双方的关系，还可能会受到进口方的索赔。

2. 小批量多品种的市场需求

服装小批量多品种的市场需求越来越成为不变的法则。一笔交易可能会涉及多个款式，每个款式可能会有少则一两种多则七八种不同的颜色搭配。有时，一款衣服，相对于不同的面料主色，还可能有多种镶色搭配，需要不同颜色、不同风格的辅料等。成交以后如果定错料、投错料或用错料等，任何一个环节的失误都将带来直接的经济损失。有时，为了满足客户下单后的种种更改要求，工作变得更加复杂。客户的要求，在出口方力所能及的条件下，可以考虑接受，因为这一般有助于增强双方的关系。但是，如果无法接受，如买方更改材料的要求在卖方定料后提出，买方提出增加数量的要求使卖方无法如期交货等，双方应说明，或拒绝，或进行磋商并修改相应条款。

3. 不够稳定的面辅料质量

因面辅料生产的工序繁多，每一道工序的工艺水平和管理工作的好坏都会影响面辅料的质量。在不少服装出口贸易中，面辅料质量不稳定严重影响了出口合同的顺利履行。因此，在外贸跟单工作中，面辅料进服装厂前质量的监控往往是有关人员要关注的重点之一，例如从毛坯进染布厂，出色样，打中样，一直到成品面料可以交货，都要严格把关，一旦发现什么问题，及时提醒面料商采取补救措施。虽然面辅料生产的工艺实施和质量控制不是跟单员的责任，但如果放任，万一不能如期向服装厂提供合格的面辅料，毫无疑问，出口方的对外交货必定会有麻烦。

4. 其他

由于服装本身的特点，从面辅料检验到服装成品检验，很多指标要依赖主观检验。因此，检验人员的实际操作和主观判断上的差异可能会导致不同的评定结果，这往往是导致贸易争议的原因之一。

另外，随着沿海地区的经济发展，商务、生产等成本不断上升。不少出口方为了降低成本，把服装加工的订单下到了较为边远但劳动力等成本相对低廉地区的工厂。这也无疑会增加服装出口跟单人员的工作强度和难度。

总而言之，服装贸易的复杂性势必给服装出口带来一定的操作难度和风险。因此，服装出口从业人员应该对服装的基本情况，诸如服装纸样、服装测量以及服装的生产工艺和流程，有一定的了解。并且应该知道有关的英语表达方式，以便和外方更好地交流。他们还应熟悉服装出口的基本流程，具备审核外方所提供的物品及单据的能力，知道合同条款的磋商中应该考虑的问题，且掌握合同履行过程中处理具体问题的方法等。以上这些正是本书所要关注的问题。

需要说明的是，在服装出口贸易中，以自己设计的款式、自己的品牌打入国际市场，虽然能够获取更高的附加值，但现今"来样制作"在我国服装出口中占了极大的比例。而"来样制作"中，许多细节要受制于买方的样品和工艺单，因此可以说，从贸易操作角度，特别是合同履行方面，似乎有更大的难度。本书中如果不特别说明，讨论将围绕"来样制作"的出口贸易方式展开。

三、跟单认知

跟单是企业以客户需要为起点，以客户订单为线索，对生产、贸易过程中的各种沟通资讯以及订单标的（产品或服务）的生产运作过程加以监控，对与订单任务有关的生产、物流、信息、资金、客户服务等进行全程跟进、组织、协调、管理、控制，以确保生产任务和订单交易按质、按量、按时完成的全过程。从事跟单工作的人员称为跟单员。

跟单是生产、贸易运作过程的基本控制手段，是企业经营管理的核心业务，综合反映了企业的贸易谈判能力、产品开发能力、生产协调能力、成本控制能力、资讯管理能力和客户服务能力。跟单工作能力的强弱和工作水平的高低，对产品质量的优劣、交货期的准时与否以及成本与效益高低等的影响较大。

（一）跟单的渊源

跟单是专业化分工的结果。在手工业时代，使用简单工具从事小规模生产，产品质量往往由单个生产者的技艺水平决定，生产者的质量标准就是市场的质量标准。专业分工出现之后，产品是由多人分工来完成的，为了达到预期的质量标准，必须有人跟进生产线，监督每位员工的工作质量是否与预期标准一致，质量跟进的管理职能就出现了，这是跟单最早的形态。

在卖方市场时期，由于市场的质量标准是由生产者的质量标准决定的，消费者没有选择权，因此，跟单的职能也就简单地界定为企业内部预期的质量控制。大工业化出现之后，生产者在"生产、交换、分配、消费"四个社会再生产价值链中的地位开始下降，生产者由生产要素的组织者转变为生产要素的被组织者。随着生产、交换的时间与空间分离，特别是品牌营销策略付诸实践之后，为了确保统一的质量，贸易或零售企业制定了质量标准，生产企业必须按照客户的质量标准组织生产。为了检查客户的质量标准是否被有效执行，生产企业需要有内部跟单人员进行质量监测，客户也需要有专业的跟单人员进行质量监测，从而形成由企业跟单与客户跟单构成的质量监测体系。

跟单岗位的出现符合系统论的原理和要求。系统论认为，系统是由若干个相互联系的基本要素构成，系统中各要素不是孤立地存在着，各要素在系统中都处于一定的位置，起着特定的作用。要素之间相互关联，构成不可分割的有机整体。从系统论的角度看，业务的各个分工不是孤立的，而是一个有方向性的动态过程。在生产性跟单中，原料的采购、工艺流程与技术、生产进度与质量控制等环节，在贸易性跟单中，"货、证、船、款"的平衡，装运、保险、报关、结汇的操作与监控等环节，都涉及系统的层次性和有机性。跟单是企业维护生产链和供应链完整，保证企业经营机制和风险防范机制有效运行的重要组成部分。可以说跟单岗位的产生是企业为了取得最佳经济效益、对合同履行进行系统化分工与管理的必然产物。

跟单岗位的出现符合控制论的原理和要求。控制论通过对系统运动规律的认识，能动地运用有关信息并施加控制作用以影响系统运行行为，使之达到人们预定的目标。跟单的任务是落实合同或信用证条款，对生产安排、组织货源、质量管理、报关报检、装运结汇等过程进行全程监控，任何一个环节的问题处理不当均可能酿成风险或造成损失。跟单岗位的出现是在业务的基础环节上防止失误与漏洞，对企业进行有效的风险控制，对保证风险防范机制的正常运行具有重要意义。因此，跟单员要面对客观现实，主动地、积极地、迅速地解决可能产生的问题，规避业务进程中的各种风险。

跟单岗位的出现符合信息论的原理与要求。信息论是研究信息的计量、发送、传递、交换、接收和储存的一门新兴学科。从信息论的角度看，跟单工作就是在履行合同中充分利用各种有利条件和信息源，及时收集来自生产、物流、海关、商检等各部门的信息，处理和化解各种矛盾或不利因素，对各个业务环节做好科学的统筹安排过程。跟单员始终处在生产和流通环节的前沿，掌握着大量第一手信息；需要随时依据信息变化和本岗位的职责范围做出相应决策；对上级和自己决策的效果进行检测、评价和反馈，从而在最大限度上避免决策失误和风险。

（二）跟单的种类

由于工作地点、工作单位、工作对象和工作内容的不同，服装跟单可以划分为不同的种类。各种划分方法没有固定的模式，各服装企业可根据自身的实际情况，做适当分类，以明确工作分工和职责。

1. 根据工作地点不同划分

根据跟单人员工作地点的不同，跟单可划分为内勤跟单与外勤跟单。内勤跟单是指在企业内部开展相关跟单工作，外勤跟单是指在有关协作企业中开展相关跟单工作。对于接单能力较强的生产企业，通常会有大量的外发业务，为了控制外发业务的质量与进度，需要派出专门人员跟进，这就属于外勤跟单。

2. 根据隶属单位不同划分

根据跟单员单位隶属关系的不同，跟单可划分为企业跟单、中介跟单与客户跟单。企业跟单又分为贸易跟单和生产跟单，是贸易公司和生产加工厂分别聘用的跟单人员。中介跟单是专门提供跟单服务的中介公司聘用的跟单人员。客户跟单是客户聘用的跟单人员。

企业跟单、中介跟单、客户跟单虽然分工不同，但都有着共同的目标，存在共同的利益，那就是确保订单生产、交易顺利完成。但他们任职的主体不同，利益关系不同。因此他们之间既有协作，又有对立，特别是在质量问题上出现争议时，需要相互的理解与合作才有利于问题的解决。

在国际贸易中，许多大型的采购集团经营范围很广，不可能在各个专业领域配备专门的跟单人员，通常委托专业的跟单服务机构提供独立性强的第三方跟单服务，他们提供的跟单报告具有权威性，是交货、付款的重要依据。

3. 根据跟单环节不同划分

根据外贸跟单业务的进程，可分为前程跟单、中程跟单、全程跟单。前程跟单是指"跟"到出口货物出货为止。中程跟单是指"跟"到清关装船为止。全程跟单是指"跟"到货款到账、合同履行完毕为止。本书中如果不特别说明，讨论主要将围绕前程跟单展开。

前程跟单中根据不同的订单处理阶段，服装跟单可划分为业务跟单、样衣跟单、面料跟单、辅料跟单和生产跟单。

营销部的跟单主要是为客户和生产部门提供服务，完成交易，销售产品，称为业务跟单；在接单前后以及整个订单生产过程中涉及所有样衣制作的跟踪和审核、寄送、修改等均为样衣跟单工作的内容；面辅料的开发、采购、供应商的开发与评估等工作则归属于面料跟单和辅料跟单的范畴；而生产部的跟单是监控生产过程是否符合订单或客户要求，称为生产跟单。

对于一些中小型的服装生产加工厂或贸易公司，一个跟单员的工作涵盖了客户业务开发、面辅料采购、订单资料汇编、样品试制、生产与货运的全过程跟进工作。对于一些大型的服装企业，订单量大，客户较多，为了提高跟单专业化水平，将跟单过程分解，每个跟单员只负责某一个环节的跟进工作。前者对跟单员素质要求较高，要求具备全过程的跟进能力，由于全程由一个人完成，与客户、生产企业的沟通更容易，服务水平较高，责任也比较清楚。后者只要求跟单员掌握个别环节的监控方法，分工较细，专业化程度较高，因此效率较高，但由于全过程是由多人完成，协作难度加大，容易出现脱节。为了避免这种情况发生，需要建立完善的资讯系统以及良好的沟通机制。

（三）跟单员与其他外贸工作岗位的关系

出口服装贸易要经过贸易合同的商订，办理货物运输、货运保险、出入境商品检验、进出口货物报关和制单结汇等多个环节，其中从业的岗位有外销员、跟单员、单证员、报检员和报关员。这些岗位的工作在外贸业务的进程中有着一定的关联性，单就工作内容的重点来看，又有着明显的差异。外贸跟单员与其他外贸工作岗位的关系也是如此，如图1-1-2所示。

（四）跟单的特点

跟单员的工作范围非常广泛，既有企业生产过程和产品质量控制的事宜，也涉及与外贸业务员有关的其他相关部门（如海关、检验检疫、货物运输）的事宜。在协助外贸业务员的磋商谈判（报价）以及与客户签订合同后的确认样的制作、生产过程、报检报关、理赔索赔、争端解决、仲裁诉讼等阶段都有跟单员的身影。

1. 较高的责任心

跟单员的工作是建立在订单与客户的基础上。订单是企业的生命，没有订单企业无法生存；客户是企业的上帝，失去了客户，企业就不能持续发展，而订单下的产品质量，是决定企业能否顺利收回货款、保持订单持续性的关键。因此，执行好订单、把握产品质量，需要跟单员的敬业精神和认真负责的态度。

2. 协调与沟通

在跟单员的跟单工作过程中，对内需要与多个部门（如生产、计划、检验等部门）打交道，对外要与商检、海关、银行、物流等单位打交道，协调处理在跟单工作中遇到的问题，因而跟单员的协调与沟通能力直接影响工作效率。

3. 节奏快、变化多

跟单员的工作方式、工作节奏必须适应客户的要求。由于客户来自世界各地，他们有不同的生活方式和工作习惯，因此，跟单员的工作节奏和工作方式必须与客户保持一致，具有高效率和务实性，能吃苦耐劳。另外，不同的客户需求也不同，而且这种需求又随着产品不同而有所区别，这些都需要跟单员有快速应变的能力。

4. 工作的综合性、复杂性

跟单员工作涉及企业中所有部门，由此决定了其工作的综合性、复杂性。跟单员对外执行的是销售人员的职责，对内执行的是生产管理协调。所以跟单员必须熟悉进出口贸易实务和工厂的生产运作流程，熟悉和掌握产品的知识和生产管理全过程。

5. 涉外性和保密性

跟单员的工作是围绕着外来订单进行的，其中的外贸订单不仅具有涉外性，而且在跟单过程中要与国外客户沟通，理解并贯彻他们对合同履行的要求，从而保证订单的顺利执行。跟单员在跟单过程中，涉及客户、商品、工艺、技术、价格、厂家等信息资料，对企业来说，都是商业机密，对外必须绝对保密。因此，跟单员必须忠诚于企业，遵守保密原则。

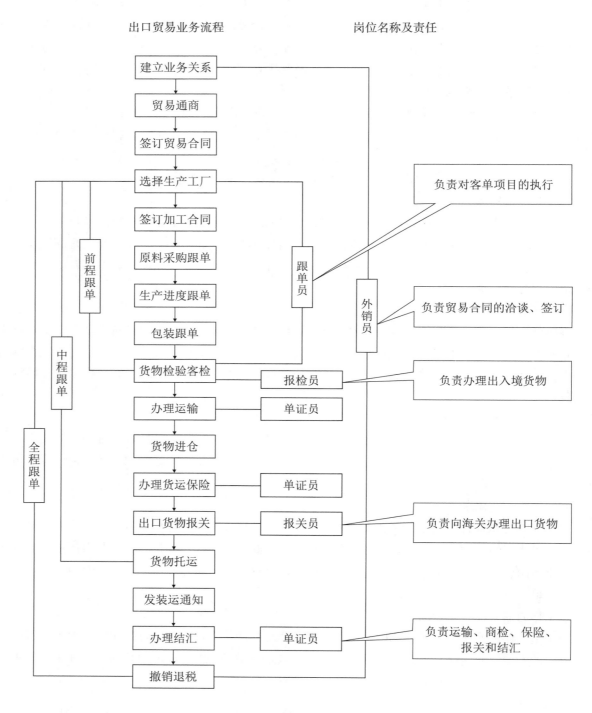

图1-1-2　外贸跟单员与其他外贸工作岗位的关系

（五）服装跟单工作流程

服装跟单广泛存在于服装加工厂、服装进出口贸易公司、服装品牌经营公司中，其工作内容与企业的规模、性质有关，但核心工作内容是相同的。根据服装跟单的核心内容，服装跟单大致可包括订单开发、样衣跟单、面辅料跟单、生产与质量跟单、船务跟单等相对独立的跟单流程。

1. 订单开发

订单开发也称业务跟单，工作内容主要包括不断开发新客户、定期寻访老客户、产品设计开发与展示、接洽订单与交易磋商、订单报价与合同签订。

2. 样衣跟单

利用生产企业资源或专业打板公司设计、制作服装样衣，监控各种样衣的制作质量和进度，跟进各种样衣的评审，并按照客户的修改意见跟进各种样衣的修改，为相关部门及生产企业提供成衣生产的成本估算。

3. 面辅料跟单

面辅料跟单的主要工作包括以下方面：开发面辅料品种及面辅料供应商；按照客户要求或客户提供的面辅料样品，评审面辅料供应商的面辅料样品；向客户提供面辅料样品，跟进客户的评审、确认；为相关部门及生产企业提供面辅料报价服务；对面辅料生产进度、质量、交货期进行监控，组织面辅料查货验收。

4. 生产与质量跟单

生产与质量跟单的主要工作包括以下方面：评选服装加工厂；向客户提供生产前样品、生产周期计划等咨询；跟进生产进度，对生产过程进行现场监控，并开展中期、后期质量查验，做好出货安排；跟进加工厂寄出船样和客户对船样的确认；订单生产完成后的文件资料整理与归档工作等。

5. 船务跟单

根据订单交货期，制订交货日程安排计划、租船订舱、分配货柜；跟进交货的详细资料及有关文件，协助做好货款结算工作等。

一个订单从接单到出运，其大致流程如图 1-1-3 所示。

（六）服装跟单的能力要求

现代商贸物流和国际贸易的迅速发展，使服装经营规模不断扩大，这为服装跟单提供了广阔的就业空间，服装企业对服装跟单的专业人才需求迅速增长，同时，对跟单人员的素质提出了更高的要求。作为服装跟单员，从其工作内容来看，需要具备以下能力。

1. 分析报价能力

能够分析客户的特点，清晰了解客户的需求。随时掌握市场原材料价格的变化，并根据订单产品价格的构成，迅速提供生产企业与客户均能接受的准确、合理的报价，并尽快获取订单。

2. 生产预测能力

根据客户订单的要求、企业的生产能力、物料的供应情况等，预测生产加工过程中可能出现的问题，并与客户协商，制定相应预防、变通措施，反馈给客户确认，以利于订单签订、生产计划以及交货期的安排。

3. 沟通交际能力

服装跟单员不仅要善于口头沟通，还要善于书面沟通，能够熟练使用现代通信工具，准确地表

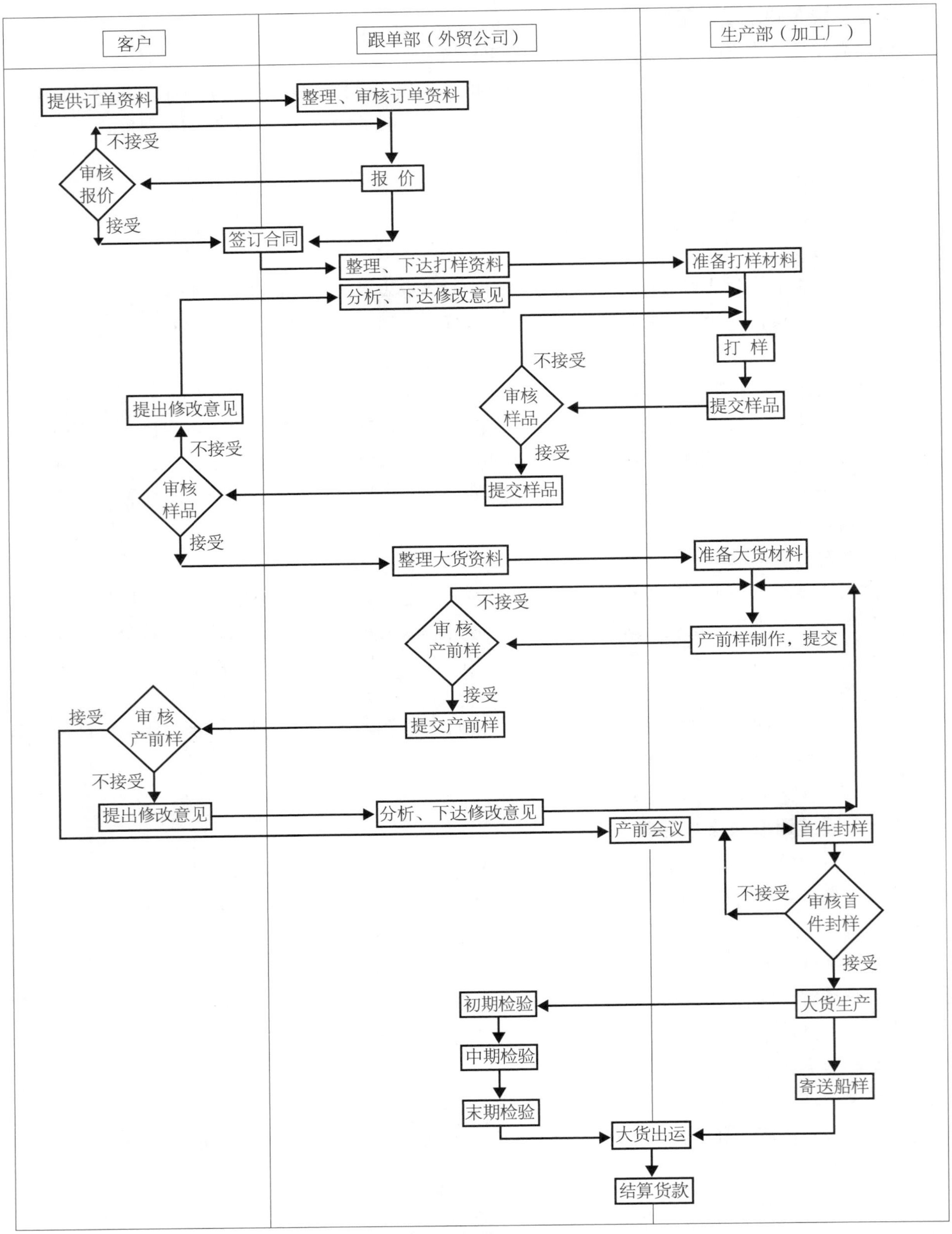

客户	跟单部（外贸公司）	生产部（加工厂）

提供订单资料 ← 整理、审核订单资料

不接受

审核报价 ← 报价

接受

签订合同 ← ┐

整理、下达打样资料 → 准备打样材料

分析、下达修改意见

不接受

打样

提出修改意见 ← 审核样品 ← 提交样品

不接受

审核样品 ← 提交样品

接受

接受

整理大货资料 → 准备大货材料

不接受

审核产前样 ← 产前样制作，提交

接受

审核产前样 ← 提交产前样

接受

不接受

提出修改意见 → 分析、下达修改意见 → 产前会议 → 首件封样

不接受

审核首件封样

接受

初期检验 ← 大货生产

中期检验

末期检验 寄送船样

大货出运

结算货款

图1-1-3 订单基本流程图

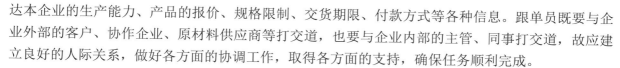

达本企业的生产能力、产品的报价、规格限制、交货期限、付款方式等各种信息。跟单员既要与企业外部的客户、协作企业、原材料供应商等打交道，也要与企业内部的主管、同事打交道，故应建立良好的人际关系，做好各方面的协调工作，取得各方面的支持，确保任务顺利完成。

4. 服装专业能力

对客户所下的任何一张订单，跟单员都要从价格、面料、辅料、工艺、款式、质量等多方面加以分析，所以跟单员需要具有相应的服装专业知识。例如，掌握产品原材料的特点、性能、来源地、成分，所生产服装的种类特点、款式细节、品质要求等，以便向客户提供专业的参考意见，帮助客户改进产品，提高产品市场竞争力。

5. 商务谈判能力

跟单员在日常工作中经常遇到与客户谈判的情况，无论是涉及价格、服务、投诉，还是面对客户提出苛刻的要求，都需要通过与客户谈判，争取客户的认同或使客户的要求合理，力求用有限的资源换取最理想的回报。跟单员要通过谈判，努力使企业与客户双方达成共识，实现双赢。

6. 紧急应变能力

在服装生产过程中，如果出现紧急情况或突发事件，跟单员必须根据实际情况，做出快速反应，或及时向主管汇报，或采取恰当办法，或请求援助，务必使问题得到及时有效的解决，确保订单生产按预定计划进行。

7. 角色转变能力

服装跟单员有时代表服装生产企业与客户进行谈判，有时又代表客户与服装生产企业协商；有时代表服装生产企业与原材料供应商洽谈，有时又代表供应商向客户反映原材料的问题。总之，跟单员在整个跟单过程必须善于随时转换角色。

8. 其他综合能力

由于跟单具有较强的综合性，涉及相关的外贸业务，决定了跟单员需要具备一定的外语会话能力、计算机操作能力、灵活运用各种统计工具控制进度的能力，还需具备装卸、运输、仓储、配送以及财务会计、银行单证等方面的知识，了解国际贸易的相关规则以及商检、报关等进出口手续，熟悉关于合同、票据等的法律知识。

（七）服装跟单的应用

随着服装生产规模的扩张和专业化水平的提高，我国已成为世界上最大的服装生产国，服装产能不再是制约服装产业链发展的瓶颈。在服装产业结构调整过程中，服装国际贸易机构、服装国内批发机构、大型百货公司、服装品牌经营者成为服装产业链持续发展的新龙头。服装跟单作为服装生产过程控制的手段，在服装产业链升级过程中逐渐延伸到商业贸易、第三方公证服务等领域，成为服装贸易过程控制的关键程序之一。

1. 服装加工企业（加工厂）

服装加工企业是指按客户订单要求进行服装产品加工的企业。客户订单既有来自国内服装品牌的经营者，也有来自国际大型的采购集团、品牌公司或百货公司。对于中小型的服装加工企业，往往只具有单纯的服装生产加工能力，其主要的业务包括接受客户订单加工委托，按客户指定的供应商采购订单生产所需的面料、辅料及包装物料，并为客户提供样衣制作或产品报价服务。对于大型的服装加工企业，还可提供产品设计、面料开发、出口业务等方面的服务。

在服装生产加工企业，服装跟单作为生产控制、质量控制的重要环节，在全面理解客户订单所规定的客户要求、质量要求的基础上，对生产过程的每一个环节进行质量、数量、进度方面的跟进，并与客户沟通，确认生产的每一个环节均能符合客户的要求，确保正确履行订单合约，保证质量（含品种）、数量、成本、交货期达到客户要求，实现交易合同 100% 的达成率。

2. 服装贸易公司（服装洋行）

大多数以生产加工为主要业务的服装企业只负责服装生产加工，服装销售则是由中间商完成的。以内资为主的中间商，通常称为服装贸易公司，其业务既包括国内贸易业务，也包括国际贸易业务。以外资为主的中间商，沿用我国香港、台湾地区的叫法，通常称为服装洋行，其业务主要是面对国际客户，提供服装采购服务，其采购地点可以遍及世界各地。

服装贸易公司按照业务性质的不同，又可分为批发商和代理商。批发商通过批量购进和批量转售服装商品，套取进销差价，获得经营利润。代理商通过为客户提供服装商品的采购代理服务，提取佣金获得经营收入，代理商通常也兼营服装批发、零售业务。由于经营规模或经济实力不同，服装贸易公司为其客户或服装生产商提供的服务也不相同。规模较大、职能较全的服装贸易公司通常有自己的服装品牌，可为客户提供市场信息咨询、服装产品设计、服装样品制作、仓储运输及质量保证等服务，也可为服装生产商提供原材料采购、生产技术指导等服务。而规模较小的服装贸易公司，往往只能提供有限的批发服务，或按照客户提供的服装样品，代理服装商品采购。

在服装贸易公司中，跟单作为贸易过程控制的关键环节，其工作目的是保证受托加工的生产企业能够完全按照公司所下的订单要求完成订单生产任务。一方面，跟单员根据订单规定，监控生产企业的生产过程，使订单的整个生产过程处于受控状态；另一方面，跟单员也可与生产企业的有关部门及生产跟单员进行沟通，使生产企业更容易理解贸易公司对产品的要求，及时解决生产过程中出现的问题，从而正确安排与组织生产。

3. 服装集团公司

服装集团公司是指拥有自主品牌，集研发、生产、贸易于一体的大型服装企业，其产品设计、样衣制作、材料采购、生产加工、仓储运输、销售贸易等过程中的全部业务由企业内部机构完成，企业内的各个部门相对独立，业务各有分工。大型服装集团公司设有专门的信息部门，负责国内外服装市场的信息收集、研发、预测、动态研究等。

在服装集团公司，服装跟单主要包括生产跟单与贸易跟单两大类，分别服务于生产部门和营销部门。在服装集团公司内部，生产部门相当于生产加工企业，营销部门相当于客户。由营销部门向生产部门签发的生产通知相当于订单，生产跟单与贸易跟单虽然各自职责不同，利益相对独立，但目标完全一致，在公司管理层统一领导指挥下，两者能够紧密配合，协调运转。

4. 国际公正机构或商会机构

国际公正机构或商会机构是专门提供国际贸易过程监控服务的机构，其受客户委托，以第三方的身份，对客户委托单额标的（产品或服务）进行全程监测，独立发表相关的专业意见，出具权威报告，该报告将直接影响客户是否接受标的。如沃尔玛（Wal-Mart）在国际市场采购中通常需要公证机构或商会机构提供的厂评、查货、技术检测等服务。

作业与练习

1. 仔细阅读下面两则招聘信息及要求，以进一步理解跟单员的工作内容与能力要求。

外贸跟单 Merchandiser

职位描述：

要求：三年以上外资企业外贸跟单经验，熟悉服装（针织、梭织），如牛仔裤、衬衫、女装上衣等。能合理、有效控制生产产品品质，与不同单位、不同部门有效沟通。优秀的英语听说读写和翻译能力，熟悉 Internet 及 Excel、Word 等软件的使用。性格开朗、有活力，工作认真负责，能承受工作压力，有团体协作精神。

职责：

1. 负责通过邮件与客户沟通，确认订单以及细节。

2. 负责接待客户，陪同翻译并面对面商洽，提供相关信息。

3. 负责产品开发阶段与工厂的沟通，及样品的跟进，从头样到确认样。

4. 负责跟进样品开发制作过程，合理安排工序，并改进生产流程。

5. 负责订单的维护与跟进，及时跟相关单位沟通，安排订单生产进度。

6. 负责评估及开发供应商。

7. 负责生产过程的监督与跟进，及时发现生产中的问题并着手解决，确保品质稳定。

8. 发现生产流程中的潜在问题并持续改进。

7. 与各部门沟通，确保订单按时、按质完成。

9. 确保货物及时出货。

10. 处理与客户的往来邮件，帮助各成员有效及时沟通。

Merchandiser-apparel/clothing

Position Description:

1. Be in charge of order contact and follow up the company's customers order.

2. Arrange the sample delivering according to the customers' requirements.

3. Contact with the supplier, find the suitable factory, and make sure the quality of the products fits the customers' requirements.

4. Ensure timely arranging test and shipping.

5. Other duties as specified by manager.

Education & Training:

1. Minimum 2 years past experience of merchandising in trading company.

2. University Degree is required.

3. English speaking with minimum CET 6 achievement.

2. 上网搜索 5 则服装跟单的招聘信息，要求其中两则为英文描写的招聘信息。

第二章 订单开发

第一节 订单开发业务分析

订单开发以服务老客户为主，同时也承担新客户的开发任务，为有意向的新客户提供服务。订单开发的过程主要包括订单开发的前期工作、洽谈磋商、成本估算与报价、签订合同等。订单开发的每一个环节，都是客户亲身体验交易过程的"关键时刻"，其中任何一个环节出现疏漏，都将导致整个过程出现问题，损害客户对企业的满意度。要真正让客户满意，首先必须做好订单开发这项基础工作。

一、客户开发

通常，可通过关系介绍结识客户，也可通过广告媒介、向外发电发函或发送介绍自己公司的资料、参加对外的展销会等，向客户介绍自己，以引起客户的兴趣，进而建立业务关系。介绍自己公司的资料要简明扼要，突出特点，表明诚意。如果通过电子邮件交往，在开始阶段的邮件上，建议在标题栏写明公司的名称和邮件意图，如"To establish business relations; from Ningbo Chengfeng I/E Co."。邮件内容应该尽可能地简要，不要随意粘贴照片或附有其他压缩文件，以免他人误以为藏有病毒而直接删掉，或被他人公司的服务器管理员误认为是垃圾邮件而拦截。

有条件的公司可以建立自己的网站，如条件不成熟可在网络服务商的服务器上申请建立自己公司的主页。可以通过申请知名搜索引擎的链接，介绍公司情况、发布商品信息，让客户能及时了解公司的能力和需求。也可通过网络浏览有关国内外客户的网页，搜寻客户信息，了解客户的需求。有些比较大的网站专门为用户建立了信息发布以及交易平台，他们提供的信息量也比较大，有条件的公司可以考虑选择一个较好的网站注册为会员。以上均为业务关系的建立和发展提供良好及便利的途径。

二、客户资料认知

买卖双方进行服装出口贸易磋商时，买方一般会提供一些物件或打样资料说明其对所要购买服装的要求，具体提供什么，通常视情况而定。对于出口商跟单员来说，在磋商阶段必须要清楚自己从买方那里获取什么信息。

在来样制作的出口贸易中，买方一般需要提供服装、面辅料实样以及对应的订单资料，如附录1至附录6所示。也有只提供款式图，其余细节由工厂开发的。看懂订单资料非常重要，尤其当外方不提供或不及时提供样品时。不同国家、地区的不同公司的订单资料格式、内容不尽相同，一般含款式图、规格尺寸、面辅料要求、工艺要求（如各部位缝合方法、缝迹形式、线密度等）；有的会标明标签、吊牌的具体要求，如图形、文字的大小、制作要求及在服装上的缝制部位和缝制要求，有些甚至还说明包装方式及刷唛要求。

为了磋商能够顺利进行，对卖方跟单员来说，一般对具体订单要求明确以下信息以利于报价和满足客户要求，进而接单。

1. 面料的要求

在服装出口中，面料的规格要求一般作为出口服装的品质指标之一。在我国目前的出口贸易中，面料成本一般为服装的主要成本，面料的要求不一样，价格相差很大。

一般要明确了解客户要求中有关面料的信息，包括原材料、原材料比、面料的名称、所用纱线的规格、织物密度（或克重）、染整要求、理化指标等。复杂面料还要借助样布（fabric sample 或 swatch）来说明。

例如，附录 1 童装订单中，明确指出了面料的组织结构为棉毛布（interlock），面料成分为 100% 棉（CTN，cotton 的缩写），克重为 190 克／平方米，颜色为奶油色（crème 32054，其中 32054 是公司内部对颜色的一个编号）。又如附录 4 衬衫订单对面料的要求，用文字来描述："fabrication: 100% cotton Y/D, 40×40, 120×80"（面料结构：100% 棉，色织，纱支 40×40，经纬密度 120×80）。文字没法描述的情况，如其色彩组合，用图片形象地描述出来。

如果有生产商的货号，订单资料中一般会引用，如"Cotton Poplin Art.No.1111"（棉府绸，货号 1111）。如果买卖双方对于这个货号对应的面料的某些规格指标的含义有共识，那么引用了该货号后，那些规格指标一般可以不再描述。如果客户买方要求从指定的面料商进料生产，还应提供面料商的名称、地址、面料的生产商货号、报价等，以便服装出口方按此计算面料成本并做出相应的服装报价。成交后，出口商还需要按此信息向指定的面料商订购面料。例如，附录 5 夹克衫订单面料要求，明确指出是 62578196 Plain Weave，即编号为 62578196 的平纹梭织布。面料供应商为 0ky002-TEIJIN NANTONG (CHN)，这个供应商也只是列出了其代号和名称缩写，说明买卖双方对供应商信息有共识。但这个面料的个性部分，即编号里面可能没有包含的一些指标需详细列出，如它的印染信息：base color（基布色）、big stars（大星星）、small stars and triangles（小星星和三角形）。

其中的理化指标是对面料品质要求的进一步描述。特殊服装的面料可以限定机械强度方面的理化指标，但普通服用面料常见的指标多为缩水率（shrinkage）、色牢度（color fastness）、抗起毛起球性（pilling）等。确定理化指标有两点应该注意：① 对测试标准应有共识，一般常以供方所在国有关标准为准，或采用公认的第三方测试机构所用标准；② 指标应合理并应有机动幅度，如缩水率低于 3%（shrinkage below 3%），光照色牢度至少达到 3.5 级（color fastness to light, minimum Grade 3.5）等。有些指标如甲醛含量、pH 指标等，如有必要可以说明，但它们已经成为很多国家市场准入的法定指标，因此，即使合同中不说明，供货方也必须满足法定限度。

2. 辅料的要求

跟单员必须清楚所涉及辅料的材料、质地要求、有无指定品牌等。如有特殊的材料、质地、品牌等要求，需考虑能否操作，若能，报价时必须考虑相应的成本增加。如特殊款式的纽扣需要专门开模具，因此纽扣用量和成本将有密切关联，并且出口方需要及早获得样品以供纽扣厂出样、生产。又如附录 5 夹克衫订单中明确要求拉链为品牌拉链 YKK，因其价格较高，相应报价也应提高。

审核客户资料时还应注意买方对标签和吊牌的要求，包括文字、图案、条形码、质地、缝制部位和缝制要求等，关注它们的可操作性。提花织造的标签肯定要比印制的标签费钱费时，套色的吊牌也肯定比单色的吊牌费钱费时等。

同样，辅料也有理化指标。例如，附录 5 夹克衫订单中指出拉链：nickel free（不含镍）。

3. 服装纸样

即使是来样制作的服装出口贸易，买方是不是提供纸样也要视具体情况而定。通常有以下三种情况。

① 如果款式比较复杂且买方又有自己的设计和打样部门，买方不但会提供服装样衣，还会提供样衣纸样，以供出口方做对等样。如果大生产纸样需要出口方自行推档，买方往往要求出口方另外提交最大和最小尺码的样衣供确认。

② 如果买方公司具备完善的 CAD 系统，为了避免出口方推档失误，买方除了提供样品纸样，还会提供用于大货生产的各档尺码的纸样。

③ 如果服装款式比较简单，或买方是没有设计和打样部门的纯商业公司，并且仅能提供服装样衣或服装款式图、规格单、细节工艺要求，如附录 1 至附录 6 所示，由出口方安排出基础尺码的纸样，制作样衣。买方确认样衣后，出口方将按买方提供的成品规格表计算推档变量，将基础尺码纸样推档成大货生产所需的各档尺码的纸样。

在贸易磋商中，买方提供的样品、资料等说明了其对所需的服装名称、规格（如款号、面辅料要求、颜色和尺码搭配）等的要求。跟单员应仔细审核买方提供的物件和单据，确定实施的可能性。如有疑惑，应及时向买方提出，要求给予澄清；若有异议，应向买方提出并阐述自己的观点。

4. 制作工艺

制作工艺的审查一般结合款式图来进行，主要审查面料和辅料颜色搭配、拼布颜色搭配及工艺细节、印花、绣花等特殊或新型工艺等。

① 面料和辅料颜色搭配。有些订单分为不同的组别，每个组别的款式相同，但是面料和辅料的颜色搭配不同，必须描述清楚具体的颜色搭配。

② 拼布颜色搭配。拼布也称撞布或拼块。有些款式由不同颜色的拼布组成，或者相同款式拼布颜色搭配不同，因此需要具体的颜色搭配指示。

③ 工艺细节。它包括缝纫线、绲边、镶边等。另外，是配色还是撞色也必须写清楚。

④ 印花或绣花说明。有些款式中标有印花或绣花，需要说明印花或绣花的种类，还要说明颜色以及位置、规格等。一般来说，需要说明印花或绣花的图样（也称为花稿）。

此外，一些特殊及新型工艺也必须说明。制作工艺决定着报价，决定着能否接单。

三、报价

服装报价是一项重要工作，关乎整个公司的利润前景，也是公司与外界的一个窗口，直接影响公司的成败。所以，报价虽然只是一个小环节，却起到很大作用。

通常服装企业和客户事先都有一个目标价格，而且双方的目标价格会有一定的差距。对服装企业而言，通常会争取更高的成交价格，以保证自己的收益；对客户而言，通常会尽量压低成交的价格，争取更大的利润。在洽谈过程中，跟单员要充分考虑市场实际，制定成交底线，合理确定目标价格。目标价格定得太高，容易失去成交的机会；定得太低，经营的效益无法保障。因此，在订单开发时，根据客户提出的需要，给出正确、及时、合理的报价是提高接单成功率的关键。

跟单员在确定价格时，既要了解客户订单的尺寸规格（如尺码大的服装用料多）、颜色配比（如白色面料成本较低，染颜色的面料成本要高）、数量（如有特殊要求或成交数量少的产品，成本较高）等因素，又要充分考虑面辅料市场行情的变化和价格的涨跌，以便确定的价格既能基本实现企业的目标利润，又符合市场的行情，具有较强的竞争力。

1. 报价的原则

报价的原则是追求最高，即要获取利润。但是太高会失去客户，太低会亏本，要结合市场制定价格。

2. 价格构成

价格主要由以下五个方面构成。

① 直接成本：包括面料、辅料、加工费用等。可以根据订单的生产技术资料及有关原材料的市场行情进行估算。

② 间接成本：包括经营过程中发生的各种折旧、管理人员的工资、福利费用及行政管理费用等。通常根据经验进行估算，如按照直接成本的定额比例进行估算。

③ 交易成本：包括结算费用、运输费用、银行费用等，可以根据合同中规定的交易方式进行计算。如在出口贸易中，如果采用 CIF 或 C&F 价格成交条件，那么交易成本中应包括海上运输费用或保险费用；如果采用 FOB 价格成交条件，则交易成本中只含有将服装装运至外轮的运输费用。

④ 目标利润：可以根据目标成本利润率进行估算。

⑤ 税金：在商品报价时，通常将税金考虑进去，称为含税的报价。为了提高报价的竞争力，目前我国采用出口退税的政策鼓励出口。

对于国外客户的订单，除了要考虑以上五个基本因素外，还要考虑汇率、风险等问题。

3. 报价流程

报价基本流程如图 2-1-1 所示，对于跟单员来说，关键要做好以下几点。

（1）分析客户的询价资料

当收到客户的询价资料后，不要急于报价。要跟客户全面详细沟通了解此订单信息：数量多少、何时交货、工艺如何、有无绣花、有无水洗、用何包装、面料等；同时还要考虑能否满足客户的要求。比如，一个订单要求水洗，本地没有水洗厂，那么到外地水洗势必会增加成本，延长交货期，这些都要考虑进去。

（2）面辅料供应商询价

目前大多数贸易公司倾向于将面料及辅料的采购工作交给加工企业，但是为了保证达到客户的要求，通常会事先寻找合格的供应商，并获得比较合理的报价，以此指导加工企业在采购面料及辅料时的报价。

供应商询价不仅仅是获得相关的价格资料，更重要的是可帮助客户开发新的面料及辅料。在完成供应商询价之后，将有关的价格、样品等资料传给加工企业，供加工企业报价参考。

（3）加工厂询价

将客户询价资料补充完整之后，选择加工厂，将相关询价资料传给工厂，要求工厂提供加工报价。向工厂提供的报价资料一般包括以下项目：① 客户订单工艺要求；② 货期与数量；③ 面料供货商资料；④ 辅料供货商资料；⑤ 报价方式等。

为了获得合理的报价，通常需要向几个实力相当的加工厂提供询价资料，以进行加工价格比较，确定合理报价水平。对于有能力的跟单员来说，可以自己计算加工费。如表 2-1-1 所示，列出完成该服装所有工序，各工序加工时间、难度系数等，结合当前工人工资就能算出工厂的加工费。需要说明的是，合理的报价水平不是最低的报价水平，而是保证订单交易能 100% 达成，即实现客户订单需要，并能实现生产企业与贸易公司合理利润水平的价格。

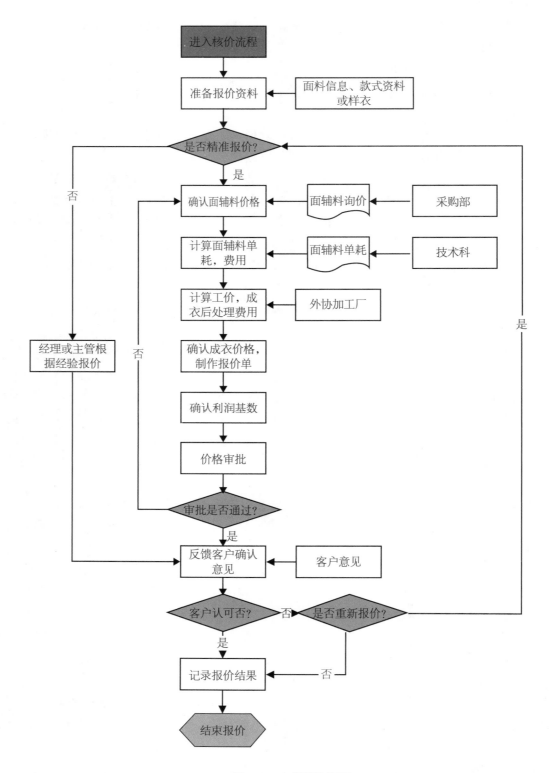

图2-1-1 报价流程图

表 2-1-1　男 T 恤工缴计算样表

×××有限公司服装企业管理系统合约工序表

							生效日期：	2018-02-21

款号： ×××　　　　　　　　　　　　**货号：** ×××　　　　　版本号：　A
品名： 男式圆领短袖衫（男式文化衫）　　**款式编码：** MBNMTSWE　　合约数量：　×××
　　　　　　　　　　　　　　　　　　　　　　　　　　　　　　　目标效率：　82%

工作组别	工序编号	工序代码	工序名称	技能等级	机器类型	C&M标志	辅助工具	SAM/件	实际单价/件	标准单价/件	100%产量（10小时）	目标效率
缝制	001		分包	D	手工	N		0.170		0.032	3529	82%
缝制	002		平车钉旗标 ×1	C	平车	Y		0.150		0.032	4000	82%
缝制	003		四线拼肩内衬十三边 ×2（同时替入左肩丝带襻）	C	拷克车	Y		0.440		0.093	1364	82%
缝制	004		平车拼合领罗纹 ×1	C	平车	Y		0.150		0.032	4000	82%
缝制	005		四线拷克上领	B	拷克车	Y		0.480		0.114	1250	82%
缝制	006		手工剪后领包条	D	手工	N		0.050		0.009	12000	82%
缝制	007		平车折光两头落后领包条 ×1	B	平车	Y		0.560		0.133	1071	82%
缝制	008		平车压后领包条止口 ×1	B	平车	Y		0.480		0.114	1250	82%
缝制	009		四线拷克上袖 ×2	C	拷克车	Y		0.660		0.140	909	82%
缝制	010		四线拼合大身袖底缝 ×2	C	拷克车	Y		0.620		0.132	968	82%
缝制	011		双针折压袖口明线 ×2	C	坎车	Y		0.620		0.132	968	82%
缝制	012		双针折压下摆明线 ×1	C	坎车	Y		0.480		0.102	1250	82%
缝制	013		检验	D	手工	N		0.400		0.076	1500	82%
缝制	014		手工放十三边（42 厘米）							0.02/M		82%
								5.260		1.142		

备注　　_____

* **部门：**
SAM 小计：
单价小计：
* **部门：**　　　　**整烫**
SAM 小计：　　　　　　0.000
单价小计：　　　　　　0.0000
* **部门：**　　　　**非正常**
SAM 小计：　　　　　　0.000
单价小计：　　　　　　0.0000
* **部门：**　　　　**缝制**
　拷克车　　　　　　　2.200
　平车　　　　　　　　1.340
　坎车　　　　　　　　1.100
　套结车　　　　　　　0.000
　纽门车　　　　　　　0.000
　纽扣车　　　　　　　0.000
　锁眼车　　　　　　　0.000
　人字车　　　　　　　0.000
　中烫　　　　　　　　0.000
　手工　　　　　　　　0.620
C&M SAM 小计：　　　5.260
C&M 单价小计：　　　　　　　　　−1.1417　　−100%　　复核：_____

总单价：
总 SAM 值：　　　　5.260

比例

制作：　×××

（4）与**客户进行报价协商**

为了交流的方便与顺利，向客户提供的报价项目一般会列出服装价格构成的各个项目，如表2-1-2所示为附录1童装订单的报价表（报价表中面辅料净用量、毛用量算法知识点请参阅第五章面辅料跟单）。跟单员在报价给客户之前，也要准备所有相关的报价内容和上级经理一起核对价格是否正确，然后再发给客户确认。有的企业把详细报价表给客户，也有的企业只报一个价格，具体视情况而定。跟单员要做好每个报价的记录工作，这是非常重要的，因为这是以后价格谈判和进一步报价的参考。向客户提供了报价表之后，客户将根据这些资料进行讨价还价。开发一张成功的订单，一般需要经过2～4次的协商。

报价的流程虽然简单，但要做到熟练，仍需要平时的钻研和积累。辅料、面料、印绣花以及各种后处理（包括水洗、包装）等环节都需要很好地把握和了解。然后熟悉价格，了解市场行情。只有很好地积累才可在报价时做到心里有数。当然，实践是最好的途径。把每一个订单各项内容的价格理解透彻，做一个款式，了解相同款式的价位水平，在实际操作中做到举一反三，在不断的实践中完善自己。一般跟单员要先有一件自己的基本样，基本样就是常见的衣服样品，提前算好面料、辅料、运输包装等成本利润，以后报价时就以此为基础，工艺麻烦的就加价，简单的就略微低一些，数量大就低点，量小就高些。这样就让自己随时知道，哪个价位公司会有利润。

表 2-1-2　附录 1 童装订单的报价表

理单：×××　　　日期：2018-07-24

款号	66188			客户			×××
交货期	2019-05-25			订单号			01503
订单数量	2160 件			工厂			×××
种类	名称	门幅 / 颜色	克重（克 / 平方米）	单价（元 / 千克）	净用量（千克）	毛用量（千克）	金额（元）
面料（大身）	棉毛布	奶油色 32054	190	35.2	0.0562	0.058	2.04
面料（包边）	棉毛布	橙色 P158U	190		0.0084	0.0084	0.30
	名称	规格	单位	单价（元）	净用量	毛用量	金额（元）
辅料	环形按扣	15L	粒	0.1	3	3	0.3
	主唛 SL2579R2	印唛	个	0.11	1	1	0.11
	603 线	603	个	4		1/10	0.4
	吊牌 HT1386	印唛	个	0.1	1	1	0.1
	价格牌 BE STK C1502	印唛	个	0.1	1	1	0.1
	纸箱、胶袋等其他		套	1	1	1	1
其他费用	前胸印绣花（元）	1.1					
	加工费（元）	4					
	运输、报检等（元）	1.2					
	利税等	25%					
合计	13.31 元 / 件＝ 2.01 美元 / 件						
备注	辅料价格计算：金额＝单价 × 数量						

4. 调整价格的基本项目

报价确定后，要对其市场竞争力进行分析，如需要降低报价，可从以下几个项目考虑进行调整。

① 选用成本较低的布料。布料产地、布料成分的选择都会影响到报价中的直接成本。

② 降低辅料成本。

③ 改变款式或尺码表以节省布料。

④ 选择人工成本较低的生产商。在出口贸易中，要注意客户对产地的限制条件。

第二节 合同磋商与签订

所谓磋商，是指交易双方当事人就订单合同的各项条件进行协商，以期达成一致意见的过程。它是签订合同不可缺少的前期基础性工作，而签订合同则是交易磋商的主要目的和圆满结果。

国际贸易中，磋商是买卖双方为达成进出口交易合同就买卖商品的条件进行的。磋商的好坏直接关系到将来买卖双方之间的权利、义务和经济利益，是买卖合同签订的基础和交易的关键所在。因此，磋商谈判人员不仅要有认真负责的工作态度，熟悉国际贸易合同条款内容、签订方法，而且还要掌握交易磋商谈判的策略技巧以及国际贸易方面的政策、法规和惯例。

一、签订合同的前期磋商

（一）磋商的形式

交易磋商在形式上可分为口头和书面两种。

1. 口头磋商

口头磋商主要指在谈判桌上面对面的谈判，如参加各种交易会、洽谈会，以及贸易小组出访、邀请客户来华洽谈交易等。此外，还包括双方通过国际长途电话进行的交易磋商。口头磋商方式由于是面对面的直接交流，便于了解对方的诚意和态度，采取相应的对策，并根据进展情况及时调整策略，达到预期的目的。口头磋商比较适合谈判内容复杂、涉及问题较多的业务。

2. 书面磋商

书面磋商是指通过信件、电报、电传等通信方式来洽谈交易。随着现代通信技术的发展，书面洽谈越来越简便易行，成本费用低廉。国际贸易中，买卖双方通常采用书面方式磋商交易。

采用书面方式磋商时，写作往来函件一般需注意遵循以下三个原则。

① 简明。商务函电讲究实效，应以简单明了的语言直接说明要点。

② 清晰。商务函电的目的是为了达成合同（交易），函件内容必须清晰、正确。

③ 礼貌。我们的目的是为了与客户建立长远的业务联系，采用正式而礼貌的用语是必要的，尤其是在向对方索赔或申诉时。如何掌握好分寸，既能着眼今后的业务合作，又能达到目的，是一项技巧性极强的工作。

在实际磋商中也有可能采用上述方式的复合来达成最后的交易，比如，在交易会上面对面达成初步意向，再通过函电或电话"敲定"；或先用函电发送磋商的基本信息，双方再面对面地对某些难点或关键点逐一谈判、落实。

（二）磋商的程序

在常见的贸易磋商中，可能会有一方"询盘（enquiry）"，另一方"发盘（offer）"，双方讨价还价进行"还盘（counter-offer）"。还盘相当于一个新的发盘，如果其中一方接受（to accept）对方提出的所有条件，双方即成交（to close the deal 或称 to conclude the transaction），合同成立。在这些过程中，一方的发盘和另一方的接受，是合同建立的必要步骤。

（三）磋商的内容

一个比较完整的服装出口合同可以包含品质条款、数量条款、包装条款、价格条款、支付条款、运输保险条款、检验条款、索赔条款、不可抗力条款、仲裁条款以及一些根据实际情况补充的其他条款。仔细分析上述条款，可以发现，有的内容对于某些公司规章制度要求来说原则上是长期相对不变的，如要求买方用信用证方式支付、要求在中国仲裁等，因此很多公司常常把这些条款做成格式条款（printed clauses）。除了支付条款和仲裁条款之外，一般还包括检验、索赔、不可抗力、保险、容差等条款。有时用格式条款提出某些要求似乎比当面直接提出更恰当，可以避免将某些问题不必要地敏感化，并且使对方明白这是己方公司的普遍原则，不是针对某个谈判对象的。不过，在拟定这些格式条款时应仔细斟酌，不可出现模棱两可的表达，否则当格式条款可以有两种以上解释而导致争议时，按一般的法律规定，法院将做出不利于提供格式条款一方的解释。在和新客户贸易磋商前，出口方可以将自己公司的合同格式文本先交买方考虑。如果买方有异议，在贸易洽谈时双方可以进一步磋商，达成共识，并以合同条款来更改原格式条款。有时对于长期客户以及相对比较固定的商品类型，一些内容可能在多个合同中基本不会变动，比如面辅料的生态要求、运输路线及运输方式等。因此为了提高效率，买卖双方通常可以事先商妥并制定一个关于一般条款（general terms）的总协议（general agreement），列明以后各个合同都会涉及的共性内容。总协议应该有参照号，以便在其制约的各个销售确认书中引用。比如，在有关销售确认书上注明"Other details as per General Agreement No.××（其他细节按××总协议）"。当然，也可以以协议日期为参照，如"Other details as per General Agreement dated...（其他细节按某月某日的总协议）"。

这样，买卖双方以后磋商时往往只需把精力放在一些"个性"条款上，比如具体服装的款式、耗材、交货期、价格以及其他特殊要求等。贸易磋商的时间可以大大缩短。

1. 品名

商品名称，或称品名，是指能使某种商品区别于其他商品的一种称呼。商品的名称在一定程度上标明了商品的自然属性、用途以及主要的性能特征。在国际贸易中，一个明确的商品品名，对开展一系列国际贸易业务，具有明确的指示作用。因为无论是备货采购、商检报关还是运输保险、制单结汇等，都与商品的品名直接有关。

商品名称必须能明确反映交易标的物的特点，应避免空乏、笼统的规定，以利于合同的履行。同时许多商品名称各地叫法不一，为避免误解，应尽可能使用国际上通用的称呼。我国于1992年1月1日起采用《商品名称及编码协调制度》（The Harmonized Commodity Description and Coding System，HS 编码制度）。目前各国的海关统计、普惠制待遇等都按 HS 编码制度进行。有些商品具有不同的名称，因而存在着同一商品因名称不同导致关税率和班轮运费率不同的现象，甚至所受的进出口限制也不同。为了减少关税支出、方便进出口和节省费用开支，在确定合同的品名时应当用对交易双方有利的名称。

2. 品质条款

货物的质量也称品质，是指服装的内在质量和外观形态的综合。前者包括商品的物理性能、化学成分等自然属性；后者包括服装的外形、色泽、款式等。

服装外贸中表示质量的方法通常是下面两种方法相结合。① 以实物表示质量。以实物表示质量包括凭成交服装产品的实际质量和凭样品质量。a. 看现货成交，当服装企业和客户双方采用看现货成交时，则客户或其代理人通常在服装企业存放货物的场所验看货物，一旦达成交易，服装企业就应按照客户验看过的服装交货。只要服装企业交付的是验过的货物，客户就不得对质量提出异议。b. 凭样品成交。样品是指从一批服装中抽出来，供检测所用；或者由生产者制作、加工出来的，足以反映和代表整批服装质量的少量实物。② 凭标准表示质量（sale by standard）。一些物理、化学指标凭标准进行，一般交由第三方测试产品是否符合有关标准，并出具测试报告。

3. 数量条款

磋商时，买方提供的订单给出了所需要的服装数量。应该知道，交易数量将影响出口方的报价及交期。一般来说，对于出口方，成交数量越大，预期利润可能也越大。但是，在确定成交量时，出口方应该充分考虑自己的资金调配能力、备货能力。如果成交量过小，出口方的操作成本一般将上升。如涉及需要专门模具生产的特殊纽扣，若服装成交量太小，该纽扣使用量也不大，每件服装分摊的模具成本就会较大，从而服装报价会提高。同样，若某种颜色（尤其是镶色）面料用量过小，如只有十几米，染布厂难以为少量的布开染机染色。在这些情况下，出口方应耐心向买方说明情况，或接受较高的报价，或做出相应更改，否则出口方应该理智地谢绝订单。

服装由于质量问题在检验时被剔除（be rejected）是难免的，除非卖方已订购了十分充足的面辅料（一般出口方总是比较精确地算料、订料，不会使用较大的"余量"，尤其是在面辅料是一些比较昂贵的进口料的情况下），否则服装交货数量将有可能少于买方订购量，导致与合同不符而违约。如果买方信用证支付，不允许分批装运，数量又没有机动幅度，万一出口方短装，银行将拒付。当然，如果涉及"分期装运"，即合同下的服装要求分批装运，且规定了每批装运的量和时间，合同仅规定"允许分批装运"或许还不能解决某批货物由于面辅料不足而短装的问题。因为在信用证下，短装的该批可因信用证"允许分批"而收到款项，但由于面辅料不够，短装的数量会导致该批以后批次服装的信用证将均告失效。所以，出口方若没有把握，最好还是要求规定允许一定的"溢短装量"。

数量条款的基本内容是规定交货的数量和使用的计量单位。服装产品数量的计量单位和计量方法通常使用按个数的计量方法，如件、套、打、双等。

4. 包装条款

包装可以分为两类，一类为销售包装（sales packing），即内包装（inner packing）；另一类为运输包装（transport packing），即外包装（outer packing）。

销售包装的设计实际属于营销范畴，在对外贸易中应该注意，内包装的颜色以及内包装上的装饰、图案应该符合进口地人们的文化传统和消费偏好；内包装上的文字说明要符合进口国的规定，比如需要使用进口国规定的语种进行某种说明等。在我国的服装出口中，某些高档的羊毛衫、衬衫等可能会使用销售包装，而一般的服装出口，尤其是进口国零售商销售前需要重新整理包装的服装，通常不使用内包装。这样，合同中只需规定运输包装条款即可。服装出口中常用的运输包装有两种。

（1）每件套上塑料袋（Polybag）后，若干件装入纸板箱（Carton）

合同包装条款中，每纸板箱所装的衣服件数最好是约量，如"packing: each coat is to be packed in a polybag, about 25 pieces to a carton.（包装：每件风衣套一塑料袋，约25件装一纸板箱）"。如果每箱的数量是个具体的数字，在不允许分批装运或没有"溢短装条款"的情况下，该数字必须是交货量的约数。否则，总有一箱会有尾数，如果用信用证支付，银行即可凭此拒付。如果服装装入纸板箱后还得再装集装箱，订购纸板箱时应留心纸板箱尺寸和集装箱内部尺寸的关系，以便充分利用集装箱的容积。必要的话，可以在合同中再说明纸板箱的衬垫（如 lined with dump resisting paper）、封装（如 sealed by glue tape）及加固方式（如 reinforced plastic band），以及明确规定塑料袋的材质（如 polyethylene bag）。

如果服装，尤其是冬装，要求空运的话，应考虑套上真空塑料袋（vacuum polybag）后再装入纸板箱。因为航空运价按实际重量和体积重量中较高者计费。

（2）采用吊装集装箱（Hanging Container）装运

服装套上塑料袋后，用衣架（hanger）吊挂在集装箱的横杆上，衣架用绳索缠紧。用这种方式装运，衣服抵目的地后，可以直接投放市场，而用纸板箱装运的衣服，在投放市场前一般还需重新整烫。

在磋商中，买方还可能提出有关包装材料的条件，如"metal pin, clamps and bands are not allowed to be used as packing material（金属针、金属夹和金属带不许用作包装材料）"，或"only polystrol hangers and polyethylene polybags can be used（只可使用聚苯乙烯衣架和聚乙烯塑料袋）"等。只要办得到，卖方应该接受，因为这些条件往往来自进口国政府的环保法规。

过分笼统的包装条款，如"seaworthy packing（适合海运包装）"或"customary packing（习惯包装）"等应该尽量避免在合同中使用，除非双方对此已有共识或另有协议。在实践中，已有不少买方在行市下跌时，提出卖方的包装不是他们的"习惯包装"而拒收的案例。也有的合同中只规定"packing: in normal export cartons"，这样的规定对卖方似乎很有利。

和运输包装有关的问题还有运输标志，即唛头。如果买方未指定，出口方可以按国际标准化组织的建议，设立四行字的唛头，即

收货人简称	如：ABC
参照号	如：S/C 123
目的地	如：HAMBURG
件数号码	如：C/NOS.1—50

唛头一般反映的是整批货物的信息，俗称"主唛"，刷在箱子相对的两面。另两面常刷一些和箱内"个体"内容有关的信息，如体积、毛重、服装搭配等，通常又称为"侧唛"。有时买方会要求按合同或订单的不同，在箱子上贴上不同颜色、不同几何形状的不粘胶贴纸，以便非常醒目地区分货物。当然，只有包装货物才涉及唛头，若用吊装集装箱装运，不存在唛头，这时单据上相应栏目应打上"N/M"（即 no marks，没有唛头）或"N/M & N/N"（即 no marks and no numbers，没有唛头及没有件号）。如果目的港存在重名港，最好在其后用括号注明目的港所在国或地区甚至州名；如果涉及转船，可在目的地后用"via"或"W/T"（with transshipment）注明中转港，如"via Hong Kong"。包装上的唛头也应在单据的相应栏目中如实反映。如果用信用证方式支付并且信用证规定除发票外所有单据不得显示合同号时（这在涉及中间商时很常见），唛头中不可用合同号为

参考号，因为唛头通常还会在其他一些单据中出现。

5. 运输条款

（1）运输方式

除少数交易涉及空运（by air）外，大多数服装出口贸易采用的运输方式为海运（by sea），因为该运输方式成本比较低。发往俄罗斯、中亚一些国家或者中国香港的服装也可通过铁路来实施运输（by train）。按国际商会制定的关于贸易术语的国际惯例（INCOTERMS），FOB、CFR 及 CIF 术语只适用于水运方式，因此，如果合同使用了这三个术语并且受"INCOTERMS"约束，合同中可以不再说明"by sea"或"by vessel"；但如果使用 FCA、CPT 或 CIP，一般应该说明具体的运输方式。如果合同中约定出口方需要提交的运输单据种类，这实际可能也说明了所要求的运输方式。

（2）装运期

合同磋商时，装运期一般由买方根据在本地市场预期投放的时间或后续客户的订单要求、进口货物运输方式（如海运还是空运）、运输条件（直运还是转运）及进口清关、提货及在本地市场外发之前货物整理（如重新熨烫、重新包装等）所需要的时间等，合理地计划需要出口方装运的时间。交货期定得过迟，可能会发生错过行市、错过季节的问题；定得过早，虽然似乎安全些，但如果不能及时投入本地市场或转销，也将导致仓储费的增加和资金的占用。在进口数量、金额较大的情况下，进口方有时会向出口方提出分期交货的要求，因为这有利于他们调配资金和减少仓储费。

对于出口方来说，应充分了解交货期延误带来的后果。要根据成交量、资金能力、备货能力、运输条件及办理出口手续、运输手续等所需时间斟酌能否按买方的时间要求装运。一旦成交，如所需资金无法及时调配，或生产能力无法跟上，或材料无法按时到位，或合同规定不可转船，但在规定的交货期内开往指定目的港没有直达航班等，都会带来极大麻烦。若出口方未按约定时间发货，买方有权对延误装运提出索赔。如果买方确实急需这批服装，或如果该批服装在当地市场行情仍然看好，或其也不愿因无货可交而失去自己的客户，很有可能会要求出口方自费空运。如果该货行情不好，则可能以此为借口拒收。实际上，如在信用证支付条件下，只要买方不修改信用证上的交货期，就相当取消了合同，而由于是出口方违约在先，买方还有足够的理由向出口方提出索赔。

常见的合同装运期规定方法有两种：规定一个期限，即最迟装运日（如"latest on May 31ˢᵗ 2019"或"not later than May 31ˢᵗ 2019"，最迟 2019 年 5 月 31 日或不迟于 2019 年 5 月 31 日），或规定一段时间（如"during May 2019"，2019 年 5 月间）。合同中不应该将一个具体的日期定为装运日（如"Shipment: on May 31ˢᵗ 2019"，装运：2019 年 5 月 31 日），因为这缺乏可操作性。合同中也不应该以笼统的方式表示装运期（如"Shipment: prompt shipment"，装运：准时出运），因为这可能因理解不一而导致贸易争议。另外，合同中不宜以收到买方某种单据作为安排装运期的起算日（如"within two weeks after receipt of the L/C"，在收到信用证后的两星期内出运），这样对于出口方比较被动，除非涉及的是库存积压商品，或合同中另外限定了该单据的到达时限。

在磋商时，如果成交量很大且涉及许多的订单，双方可能会先在合同中暂定一个较"粗"的装运期，比如"Shipment: May/June/July"（装运：5 月、6 月、7 月）。成交后，一般在合同规定的最早装运期前的一段时间，如一个月，根据卖方备料等情况，买卖双方再行磋商，确定具体的分期装运计划。

（3）装运港（地）和目的港（地）

磋商时，合同中的装运港通常由出口方提出，其通常按就近原则，选择离服装加工地最近的港口。如果合同规定由买方派船接货，该港口应该是外轮允许进入的港口。如果建立合同时尚未决定在何地生产服装，出口方最好要求将"中国港口（ports of China）"定为装运港。当然，这时如果也是买方派船，买方应该争取在合同中规定出口方通知最后确定的装运港的时限，以便自己有足够的时间办理运输。

合同中的目的港（地）通常由买方提出。如果是由出口方办理运输，应该注意该港口的自然条件、技术设备条件等能否满足运输要求。没有船运公司会在某港冰冻封港期派船进入，或者将集装箱船派入无集装箱装卸设施的码头。在服装贸易中，合同中的目的港一般不用笼统的方式规定。由于世界上有很多港口重名，如有必要，规定国外港口时应该用括号注明其国名甚至州名。

6. 价格条款（Price Clause）

价格条款是由单价（unit price）和总值（amount）组成。其中单价包括计量单位、单位价格金额、计价货币、价格术语四项内容。

7. 支付条款（Terms of Payment）

现今的服装市场属于买方市场，除特殊情况，买方用汇付方式预付的可能性比较小，但如果使用"到付"或"赊销"，出口方风险很大。服装出口贸易中也存在用电汇方式支付的，不过，贸易中所谓"前 T/T"或"后 T/T"的前后分界点实际并无明确的定论。有人认为应该以装运来划分，也有人按"物权转移"来划分。因为，如果双方决定用电汇方式支付，如有必要应该明确说明。

合同中常见的汇付方式下的支付条款有"Payment: by T/T not later than…for…（不迟于某月某日电汇某金额）"；也见有使用"Payment: by T/T upon receipt of the fax copy of B/L from the Seller for the total proceeds（收到卖方传真的提单副本后立即全额电汇）"的。一般来说，除非是预付，出口方应注意买方的信用应该能够把握，每次结算涉及的金额不应太大。

承兑交单对出口方风险非常大，一般不应该接受。即期付款交单对于买方风险较小，而且与银行的手续主要由出口方办理，费用主要由出口方承担，很受买方欢迎。有时卖方可考虑用以作为对信誉好的进口商的一种非价格竞争的手段，但应注意，每笔交易所涉及的金额仍不宜过大。合同的支付条款规定采用即期付款交单时，对于新客户为了避免其对 D/P 产生不同的理解，有必要进一步说明具体含义，如"Payment: by D/P at sight, that is, the buyer shall duly honor the draft as soon as the shipping documents are presented and the shipping documents are to be delivered against payment only（付款方式：即期付款交单，当卖方提交装运单据，买方应立即兑现汇票，仅凭付款交付装运单据）"。如有必要，还应该说明有关费用的承担方，以及如果买方迟付所涉及的利息问题。

在通常的情况下，出口方应该争取要求买方用信用证方式支付。此时，合同中的支付条款除了应该规定信用证类型、到证日，还可以说明受益人、开证行、金额、交单期、分批、转运等方面的规定等。比如"Payment: by irrevocable L/C at sight in Seller's favour to be opened through a bank acceptable to be the Seller for 100% invoice value, reaching the Seller 45 days before shipment, remaining valid for negotiation in China for further 15 days after the prescribed shipment, and allowing partial shipments and transshipment（付款：以卖方为受益人，以卖方为受益人的不可撤销的信用证，由一

家银行开立,发票金额为100%,在装运前45天到达卖方,在规定的装运后15天内在中国继续有效,并允许分批装运和转运)"。

信用证的到证日一般和具体的交易要求有关。现货供应,到证日与规定服装交货期间隔可以相对短些;来样制作,则应相对长些;如果合同要求出口方从国外进料,则应相对更长。

采用不同的支付方式,将导致出口方承担不同程度的费用,比如,办理手续需要支付银行费用,资金占用较长需要支付较多的利息等。这些费用原则上应作为出口服装的成本,在报价时予以相应考虑。因此,在托收方式中,因为出口方要支付银行托收费用,而在信用证方式中开证费用等应由买方支付,所以采用前者的报价原则上要高于采用后者的;在远期信用证方式中,卖方的资金占用时间要比即期信用证方式长,所以,原则上采用前者的报价应高于采用后者的报价。

另外,不同的支付方式还可能导致不同的相关费用。比如在托收方式下,如果选用的价格术语规定由买方办理保险,出口方为了使货物在运输过程中灭失后,买方又借口拒付时仍可获得保险补偿,可以自己投保"卖方利益险",而这笔保险费原则上也应在报价时加以考虑。

8. 违约条款(Breach Clause)

(1)异议与索赔条款

该条款的主要内容为一方违约,对方有权提出索赔,这是索赔的基本前提。此外还包括索赔依据、索赔期限等。索赔依据主要规定索赔必备的证据及出证机构。若提供的证据不充足、不齐全、不清楚,或出证机构未经对方同意,均可能遭到对方拒赔。

(2)违约金条款

该条款主要规定当一方违约时,应向对方支付一定数额的违约金,以弥补对方的损失。

9. 不可抗力条款(Force Majeure Clause)

该条款实际上是一项免责条款。不可抗力是指在合同签订后,不是由于当事人的过失或疏忽,而是由于发生了当事人所不能预见的、无法避免和无法预防的意外事故,以致不能履行或不能如期履行合同,遭受意外事故的一方可以免除履行合同的责任或可以延期履行合同,另一方无权要求损害赔偿。

二、合同签订

服装企业和客户洽谈磋商的结果是由双方协商一致的订单合同或协议来体现的。合同作为双方经济交往的重要凭证,合同条款实质上反映了各方的权利和义务。

(一)合同的形式

1. 合同(Contract)

出口货物买卖合同是营业地在不同国家的当事人(买方和卖方)自愿按照一定条件买卖某种货物达成的协议,它是根据双方接受的国际贸易惯例或有关法律、公约的规定而成立的,对双方均有约束力,任何一方不能单方面地修改合同内容或不履行自己的义务,否则将承担违反合同的法律责任。出口合同根据草拟人的不同,有销货合同和购货合同,前者由卖方草拟,后者由买方草拟。一般由各草拟公司以固定格式印刷,在成交后,由业务员按双方谈定的交易条件逐项填写并经有权人签字,然后寄交对方审核签字。合同一般一式两份,一份供对方自留,一份以对方签字认可后寄回。

2. 确认书（Confirmation）

确认书是合同的简化形式，异议、索赔、仲裁、不可抗力等条款一般不列入，使用第一人称。根据草拟方的不同，分别命名为售货确认书（sales confirmation）和购货确认书（purchase confirmation）。

3. 协议书（Agreement）

"协议书"或"协议"在法律上是"合同"的同义词，只要它的内容对买卖双方的权利和义务做了明确、具体的规定，就与合同一样对买卖双方有约束力。如果买卖双方所洽谈的交易比较复杂，经过谈判后，商定了一部分条件，还有一部分条件有待进一步商洽，在此情况下，双方可先签订一个"初步协议（preliminary agreement）"或"原则性协议（agreement in general）"，把双方已商定的条件确定下来，其余条件容后再行洽谈。但在这种协议内应订明："本协议属初步性质，正式合同有待进一步洽商后签订（This agreement is of preliminary nature, a formal contract will be signed after further negotiation）"或做出其他类似意义的声明，以明确该协议不属正式有效的合同性质。

4. 备忘录（Memorandum）

备忘录也可作为书面合同的形式之一，但较少使用。如果买卖双方商定的交易条件明确、具体地在备忘录中一一做出了规定，并以双方签章，那么，这种备忘录的性质与合同无异。但双方经洽谈后，只是对某些事项达成一定程度的理解或谅解，并将这种理解或谅解用"备忘录"的形式记录下来，作为双方今后交易或合作的依据，或作为初步协议供将来进一步洽谈的参考，则可冠以"理解备忘录"或"谅解备忘录（memorandum of understanding）"的名称，它在法律上对双方不具有约束力。

5. 意向书（Letter of intent）

在交易磋商达成最后协议前，买卖双方为了达成某项交易，争取共同实现的目标、设想和意愿，有时还包括初步商定的部分交易条件，记录于一份书面文件上，作为今后进一步谈判的参考和依据。这种书面的文件可称为"意向书（letter of intent）"。意向书只是双方当事人为了达成某项协议所做出的一种意愿的表示（expression of intentions），它不是法律文件，对双方没有约束力。

6. 订单和委托订购单

订单是指由进口商或实际客户拟制的货物订购单，委托订购单是指由代理商或佣金商拟制的代客购买货物的订购单。经磋商成交后寄来的订单或委托订购单，实际上是国外客户的购货合同或购货确认书。有时，对方事先并未与我方进行有关磋商而径自寄来订单或委托订购单，要按照其具体的内容区分是发盘还是发盘的邀请。我方应认真研究订单或订购单的内容，决定是否与之进行交易，并及时给予对方答复。如果国外客户是在与我方达成交易、订立合同后寄来的订单或订购单，我方即使不予签退，也应仔细审阅其内容，若发现其中有些条款与双方磋商协议的条件不符或另有添加的，则应区分情况予以处理。包括不符的、情节不严重的、性质轻微的、我方可以接受的；涉及实质性交易条件，出入较大的。遇到后一种情况，应及时向对方明确提出异议，而不能置之不理，否则就会被对方认为我方默认其订单或委托订购单中所列的条款。所以，遇有订单或订购单中列有为我方所不能接受的添加、修改或其他不符原协议的情形，必须及时提出异议，以维护我方权益。有些国外客户签发的订单或订购单上还列有"限期提出异议，逾期不提出异议，作为同意对待"的条款；我方如有异议，则更应在限期内提出，以免造成被动。

在出口业务中，我方出口企业于交易达成后，主动拟制销售合同或确认书正本一式两份，经签署后寄送国外客户，要求其签署后退回一份，以备存查。

（二）合同签订与审查

经磋商后，国外客户往往会将他们所拟制的订单、委托订购单或预合同等寄来一份，如表 2-2-1（附录 1 童装订单的预合同）和表 2-2-2（附录 2 吊带衫订单的采购单）所示，同时附上相关的订单详细资料（见附录各订单）。我方出口企业审核无误后，主动拟制销售合同或确认书如表 2-2-3 所示（附录 1 童装订单的销售确认书）正本一式两份，经签署后寄送国外客户，要求其签署后退回一份，以备出口报关、存查等。

表 2-2-1 附录 1 童装订单的预合同

B. B. S
B. B. Sutton & Sons Inc.
88 West 44rd St. New York. NY. 10001
tel: 212-695-×××× fax: 212-947-××××
PRE ORDER CONTRACT

DATE: 2018-07-28

SUPPLIER（供应商）	Ya.Du	ORDER SUBJECT TO PRE-PRODUCTION SAMPLE APPROVAL（确认产前样后签正式订单）	
BUYER（买方）	B. B. Sutton & Sons		
CUTTING OF BULK FABRIC TO PROCEED ON RECEIPT OF PURCHASE ORDER. THIS IS NOT A PURCHASE ORDER（签订正式订单后，大货面料方可开裁。这不是正式的采购订单）			
STYLE NO.（款号）	66188	ORDER REF（订单号）	01503
DESCRIPTION（品名）	CREEPER	TERMS（条款）	FOB Ningbo
ON BOARD DATE（出运日期）	2019-05-25	PRICE/UNIT（单价）	$2.14
TOTAL PIECES（总数）	2160（件）	MODE（运输方式）	SEA
FABRIC（面料）	Interlock 100% cot 190 GSM（100% 棉，针织棉毛布，克重 190 克 / 平方米）		
LABEL（标签）	Labels - pls refer to trim sheet（标签，请参照辅料页面）		

STYLE & INFORMATION				
STYLE#（款号）	upc（条形码）	QUANTITY（数量）	PRE-PACK(in pcs)（预包装）	COLOR(颜色)
66188-03	0-89305-66787-3	360	1	CREME（奶油色）
66188-06	0-89305-66788-0	720	2	CREME（奶油色）
66188-09	0-89305-66789-7	720	2	CREME（奶油色）
66188-12	0-89305-66832-3	360	1	CREME（奶油色）

Total # pieces（总件数）: 2160	Total（总价）: $4,622.40

MASTER CARTON（大箱）	24 Pieces Per Carton（每箱 24 件）
MASTER CARTON PACKED（大箱包装）	Asst. Size（混码）
INNER PREPACK（内包装）	6 Pieces Per Polybag（6 件入一胶袋）
INDIVIDUAL POLYBAG（单胶袋）	No（无）
SHIPMENT SAMPLES（船样）	1 × size 3, 1 × size 12 in each color to be received @ B. B. Sutton & Sons 2 weeks prior to shipment.（每种颜色 3 码、12 码各一件，出运前两星期寄出。）

（续表）

CONDITIONS	1. Partial shipments not allowed. （不可分批装运。） 2. The bulk fabric should be cut for production, only on approval of pre-production samples and receipt our "Purchase Order". B. B. Sutton & Sons will not be responsible for fabric wastage, if this procedure is not followed. （必须在产前样得到确认，并收到来自 B. B. S 的采购单后，大货面料方可开裁。否则 B. B. S 不对面料浪费负责。） 3. On-board date indicated is the last date for shipment. Cancellation of this order may result, if the date is not honoured. Any claims from our customer as a result of non-performance, will be passed on to supplier. （出运日期是指最后交货期限，如果不能按此日期出运，订单合同可能取消，如果因违约引起我们客户索赔，一切责任由供应商承担。） 4. A debit note would be issued for full value of garments that do not meet the agreed quality/packing standard. The same would apply for any garments shipped out of ratio, or goods short-shipped, and claims resulting from short supply of contract. （如果大货品质、包装不符合要求，将要全额索赔。同样也适用于任何服装出运率或货物短装造成的供应不足，将按合同规定进行索赔。） 5. Patterns and designs forwarded by B. B. Sutton & Sons, for sample development and production, remains the property of B. B. Sutton & Sons. Any infringement would be deemed as violating property rights.（由 B. B. S 提供的用于开发和生产的样板和设计，所有权归 B. B. S，任何违约将被视为侵犯所有权行为。） 6. It is the responsibility of the supplier to ensure that components used for production, conform to the required quality standards. Test reports where applicable should be obtained, and approval received prior to production. （供应商必须确保所用材料符合品质要求，需要的测试和客户确认须在生产前完成。）

表 2-2-2　附录 2 吊带衫订单的采购单

PO# （订单号）：10045475	Order Date （下单日期）： 2018-08-19	Fabric （面料）： 100% POLYESTER WOVEN （100% 涤纶梭织）	
THE BUYER （买方）： TO: FOR21 INC 2881 S ALAMEDA ST LOS ANGELES, CA, 90058 PHONE （电话）：213-741-×××× FAX （传真）：213-741-××××	EX. Factory Date （出运日期）： 2019-01-20 In-house Date （入库日期）： 2019-02-21	Description （品名）： LADIES WOVEN 100% POLYESTER WOVEN TOP （100% 涤纶梭织女吊带）	THE SELLER （卖方）： SHANGHAI HSDP IMPORT & EXPORT Co., Ltd NO.57 NORTH HUAN CHENG ROAD, SHANGHAI, CHINA
	Payment Type （支付条款）： FOB	Item code （项目代码）： 00007249	TEL: 0086-021-27×××589 FAX: 0086-021-27×××585

STYLE（款号）	COLOR（颜色）	COST（单价）	XS	S	M	L	XL	1X	2X	3X		TOTAL（合计）	DESCRIPTION（品名）
110-1E7228	BLUE/NAVY	5	0	1410	1410	705	0	0	0	0	0	3525	WOVEN TOP / SPAGHETTI SPRING
110-1E7228	CREAM/PINK	5	0	1070	1070	535	0	0	0	0	0	2675	WOVEN TOP / SPAGHETTI SPRING
110-1E7228	PINK/PURPLE	5	0	826	826	413	0	0	0	0	0	2065	WOVEN TOP / SPAGHETTI SPRING

Total # pieces （总件数）：8265　Total （总价）：$41, 325.00
SAY U.S. DOLLARS FORTY-ONE THOUSAND THREE HUNDRED AND TWENTY-FIVE ONLY

VENDOR SIGNATURE:　　　　　　　　　　THE BUYER SIGNATURE:

表 2-2-3　附录 1 童装订单的销售确认书

×××INTERNATIONAL TRADING CO., LTD

宁波 ×××× 贸易有限公司

SALES CONFIRMATION
销售合同

S/C No.（合同号）：18LISI049066　　DATE（日期）：2018-12-14	
THE SELLER（卖方）	THE BUYER（买方）
×××INTERNATIONAL TRADING CO., Ltd	B. B. Sutton & Sons LTD
ROOM ××. NEW CONTIENT GINZA, NO. ××, SOUTH QIAN HE RD, NINGBO, CHINA 315040	88 West 44rd. St. New York. NY. 10001

This under signed seller and buyer have agreed to conclude the following transactions according to the terms and conditions stipulated below.（买卖双方就以下交易条款达成一致，签署合约）

MARKS AND NO. （货号）	ITEM DESCRIPTION （品名）	QTY （数量）	UNIT PRICE （单价）	AMOUNT （合计）
N/M	100% COTTON INTERLOCK CREEPER （100% 棉，棉毛布爬爬服）	2160	$2.14	$4,622.40
			TOTAL（总金额）：	US$4,622.40

SHIPMENT DATE （装运日期）	WITHIN 60 DAYS AFTER RECEIVED ORDER （合同签订后 60 日内）			
PORT OF LOADING （装运港）	NINGBO（宁波）	PORT OF DESTINATION （目的港）		New Jersey
PAYMENT TERMS （付款方式）	T/T AT SIGNT（电汇）			
INSUREANCE （保险）	THE INSUREANCE SHOULD BE COVERED BY THE BUYER （保险由买方自理）			
REMARKS（备注）				
THE BUYER（买方）		THE SELLER（卖方）		
ROOM ××. NEW CONTIENT GINZA, NO. ××, SOUTH QIAN HE RD, YINZHOU DISTRICT, NINGBO				
TEL: 86-574-2766××××　　FAX: 86-574-2766××××				

审查合同、订单的内容主要包括货物的名称、质量、数量、单价、交货期限、交货方式、付款方式及包装要求等。

作业与练习

1. 表 1 是附录 6 棉夹克订单的面辅料配置单，请对照附录 6 棉夹克订单进行认知。

表 1　附录 6 棉夹克订单的面辅料配置单

××××服饰有限公司

客户	××××	款号	MFT0002200	款名	Fleece Top	日期	10 月 1 日
季节	19HO	面料	200 克／平方米 CVC 染棉黑涤毛圈布，衣里梳棉绒 +1×1 氨纶罗纹，成衣矿物洗			克重	200 克／平方米

配置单

项目	供应商	数量	BLK 色组	MIG 色组	MSC 色组	位置／指示
200 克／平方米 CVC 染棉黑涤毛圈布	工厂	1	黑色	淡灰	中蓝	大身
梳棉绒衣里	工厂	1	黑色	黑色	黑色	大身和袖子里子
氨纶罗纹 1×1 360 克／平方米	工厂	1	配袖子色	配袖子色	配袖子色	袖子下摆
汗布 160 克／平方米	工厂	1	黑	黑	黑	帽里、后领
3/8 扁圆筒帽带	工厂	1	黑色	黑色	黑色	帽带
气眼	工厂	2	黑镍色	黑镍色	黑镍色	气眼
拉链金属 5# 拉链头	工厂	1	黑镍色	黑镍色	黑镍色	拉链头
拉链金属拉齿	工厂	1	黑色	黑色	黑色	拉齿
拉链码带	工厂	1	自然色	自然色	自然色	码带撞色，露齿拉链做法
右袖绣花	工厂	1	黑色	黑色	黑色	右袖口
左袖毛毡绣花贴布	工厂	1	黑色／白色绣花	黑色／白色绣花	黑色／白色绣花	左袖
下摆标	工厂	1	ETG017	ETG017	ETG017	位置见款式图
主唛	工厂	1	ITG021	ITG021	ITG021	后领下 1" 居中
洗唛／成分唛	工厂	1	TLB999	TLB999	TLB999	左内侧缝距下摆底 4"
尺码标	工厂	1	ITG012	ITG012	ITG012	主唛下
主吊牌	工厂	1	MTH060M	MTH060M	MTH060M	左腋下
吊牌贴纸	工厂	1	93-MSRP	93-MSRP	93-MSRP	贴在吊牌背面位置
胶袋贴纸	工厂	1	22-MSRP999	22-MSRP999	22-MSRP999	胶袋正面
胶袋 PE4 丝	工厂	1				一件一个胶袋
箱子	工厂	1	三瓦出口箱	三瓦出口箱	三瓦出口箱	有钉箱
缝纫线	工厂		配色	配色	配色	

2. 根据附录 3 运动裤订单资料，在网上查阅相关面辅料的价格，编制一份报价表。

3. 表 2 是附录 4 衬衫订单的客户采购合同，根据合同回答下列问题。

① 请列一份中文装箱要求给加工厂。

② 请找出该合同的交货条款。

③ 请找出该合同的付款方式。

表 2 附录 4 衬衫订单的客户采购合同

Page: 1

PO Number	× × × ×
Issue Date	2018-01-07
Season	SUMMER 2018
Last Revised	2018-01-08 09:03 AM
Division	ROCCAWEAR B&T DIV

Phone: × × × ×

Fax: × × × ×

Vendor NINGNI
SHANGHAI NINGSHING INT'L INC TIANNING MANSION, × × × F NO. × × × ZHONG SHAN ROAD WEST SHANGHAI, 200051 CHINA Mr. Zhang

Ship To
WAREHOUSE × × × × × × SAW MILL POND ROAD EDISON, NJ × × × × USA

Ship Date	Country of Origin	Ship Via	Payment Terms	Agent	Ship Terms	FOB Point
2018-04-30	CHINA	SEA SHIPMENT	LETTER OF CREDIT		FREIGHT ON BOARD	SHANGHAI

Special Instructions

Style No.	Color	Color Description	Lable	Dim–Pk		Units	Retail Price	Misc$	Cost	Total
RB23SW02	ORG	ORANGE		B		360	60.00		$4.900	$1,764.00

Design Reference #	Style Description	Label	Hanger Ref#.	Fabric Content	Fabric/Garment Weight	Fabric Construction
	BEACH PLAID SS WOVEN		Not Required	100% COTTON		

Detailed Style Description	HS #	Gender/Age
BEACH PLAID SS WOVEN CVC 55/45 100D × 32 / 120 × 85	6205.20.2051 340 -MEN'S NOT KNIT COTTON OTHER SHIRTS, YARN DYED, NOT NAPPED★NEW★	MENS
		Fabrication
		YNDYE
	Master Carton Quantity	**Fabric Type**
	24	WOVEN

	3XB	4XB	5XB	6XB
BIG	120	120	60	60

Style No.	Color	Color Description	Lable	Dim–Pk		Units	Retail Price	Misc$	Cost	Total
RB23SW02	ORG	ORANGE		BIG		96	60.00		$4.900	$470.40
	3XB 30	4XB 26	5XB 24	6XB 16						

Design Reference #	Style Description	Label	Hanger Ref#.	Fabric Content	Fabric/Garment Weight	Fabric Construction
	BEACH PLAID SS WOVEN		Not Required	100% COTTON		

（续表）

Detailed Style Description	HS #	Gender/Age
BEACH PLAID SS WOVEN CVC 55/45 100D×32 / 120×85	6205.20.2051 340−MEN'S NOT KNIT COTTON OTHER SHIRTS, YARN DYED, NOT NAPPED★NEW★	MENS
		Fabrication
		YNDYE
	Master Carton Quantity	**Fabric Type**
	24	WOVEN

Style No.	Color	Color Description	Lable	Dim−Pk		Units	Retail Price	Misc$	Cost	Total
RB23SW02	TEL	TEAL		B		480	60.00		$4.900	$2,352.00

Design Reference #	Style Description	Label	Hanger Ref#.	Fabric Content	Fabric / Garment Weight	Fabric Construction
	BEACH PLAID SS WOVEN		Not Required	100% COTTON		

Detailed Style Description	HS #	Gender/Age
BEACH PLAID SS WOVEN CVC 55/45 100D×32 / 120×85	6205.20.2051 340−MEN'S NOT KNIT COTTON OTHER SHIRTS, YARN DYED, NOT NAPPED★NEW★	MENS
		Fabrication
		YNDYE
	Master Carton Quantity	**Fabric Type**
	24	WOVEN

```
        3XB   4XB   5XB   6XB
BIG   160   160    80     80
```

Style No.	Color	Color Description	Lable	Dim−Pk		Units	Retail Price	Misc$	Cost	Total
RB23SW02	TUR	TURQ		BIG		96	60.00		$4.900	$470.40
		3XB	4XB	5XB	6XB					
		30	26	24	16					

Design Reference #	Style Description	Label	Hanger Ref#.	Fabric Content	Fabric / Garment Weight	Fabric Construction
	BEACH PLAID SS WOVEN		Not Required	100% COTTON		

Detailed Style Description	HS #	Gender/Age
BEACH PLAID SS WOVEN CVC 55/45 100D×32 / 120×85	6205.20.2051 340-MEN'S NOT KNIT COTTON OTHER SHIRTS, YARN DYED, NOT NAPPED★NEW★	MENS
		Fabrication
		YNDYE
	Master Carton Quantity	**Fabric Type**
	24	WOVEN

					SubTotal	1,032			$5,056.800	$5,056.80
Ship Date	2018−04−30	**Ship Via**	SEA SHIPMENT		**Shipment Sub**	1,032				
					Units	1,032		**Cost**		$5,056.80
								Misc		
								Total		$5,056.80

（续表）

Purchase Order Information

PO NOTES:

Effective immediately there will be a 1% warehouse allowance on any new purchase orders for FOB shipments. This allowance should be shown and deducted off of each invoice presented for payment.

PRODUCTION NOTES:

ROCAWEAR BT PRODUCTION NOTES FOR B&T TOP

— See and follow requirement Pre-packes Ratio on the PO above.

— All Accessories must be approved by our office before bulk production can begin.

— Pre-Production Sample in each color is required before bulk production can begin.

— Each unit or set must have hangtag and price tag.

 ★ For Knit Tops/Woven Tops: at wearer's left sleeve armhole seam. Make sure it goes on the seam, so no hole/no damage to the fabric.

 ★ Woven shirt: The 1st button must always be unbuttoned.

— No hangers.

— No brand/logo on price tag, and use color size standard.

— Must use swift tag, do not use ball chain

— Carton Sticker size is 3W×4L as per Ticket Department confirmation. If the carton is too short, then start the label at the top of the box and make sure the barcode is on the side.

— Wash symbols, RN#(CA# - if requested for PO), Country of Origin and Size information must be on the garment as per labels.

— FOR OPEN STOCK QTY (on above PO, column DIM-PK is called BIG for open stock qty).

 ★ Must use individual polybag, see following requirements:
   BACK: Must print Warning and RN#.

 ★ Must use individual polybag sticker (stating style number, color and size) on the bottom right corner of front polybag.

 ★ OPEN STOCK Quantity will be packed SOLID COLOR and SOLID SIZE.

— For PPK QTY, must use polybag, see following requirements:

 ★ PPK Polybag BACK must print: warning.

 ★ If WHITE COLOR garments, must use individual polybag with same requirements as open stock above.

 ★ Pack solid color / assorted size of Each Pre-pack in required ratio in Master Polybag.

 ★ Pack required quantity of prepacks into a master carton as per required carton quantity.

— Each Master Polybag/Blister Bag must have Pre-pack sticker (stating style number, color and size).

— For tickets:

 ★ Line Buy/Non label code —> required ROCAWEAR BT ticket.

 ★ Label codes below need customer ticket over ROCAWEAR BT ticket.
   BEAL206/CAT234/CIT402/MOD016/GOR144/K&G318.

 ★ For HIB211 label code —> required special ROCAWEAR BT ticket with customer specific MSRP.

 ★ For ROS560/VAR536 label codes —> required ROCAWEAR BT ticket

---

A

	BIG	3XB	4XB	5XB	6XB	TTL Units
		1	2	2	1	6

TTL PPK: 6

- -

B

	BIG	3XB	4XB	5XB	6XB	TTL Units
		2	2	1	1	6

TTL PPK: 6

- -

Price Tag:
Price Tag Remarks:

Price Tag Send Date:
Customer Send:

第三章　加工厂的评估与选择

第一节　加工厂的评估

一、评估概念

加工厂的评估是指按照一定的标准对工厂进行审核或评估，也叫验厂。验厂已经在我国的出口企业中普及，接受跨国公司和中介机构验厂对我国出口生产企业，尤其是纺织和服装、玩具、日用品、电子和机械等劳动密集型企业几乎成为必须满足的条件，以确认工厂能否按照客户的要求完成订单。其实客户的验厂也是对外贸公司或工厂的一种资信调查过程。

二、评估基本方法

目前，外商来我国验厂的基本方式有两种：外商自行验厂以及委托公证行验厂。目前，外商大都在我国建立有办事处，外商驻我国办事处的一个重要功能就是配合母公司验厂。绝大多数外商都采用自行验厂方式，向合作工厂派驻跟单员，由跟单员来监督和检查合作工厂。除了自行验厂之外，有些外商还会委托国际知名的第三方公证行进行验厂，如 SGS 等。

外商验厂的类型包括初次验厂、定期验厂、跟踪验厂和突袭验厂。初次验厂的目的在于对合约工厂的整体情况及管理水平进行评估，主要关注工厂是否违反法规。一些存在严重问题的工厂往往在初次验厂不合格后就失去了接单的机会。定期验厂是外商按照一定时间间隔对合作工厂进行例行的检查，主要根据以往的验厂报告，全面检查合约工厂未达标项目的改进情况，有时根据国际贸易中出现的新东西（如国际组织或区域集团颁布的新法令）增加一些新的验厂内容。跟踪验厂是针对上次的验厂报告，在约定的时间内，察看工厂的纠正进度及效果。如果合作工厂在约定期内没有改进的，外商就有可能取消订单。突袭验厂是外商常用的一种验厂策略，目的就是防止合作工厂弄虚作假，以便得到真实的信息。

虽然可以从被调查企业的营业执照、财务审计报告、损益表、资产负债表等财务报表中定量分析企业生产经营能力及经营条件，但仍不能就此做出企业生产经营能力及生产经营条件状况好坏的结论，仍然需要跟单员做更精确的分析和判断。跟单员应深入被调查企业，进行"望、闻、问、切"工作。

① 望。跟单员应特别注意供应商、生产企业的经营背景和风险。

② 闻。闻主要是了解供应商、生产企业的实力。在信息非常发达的今天企业无法完全垄断信息，跟单员可以通过当地新闻、广播、报纸、互联网等媒体及周边企业了解这家企业的经营状况。

③ 问。问主要是调查供应商、生产企业的管理情况。问企业发展目标（战略目标），了解企

业制定的发展目标是否符合国家的产业政策、是否符合企业的实际情况。问企业投资策略，看企业投资业务是否过于分散、投资业务比重是否过大、是否过度大规模扩张等。

④ 切。切主要是掌握供应商、生产企业的现金流情况。现金流是企业的"血液"。企业利润可以粉饰，但企业现金流难以粉饰。现金流直接反映企业经营状况和资金链。如果企业资金链绷得太紧，企业就有面临停产的经营危机或破产的风险，所以需要重点关注企业的现金流问题。

三、评估内容

（一）品质验厂

品质验厂又称质量验厂或生产能力评估，是指以某采购商的品质标准对工厂进行审核。其标准往往不是"通用标准"，这一点区别于体系认证。这种验厂相对社会责任验厂和反恐验厂，出现的频率较高，且审核难度也小于社会责任验厂。以沃尔玛的 FCCA 为例说明。沃尔玛推行的 FCCA 验厂（Factory Capability & Capacity Assessment），即工厂产量及能力评估，其目的是审核工厂的产量及生产能力是否符合沃尔玛的产能和质量要求。品质验厂主要检验项目内容包括以下几个方面。

1. 了解企业全年生产经营情况

了解掌握供应商的生产经营能力，对于选择相对稳定可行的供应商，保证对外出口产品按时、按质交货，降低经营风险等具有积极作用。通过对工业企业生产经营能力指标的调查可以帮助跟单员基本了解企业的总体生产经营情况。对于以下指标的取得应以企业年度财务报表和经会计师事务所年检审计报告为准。工业企业生产、经营能力通过下列指标了解：

① 工业总产值。工业总产值指生产企业在报告期内生产的以货币形式表现的工业最终产品和提供工业劳务活动的总价值量。工业总产值的内容包括三部分：本期生产成品价值，对外加工费收入，自制半成品在制品期末、期初差额价值。

② 工业销售产值（当年价格）。工业销售产值是以货币形式表现的，生产企业在报告期内销售的本企业生产的工业产品或提供工业性劳务价值的总价值量，其内容包括销售成品价值、对外加工费收入。

③ 出口交货值。出口交货值指生产企业交给外贸部门或自营（委托）出口（包括销往中国香港、澳门、台湾地区），用外汇价格结算的在国内批量销售或在边境批量出口的产品价值以及外商来样、来料加工、来件装配和补偿贸易等生产的产品价值。

④ 本年生产量。本年生产量指生产企业在一定时期内生产并符合产品质量要求的实物数量，包括商品量和自用量两部分。

⑤ 本年销售量。本年销售量指报告期内生产企业实际销售由本企业生产（包括上期生产和本期生产）的工业产品的实物数量。不包括用订货者来料加工生产的成品（半成品）的实物量。

⑥ 出口交货量。出口交货量指生产企业在报告期内交给外贸部门或自营（委托）出口（包括销往中国香港、澳门、台湾地区），用外汇价格结算的批量销售，在国内或在边境批量出口等的产品数量；还包括外商来样加工、来料加工、来件装配和补偿贸易等生产的产品数量。

⑦ 本年销售额。本年销售额指产品的销售额，即企业在报告期内按各种价格销售同一种产品所得到的销售总金额，与销售量的口径是一致的，凡是计算了销售量的产品都应该计算其销售额。

这里需要注意两点：第一，产品销售额是按不含增值税（销项税额）的价格计算的，这是为了与现行财税制度对财务会计核算的要求和规定保持一致；第二，用订货者来料加工生产的成品（半成品）的销售额按加工费计算。

⑧ 本企业自用量。本企业自用量又称企业自产自用量，指生产企业在报告期内生产的、已作为本企业产量统计又作为本企业生产另一种产品的原材料使用的产品的数量，如服装企业用本企业生产的面料，其计算了面料产量又用于服装的面料数量，应作为企业自用量统计。但是，由本企业验收合格后，作为商品出售给本企业生活、在建工程或行政部门用的产品数量，不能作为自用量统计，而应作为销售量统计。

⑨ 产品库存量。产品库存量是指在某一时点上，尚存在企业产成品仓库中暂未售出的产品的实物数量。

⑩ 年末生产能力。年末生产能力一般指产品的综合生产能力，但也有些产品按其主要设备的能力，分为两种情况：a. 产品年末生产能力；b. 设备能力，即一般所称的设备效率或设备生产率。

2. 核实企业生产经营条件

① 核实企业生产设备。核实企业各类生产设备数量，生产用工模、夹具、机架数量，运输装卸工具数量，使用及保养记录等。

② 核实经营场地。经营场地主要包括总面积、建筑面积、生产厂房面积、仓库面积、其他辅助用房面积等。

③ 核实从业人员。核实从业人员是指在本企业工作并取得劳动报酬的年末实有人员数。

a. 生产员工人数。生产员工人数包括半熟练员工多少，熟练工人多少，技术工人多少，学历构成等。

b. 了解工人工资待遇。

④ 核实质量管理情况。质量管理包括以下内容。

a. 有无质量检验部门。

b. 有无质检总监，能否对产品质量独立行使职权。

c. 有无独立行使职权的质量控制人员，QC（Quality Controller）人员占所有员工比例。

d. 有无计量证书及实验室环境记录。

e. 有无 ISO 证书及其他认证证书。

f. 有无产品产前测试报告及成品批验测试报告。

g. 质检程序文件是否完善。是否包括生产机器、设备管理，供应商评估，采购控制，物料进出控制，客供物料控制，仓库物料管理，设计控制，来料／制造成品品质控制，不合格品控制，质量记录控制，质量手册及年度评审记录等。

⑤ 核实交通、水、电、气、热供应情况。主要包括以下内容。

a. 交通运输条件。距航空港、铁路、公路、水运等距离多少，运输成本如何。

b. 电力供应条件。电力供应能否保证企业用电需求；电力不足的问题能否得到解决；不能保证时，有无自备发电机。

c. 供水、供气、供热情况。是否能保证供水，供水量是否会因季节不同而变化，供水是否符合标准，供气是否保证工厂满负荷工作，供热不足的问题是否能得到解决，水、电、气等供应是否需要追加投资。

⑥ 了解环保、安全情况。环保设施是否符合要求，生产、排污过程中环保是否符合要求，厂区附近是否有干扰型企业。有无消防安全制度，消防设施是否齐备有效，疏散通道是否畅通，生产车间发生意外（如起火）等职工能否安全逃生。

⑦ 了解技术能力情况。

⑧ 了解企业内部经营管理能力。主要有以下内容。

a. 物料采购单及供应商来料质量、数量、交货期历史记录。

b. 仓库物料收发货记录、出入账本、物料定期盘点记录及客供物料记录。

c. 生产总计划、各工序生产计划、生产日报、生产周报及生产周会记录。

d. 产品设计会议、设计、设计评审、设计确认及设计更改记录。

e. 产品生产流程图、生产指导书、试产后（产前）评审记录及生产绩效记录。

f. 来料、过程、最终检验指引及报告，来料、过程、紧急放行及成品仓定期巡查记录。

g. 不合格品记录或检验报告，停产记录及不合格品处理记录，纠正及预措施记录。

3. 核实用印及签字

① 企业印章。企业印章包括公司法人、财务、合同和部门专用章。公司宣传、企业管理、对外业务、公司决策、行政事务等有关文书（包括各类合同）须加盖公司法人公章或合同专用章。公司财务专用章主要用于公司对外开具的票据和与公司相关的金融事务以及财务报表；公司内部生产、管理使用部门专用章。部门专用章不直接对外使用，对外不具有法律效力，只用于本部门对外的一般业务宣传或代表本部门向公司书面汇报情况或提议之用。

② 企业印章的使用范围。企业印章的使用范围包括：a. 凡属以企业名义对外发文、开具介绍信、报送报表等一律需要加盖公司法人公章；b. 凡属企业内部行文、通知等，使用公司内部印章；c. 凡属部门与公司、部门与部门业务范围内的工作文件等，加盖部门印章；d. 凡属经营类的合同、协议等文本，一般使用企业合同专用章或企业法人公章；e. 凡属财务会计业务的，用财务专用章。

③ 对合作企业印章的核实及监控。跟单员在核实双方有关经营类文件时，须认真审核对方所使用的印章是否合法有效。这项工作责任重大，不可马虎。

a. 核实对方企业公章名称与营业执照企业名称是否一致。

b. 合同、订单等印章是否符合用印有效性规定。如果双方合同应该使用公司法人公章或公司合同专用章，但合同却使用了办公室、资产管理部等部门印章，这显然需要查明原因，并给予纠正。

c. 双方经济合同用印是否合理、完整，如文中个别地方出错，手工进行修改，是否对修改处加盖了校对章；合同是否加盖了骑缝章；合同附件是否加盖了附件章等。

d. 跟单员对业务中首次出现的合作企业的印章印鉴样，须做好复印、留底、备查工作。因重要文件中印章不一致，可能会对本企业造成不可挽回的损失，需跟单员特别注意。

在进行了上述一系列的考评后，考察人员汇总并填写"验厂报告"。

（二）社会责任审核

官方称为社会责任审核、社会责任稽核、社会责任工厂评估等，其又分为企业社会责任标准认证和客户方标准审核。这种"验厂"主要通过两种方式推行。

1. 企业社会责任标准认证

企业社会责任标准认证是指企业社会责任体系制定方授权一些中立的第三方机构对申请通过某种标准的企业是否能达到所规定的标准进行审查的活动，如采购商要求企业通过某些国际、地区或行业的社会责任标准认证，获得资格证书，以此作为采购或下达订单的依据。这类标准主要有SA8000、ICTI（玩具行业）、EICC（电子行业）、美国的WRAP（服装鞋帽行业）、欧洲大陆地区的BSCI（所有行业）、法国的ICS（零售行业）、英国的ETI（所有行业）等。

2. 客户方标准审核

企业在采购产品或下达生产订单之前，对加工企业是否按照其制定的社会责任标准进行审查，主要是对劳工标准的执行情况进行直接审查。一般来说，大中型跨国公司都有自己的企业行为守则，如沃尔玛、迪士尼、耐克、家乐福、BROWNSHOE、PAYLESSS HOESOURCE、VIEWPOINT、Macy's等欧美国家的服装、制鞋、日用品、零售业等集团公司，这种方式称为第二方认证。

比较而言，第二方认证出现时间较早，覆盖范围和影响面大，而第三方认证的标准和审查更加全面。两种认证的内容都是以国际劳工标准为依据，要求供货商在劳工标准和工人生活条件等方面承担规定义务。主要有禁止使用童工，反对歧视和压迫工人，禁止使用监狱工，工人有结社自由，工资的发放、工作时间等必须满足国际劳工组织和中国劳动法律法规的要求，健康、安全、消防等方面的要求，保证工人的工作环境不危害身体健康等。例如，第三方公证行BL社会责任审核的主要内容如表3-1-1所示。

表 3-1-1　BL 社会责任审核文件清单

NO.	SA Audit Document List 社会责任审核文件清单
1	Floor plan 厂区平面图
2	Business license 营业执照
3	Name list of employees 员工花名册（全厂员工名册）
4	Payroll records 最近 12 个月工资记录（员工签名工资条或银行转账凭证）
5	Attendance records 对应以上 12 个月工时记录
6	Comprehensive Working Hour System or OT Waiver 综合计时批文或延长加班批文
7	Payment receipt of social insurance schemes 最近 12 个月社会保险之缴费收据／人员申报单
8	Records of paid annual leave 有薪年假记录
9	Factory regulations 厂规或员工手册（招聘，奖惩，考评，工资，工时，福利制度）
10	Employment registration records 员工入职登记表（附身份证复印件）
11	Labor contracts 劳动合同
12	Leave applications 员工请假表（最近 12 个月）
13	Health examination / registration of juvenile workers 未成年工体检证明／劳动部门登记表
14	Trade Union / Worker organization 工会委员名单，章程，会议记录（或其他员工组织，未建立工会则不需提供）
15	O-chart of safety committee, safety procedures, emergency preparedness 安全委员会架构图，工厂安全制度，紧急事故处置预案

（续表）

NO.	SA Audit Document List 社会责任审核文件清单
16	First aid responder certificates 急救员证书
17	Fire drill records 消防演习记录（最近2个年度演习记录，照片）
18	Fire acceptance check report/filling record for production building and dormitory Inspection for Completed Building Construction Projects 厂房/宿舍等建筑物消防验收合格证/备案/建筑工程竣工验收报告/合格证明
19	Injury records/Injury procedure 最近12个月工伤记录/工伤处理程序
20	MSDS/Inventory for hazardous substances/chemicals 化学品危险品清单及物料安全资料卡
21	Safety training records（Fire safety, Job safety, PPE, Chemical） 安全培训记录（消防安全/岗位安全/个人防护用品/化学品使用安全等）
22	Occupational health examination records 职业健康检查/体检报告
23	Work permits for special & dangerous operations 特种作业工操作证（电工/焊工/锅炉工/压力容器操作工/起重机作业工等）
24	Safety documents for special equipments 特种设备档案（电梯/锅炉/压力容器/叉车/起重机等使用许可证或定期安检报告）
25	Hygiene Certificate for the canteen in factory 食堂卫生许可证/餐饮许可证
26	Health Certificate of food operators 食堂工作人员健康证
27	Environmental documents 环保文件（环评登记表或报告/竣工验收报告/排污许可证/危废回收商资质证明/危废转移合同/危废交运联单）
28	Production records 生产记录（生产日报表，仓库收发记录，QC检查记录等）

（三）反恐验厂

现在不是很普及，多为美国客户的要求。从工厂的人员安全、资料安全、货物生产包装装卸安全等，以防止易燃、易爆、危险物品进入包装成品，直接运输到港口，对社会、公众造成潜在威胁和安全隐患。反恐验厂主要目的在于通过工厂本身的一套安全控制程序，来保障出口货物运输及使用安全。

反恐验厂是从美国"9·11"事件之后才出现的，一般有两种方式：C-TPAT和GSV。

1. C-TPAT

海关－商贸反恐联盟（Customs-Trade Partnership Against Terrorism，简称C-TPAT），旨在与相关业界合作建立供应链安全管理系统，以确保供应链从起点到终点的运输安全、安全信息及货况的流通，从而阻止恐怖分子的渗入。

2. GSV

全球安全验证（Global Security Verification，简称GSV），是一项国际领先的商业服务体系，为全球供应链安全策略的开发和实施提供支持，涉及工厂的保安、仓库、包装、装货和出货等环节。GSV体系的使命是与全球的供应商和进口商合作，促进全球安全认证体系的开发，帮助所有成员加强安全保障和风险控制、提升供应链效率，并降低成本。其主要核查内容如表3-1-2所示。

表3-1-2　GSV安全认证主要核查内容

Access Controls
1　Visitors' registration book（访客登记簿）

2	Incoming/outgoing vehicle registration book or record（出入车辆登记簿或记录）
3	Incoming/outgoing mail/parcel registration book or record（出入包裹信件登记簿或记录）
4	Security guard patrol record（保安巡逻记录）
Procedural Security	
5	Security policy/plan（实体保安程序）
6	Security guard duties and responsibilities（保安岗位职责）
7	Packing procedures（货物包装程序）
8	Loading and unloading security procedures（装卸货物保安程序）
9	Container inspection and loading procedures（货柜车检查以及装货程序）
10	Security seal handling and storage procedures（封条保管存放程序）
11	Policy for detecting and reporting shortages/overages (discrepancies) on shipments 货物的超装／短装（差异）检定及通报政策
12	Procedure for transit of finished goods to forwarders（成品运输跟踪程序）
Shipping Documentation	
13	Bill of lading, if any (copy)（提货单复印件）
14	Commercial invoice, if any (copy)（商务发票复印件）
15	Packing List (copy)（装箱单复印件）
16	Other related shipping manifest, if any (any)（其他的相关载货凭单）
17	Any other documentation related to shipments（其他所有船务文件）
Human Resources	
18	Employee record (sample)（员工人事记录样板）
19	Employee background check record（员工背景调查记录）
20	Employee termination check list（员工离职核对表）
21	Employee Security training manual（员工反恐保安培训手册及记录）
22	Security Incident reports（保安紧急事件通报处理程序）
Other Secuirty Records	
23	Security meeting records with attendees list（有参加者名单的安保会议记录）
24	Security training program (includes: Security guards, Mail receiving, Packing, Cargo loading, Logistic) 安保培训计划（包括保安人员、信件收发、成品包装、装柜、后勤）
25	Inspection or maintenance record of alarm and surveillance cameras （警铃及闭路电视检查或维护保养记录）
26	Internal audit record（安保内审记录）
27	Keys, locks and seals control registration book（钥匙、锁及封条的控制登记簿）
28	Crisis management plan（紧急事务处理程序）
29	Others（其他）

四、评估流程

1. 首次会议

检验员需向工厂介绍审核的内容、流程以及目的。受检企业则需为验厂员做工厂基本信息的介绍，包括生产产品类型、工厂人数、法人代表等；提供工厂平面图，确保巡视工厂范围内所有的区域；提供所需审核的文件，以及产品的报检样品等。如上海某时装有限公司于 2018 年 6 月向验厂员所提供的文件清单包括以下内容：营业执照、工厂平面图、工人的考勤记录、工资表、员工档案、劳动合同及社保收据、工人意见处理记录；消防安全检查表、个人防护用品发放记录、消防设备清单及消防通道位置图、消防培训和演习记录及照片；氨纶复丝检查标准、库房管理制度、大货毛纱管理制度、样板工艺制度、产品生产、检验标准；手缝工、横机工、套口工、清洗工、整烫工的培训记录和操作规程等 35 份文件。

2. 工厂巡视

验厂员根据公司生产守则中的具体侧重点，做详细的检验。不仅需要查看生产线，也包括仓库、车间、食堂、宿舍、医疗室、厕所等其他场所。欧美企业通常侧重于企业社会责任以及劳工权利的检查。以迪士尼公司对其玩具类、服装类供应商工厂的审核内容为例，其工厂巡视内容主要包括：工厂环境的卫生安全检查、员工宿舍卫生检查；消防安全、机械安全和产品安全检查；劳工的安全检验，包括查看每个劳动者是否使用或具备个人防护用品；根据美国环境保护局（EPA）或职业安全与健康管理局（OSHA）或空气质量管理区（AQMD）的检验标准，审核工厂的环境污染和环境保护状况、工厂的化学品及危险品存放状况。日本企业则侧重于产品质量的生产监控。以日本女装品牌 SYNONYME 公司的验厂内容来看，除了常规的工厂消防安全、劳工安全等检验外，还特别需要审查工厂的产品质量控制系统的运作。查看工厂总体环境，机器设备、工具配件配置，基础设施、生产设备的维护，原料采购是否有专人负责，生产计划是否合理，后道生产工序是否有严格的检验等，尤其是对产品的安全检验极其严格。例如为了杜绝产品中藏有断针情况的发生，要求工厂对于该类针的流量、库存、使用和管理准备详尽的标志和记录。对于剪刀、钩针等工具的摆放、使用、检控等都必须出具严格的管理措施。

3. 文件审核

验厂员对受检企业根据要求提供的文件按照检验标准进行审核，也是验厂的重要环节。

4. 工人访谈

检验员在工厂巡视过程中随机挑选部分工人，询问姓名、出生年月等个人信息，求证是否有童工使用情况；检查生产流程中是否有分包或外发，并且从工人层面了解工厂的实际运作，以及劳工权利、福利待遇等情况。常见的访谈问题有：有低于法定最低年龄的工人吗？工人至少收到一个标准工作周的最低工资了吗？工人得到了法律所赋予的福利了吗？怀孕的工人是否得到了法律规定的产妇权利？工厂收取工人多少住宿费、多少伙食费？工人每周工作经常超过 48 小时吗？每 7 天就有 1 天休息吗？工人们加班是否自愿？等等。

5. 末次会议

检验员在检验结束后需告知审核结果，归还审核文件，解释发现的问题及通知整改，指导工厂达到守则要求。

6. 整改后检验

整改对于受检企业十分重要，整改后的结果直接影响合作关系、订单数量。以国外某公司验厂制度为例，企业在其验厂过程中允许有 3 次整改机会。验厂中发现的轻微的可容忍违规问题，可在改善后视为合格；整改后达标状况差或存在不可接受的违规行为，则被要求整改后再次接受检验；若存在使用童工、强迫劳动等不可容忍的违规问题，则立即终止合作。

五、应对评估

在验厂中，作为跟单员，应协助各部门做好各项准备工作。首先要有正确的认识；从心里理解审核者并不是为难合作加工厂，而是帮其发现管理中存在的问题。合作加工厂如果整改，竞争力岂不加强？随着形势的发展，验厂面会越来越宽，让大家进入同一起跑线，进入良性竞争的轨道。如果把验厂理解成机遇，那么合作加工厂的心态就会积极起来。因此，合作加工厂应认识到验厂是长期的行为，不能抱有应付的心理，不能搞短期行为。

在验厂前协助各部门做好准备工作。研究客户的调查文件，确认审核的目的（要有侧重点，如质量、环境等）；确认审核的标准和审查的范围；确认审核的日期和时间、审查员人数，前者是商量确定的；确认需提供的资料及相关的文件支持（比如发放劳动合同和员工手册的记录）；安排一次模拟审核，过程和方法应与实际审核相同，自查不合格点并尽快采取纠正措施。安排好陪同人员：① 首次会议人员，应为主要负责人，人事部、会计部、品管部负责人、管理者代表也要参加，并互作介绍，以示重视。② 看厂时的陪同人员可以是行政人员和品管部负责人，同时有一位文员跟随，以随时通知相关部门负责人到本部门门口迎接、陪同并解答问题。③ 文件检查时的陪同人员应包括会计部负责人、人事部负责人及文件档案管理人员，主要负责人也应在场，以回答有关工厂运作方面的问题。④ 与工人面谈时，人事文员应在谈话室附近做组织安排。⑤ 审核员在整理文件时，人事文员应经常去看看，以了解审核员的需求，若有复印的资料，应及时安排。⑥ 末次会议的陪同人员与首次会议相同。

在验厂过程中的配合，跟单员也应协助合作加工厂做好各项工作。有问必答，清楚地向审核员介绍本企业的运作方式及政策，及时回答相关问题，及时提供所有的必要文件，不要拖拉或抵制，否则审核员会以"资料提供不全"而记入不合格项。同时，提供了全面的资料，也避免了审核员可能做出片面或不利的判断。对于审核员询问的问题，一定要搞清楚，有不清楚的地方，一定要问明白，以免误解。出现不合格的问题时，应尽量提供相关的正面的支持性文件作证据，解释清楚，并再度征询审核员意见。如果确属不合格问题，就应立即研究纠正措施，并提出整改计划。

验厂后跟单员同样协助合作加工厂研究不符合项的内容，调查发生的原因，设法采取补救和预防措施。尽快提供纠正计划及时间，并在审核员规定的时间内反馈。

第二节　加工厂的选定

每次与客户订单一确认，就应根据生产服装的品种和款式要求，先在本企业或客户认可的外协单位中寻找、联系、选择合适的加工厂。因为彼此相对了解，对各自的产品特色、优势较容易把握，同时日后的交货、付款等都能较顺利地完成。如果在本企业或客户认可的外协单位中没有合适的加工厂，再扩大筛选的范围，经过本企业或客户验厂评审合格后，可作为外协加工厂。寻找供应商的主要途径有：通过国内外采购指南，各类采购网站；国内外产品发布会、展销会；国内外新闻媒体（报纸、期刊、广播、电商、网络）；政府或企业组织的各类商品订货会；国内外行业协会、企业协会；利用专业顾问公司了解；通过向同行企业打听；等等。

一、审核、发出订单资料

整理相关订单资料后，必须通过电邮或传真，及时向加工厂发出有关订单的初步资料，让加工厂初步了解订单的要求，以便加工厂根据自身的实际情况，决定是否接单生产以及开展安排生产周期等工作。根据订单合同的基本内容，发出的初步资料主要有以下几个方面。

1. 订单基本资料

为了不使订单在加工厂生产中造成管理混乱，订单基本资料必须预先发给加工厂，该类资料包含款式名称、款号、总数量、交货期、交货方式、付款方式等。

2. 款式资料

该资料主要是指款式图、面辅料要求、规格尺寸、包装要求等。

3. 尺码与数量分配资料

在发出的初步资料里，要包括详细的尺码分配表及数量明细表。因为一般国外客户在中国采购的服装产品，一般预先自己垫款采购面辅料进行生产，因此，服装的尺码、数量与颜色分配资料，对加工厂进行订购面料的工作安排和成本核算非常重要。

二、分析反馈信息

加工厂收到初步的订单资料后，根据订单生产的要求，综合衡量自身的生产能力、技术水平、资源调配等情况，做出是否接单生产的决定，并明确答复服装贸易公司跟单员。如果有接单生产的意向，还需对订单生产要求做更全面、深入的了解，可向服装贸易公司咨询或索取相关详细资料。服装贸易公司跟单员对加工厂反馈的信息，要做仔细的分析，并解答工厂的咨询。如果遇到一些无法确认的细节，必须向客户或营业部咨询，了解并确定具体的制作方法与要求，然后回复加工厂，并在日后的生产制造通知单中详细描述，避免日后的工艺制作产生错款或质量问题。

有关订单的加工价、付款方式、订单尺码、颜色与数量、交货期、交货方式等涉及合同条款的初步内容，加工厂也会作进一步咨询，避免日后发生纠纷。跟单员要以电话、邮件、书面等形式详细回复加工厂，对加工厂不同意执行而又不能更改的合同规定，服装贸易公司必须坚持，并要求加工厂遵照执行，否则只能再寻找新的加工厂。

三、签订生产合同

加工厂确定接单生产后，服装贸易公司需与加工厂签订生产合同。

1. 编制生产合同

跟单员必须再次审核订单的详细资料，包括客户的订单合同或销售合同，客户要求的交货期，客户提供的设计、生产或制作图，面料、辅料要求等。如发现资料有疑问，必须及时向营业部或客户等询问，详细了解，确保所有的资料准确无误。生产合同主要内容类似外贸合同，详见第二章。如附录 3 运动裤订单的外加工合同，如表 3-2-1 所示。

表 3-2-1　附录 3 运动裤订单的外协加工合同

购销合同

CONTRACT

C/No.（合同号）：××××　　　　　　　　　　　　　Date（日期）：2018-11-20

ID No.（编号）：TJDG-MKS　　　　　　　　　　　　Signed at（签约地）：Shenzhen

Buyers（买方）：B.B.B Merchandising Limited	Sellers（卖方）：SHANGHAI YUCHANG IMP AND EXP. CO., Ltd
Address（地址）：Flat/Room ××, Cambridge House, ××–×× Cameron Road, Tsimshatsui, Hong Kong	Address（地址）：×× Floor, NO. ×××× Road, Pudong New District, Shanghai, China
Tel（电话）：852-2770×××× Fax（传真）：852-2770××××	Tel（电话）：021-2781×××× Fax（传真）：021-2885××××

经双方友好协商，买方同意按下列条款向卖方购买下述货物，卖方同意按下列条款卖给买方下述货物。Through friendly negotiation, the buyers agree to buy the following goods under the conditions mentioned below and the sellers agree to sell the following goods under the conditions mentioned below.

一、货物描述 Description of the goods:

棉制针织男式长裤

二、货物详细资料（所有布料及辅料品质以买方最终确认品质样板为准）Detailed information of the ordered goods:

1. 布料 Fabric:

A. 65% 棉、35% 涤纶抓绒三线卫衣布，面纱 32's/1 100% 棉 +100D POLYESTER 底纱 18's/1 65/35 TC 280 克 / 平方米 +/−5G

B. 100% 精棉 1×1 罗纹，精棉 32S/2 380 克 / 平方米 +/−5G

2. 辅料 Trims:

MKL1726（主唛）	大美	sticker（贴纸）	工厂开发		
MKS2293（挂卡）	大美				
care label（洗水唛）	SML				

3. 包装 Packaging:

纸箱不能使用铁钉或其他铁类物质。（详细资料见制单）

O/No. （订单号）	S/No. （款号）	Style （款式）	Fabric （布料）	Colour （颜色）	Size （尺码）	Unit （单位）	Quantity （数量）	Unit Price （单价）	Amount （总金额）
546837	MKS3845	棉制针织男式长裤	A+B	浅麻灰	S–XXL	件	5000	US $7.30	US $36,500.00
546842	MKS3845	棉制针织男式长裤	A+B	浅麻灰	S–XXL	件	5000	US $7.30	US $36,500.00
					合计 Total:		10000	FOB	US $73,000.00

总值 Total Value: 美金柒万叁仟圆整。

三、价格条款 Price Terms:

FOB	×	C&F		CIF	

所有单价包含由工厂到装运港的运费并以工厂名义负责一切有关商检和出口报关的文件及其费用。All prices include freight from factory to the shipping port and all documents.

四、装运条款 Delivery Clause:

1. 溢短装 More or Less:

实际出货数量接受 3% 溢 / 短装，如果出货数量与合同要求有出入，卖方必须要在出货前 2 个星期提前通知买方并得到买方确认。

2. 装运港 Shipping Port: 中国上海　Shanghai, China

3. 目的港 Destination Port: 英国港口　UK Port

4. 货期 Shipment:

2019 年 9 月 29 日前交到买方指定上海货代的仓库。

5. 装运通知 Advice of Shipment:

卖方应在约定的装运期前 15 天，以传真或电邮向买方发出准备装船的正式通知，以便买方及时安排租船订仓。The sellers should send the advice of shipment to the buyers by fax or E-mail 15 days before shipment date for booking the vessels.

五、付款方式 Payment Terms:

出货后 30 天凭卖方按照本合同第七点要求提供的文件一次付清全部货款。

六、测试要求 Test requirements:

所有的布料、印花及辅料均要符合欧洲或美国环保标准，具体要求参考客户的测试标准。All the fabrics, prints and trims must be in accordance with European or American environmental protection requirements.

大货质量要求达到相关客户的测试标准的要求，该标准是本合同不可分割的一部分。以下列举仅代表部分要求，不代表全部要求。

1）皂洗色牢度 4 级（50℃温水）。

2）干擦 4 级及湿擦色牢度 3～4 级。

3）水渍色牢度 4 级。

4）抗起球牢度，水洗后达到 3～4 级。

5）光照色牢度 4 级。

6）顶破强度要达到 300KPa 以上。

7）成衣水洗前后的扭曲度在 5% 之内。

8）成衣水洗尺寸稳定性针织小于 5%，梭织小于 3%。

七、文件要求 Documents required:

卖方需于出货后 7 个工作日内提供以下文件给买方。The following documents should be submitted by the sellers within 7 working days from the date of shipment.

1）商业发票正本 Original commercial invoice.

2）详细装箱单正本 Original packing list.

3）B.B.B Merchandising Limited 出具的质检合格证 Inspection certificate issued by B.B.B Merchandising Limited.

4）全套纺织品产地证正本 Full set of certificates of origin.

5）其他信用证要求的单证 Other documents required by the L/C.

八、责任条款 Responsibilities:

1. 甲方不接受乙方以任何形式未经同意将订单外发加工生产，所有的生产必须在指定的签约工厂。如未经甲方同意将订单外发生产，乙方将无条件缴纳 5 万元人民币违约金给予甲方。All the products must be produced by the approved contracted factories, a penalty of RMB 50000.00 will be deducted from the payment if the sellers sub-contract the production to a factory not approved by the buyers.

工厂名称 Factory name: ×××××× 服饰有限公司

工厂地址 Factory address: ×××××× 园区 ××××××

2. 所有的订单卖方需要在尾期验货时提供此批大货 100% 通过验针机检验并合格的检验记录供甲方验货人员查验，同时将记录正本加盖卖方公章后作为付款凭证提供给甲方。For all orders, the bulk of the goods must be 100% inspected by the needle inspection machine and the sellers should provide the inspection records to the buyer's QC for checking, meanwhile, the sellers should send the stamped copies to the buyers as one of the payment documents.

3. 如因卖方原因违反合同约定不生产及不履行交货义务，卖方需按合同约定总金额的双倍支付买方违约金。When the sellers fail to produce and deliver the goods, the sellers will compensate the buyers double amount of the contract value to cover the buyers' loss.

4. 卖方应保护买方订单相关品牌的商业秘密，不得向第三方泄漏品牌信息及生产情况，不得为第三方生产相同品牌的产品，同时应确保相关的印花、绣花、辅料等外加工供应商同样遵守这一要求。The sellers should protect the buyers' brands and other business secrets, do not disclose the brands and production infos to the other parties, and do not

produce same brands products for the other parties, meanwhile, to guarantee the sub-contracted printing, EMB, accessories mills etc obey this principle.

5. 本合同签订后，卖方将不得以任何方式或途径与买方的客户直接或间接联系或交易。The sellers will not deal with buyers' customers once this contract signed between the buyers and the sellers, whether it is direct or indirect through others in the future.

九、如双方发生争议，应首先友好协商解决，如协商不能解决，双方均可提出诉讼，由法庭判决。本合同法律管辖地为深圳。Any disputes should be resolved by friendly negotiation or if failed, both parties can go to court for final judgement.

十、本合同包括正本及附件（买方提供的制单及相关客户的测试要求）。附件为本合同不可分割的一部分。The contract includes the original copies and attachments (working sheets from the buyers), the attachments are the integral part of the contract.

十一、本合同一式两份，经双方签字盖章之日起生效。The contract has got two original copies which will come into effect when the both parties sign and stamp.

买方（Buyers）：　　　　　　　　　　　　　卖方（Sellers）：
（签字盖章）_____　（签字盖章）_____
　　　　B.B.B Merchandising Limited　　　　　　　　SHANGHAI YUCHANG IMP AND EXP. CO., Ltd

2. 审批生产合同

生产合同编制好后，需对合同的所有数据与条款进行全面核对，确保生产合同与订单合同对应的条款相符。主要核对内容如下：

① 合同编号：便于双方合同管理与查询。

② 数量：以客户订购的数量为准。

③ 单价与金额：根据订单的单价、预期利润，审核加工单价，并计算总金额。

④ 付款方式：不同的交易方式有不同的付款方式。

⑤ 交货期：根据订单的交货期，确定加工厂的交货期，加工厂的交货期只能比订单的交货期提前，不能推后。加工厂一般要提前一星期，确保准时交货给客户。

⑥ 面料、辅料等要求。

⑦ 交货方式。

生产合同核对无误后，再送交跟单主管、生产主管审核，通过后再送交总经理。

3. 签订生产合同

总经理审核生产合同，确定可下单生产后，在合同上签署、确认，加盖公章后送交加工厂。加工厂将对合同进行详细审核，审核无误后，由法人代表签名，并加盖公章，自存一份备案，另一份送回服装贸易公司。服装贸易公司跟单员负责跟踪合同的签订，收到加工厂送回的合同后，正本存档，并复印数份复印件，分别派发船务部、财务部等部门。

四、商讨制定生产进度

签订合同之后，为了顺利完成订单，增加跟单工作的计划性，跟单员应与加工厂（或生产部）根据业务性质、订单的数量等，商讨、制定跟单周期表。一般公司对常规合同各个部门所需要的时间有初步的商定，如表 3-2-2 所示，是某针织厂对常规订单的时间核定参考表。根据客户要求的交货日期，确定样衣、面料、大货生产等的计划完成日期。

表 3-2-2　某公司各项目时间核定表

说明：

1. 35 ～ 44 天合同主要针对小批量、追单、辅料组织相对容易、面料成熟的订单。法定节假日包含在内（3 天以上长假除外）。

2. 所有 44 天内合同，如含有特种纱或麻灰纱（含彩条、横机、染色印花），需事先与面料计划确认后再下合同。

3. 如果面料是全涤的，织造时间要增加 1 天。若是坯布印花，或是复合布，染整完成时间需多加 3 天。

4. 合同如有变更，需重新评审确定各项目核定时限。

一般常规合同：

职能部门	技术资料			辅料资料	原料（棉纱）		织布	染色	成衣辅料	印绣花 / 制衣
	技术部	营业部	合计	营业部	采购部		织造部	染整部	辅料科	制衣部
35～44 天合同	2 天	3 天	5 天内	3 天内	7 天内		14 天内（7 天）	21 天内（7 天）	25 天内（22 天）	35 天内（10 天）
					麻灰纱	10 天内	20 天内（10 天）	25 天内（5 天）		
					特种纱			27 天内（7 天）		35 天内（8 天）
45～59 天合同	3 天	3 天	6 天内	3 天内	9 天内		18 天内（9 天）	27 天内（9 天）	30 天内（27 天）	45 天内（15 天）
60 天以上合同	3 天	3 天	6 天内	3 天内	15 天内		26 天内（11 天）	37 天内（11 天）	35 天内（32 天）	60 天内（23 天）

作业与练习

1. 假设面辅料都由工厂采购，为附录 1 童装订单制定一份工厂采购合同（或工厂加工合同）。

2. 为附录 2 吊带衫订单设计制定一份订单生产进度表。

3. 仔细阅读下面验厂报告，指出这次验厂的主要方面及内容。

表 1 验厂报告

Factory visiting

Factory name	Shanghai QQGarments Co., Ltd		
Contact	Mr. Wang	Tel: 132532××××8 / 021866××××7	
Factory Website	www.QQ.com		
E-Mail	wyq@sQQ.com		
Factory Location	Shanghai		
Address	NO.867, LANE 1278, DASAE ROAD WUQIAO INDUSTRIAL ZONE XIANGXIAN SHANGHAI CHINA		
Set up factory	1985		
Worker	about 423 workers in head factory / about 259 workers in branch factory		
Q.C	about 60 workers		
Capacity	150,000pcs /month in head factory / 100,000pcs/month in branch factory		
Peak or Low season	N/A		
NO.of Sub factory	N/A		
No. of Machine	about 300 in head factory / about 250 in branch factory		
Business	Kids Apparel, Outerwear, Underwear, Casualwear, Jerseys - Authentic, Jerseys - Replica, Sportswear, T-Shirts, Woven Jacket, Woven Shirt, Woven Pants		
Fabric type	cotton. T/C, Polyester, interlaced fabric		
Main Cutomer	Adidas. Penguin. Le Coq Sportif. FILA		
Export markets	Japan		
Audit	pass ADIDAS audit, ISO, L'Oreal		
Oeko certification	their cooperate factory of fabric have		

Comment:

1. The scale of the factory is larger.
2. The factory main do export goods and also do goods for sale in domestic market for Kappa. Septwolves, they main do adidas of Japan, if do our order should get ADIDAS agree.
3. There is a branch factory in Siyang economic development zone C-2（Shenzhen road 36 campus south gates Suqian city, Jiangsu, China）.
4. The head factory passed adidas audit on 31st, July, 2007, and in June, 2012 passed adidas follow up audit; the branch factory passed adidas in May, 2012.
5. The branch factory just main do sewing now, cutting and packing all in the head factory.
6. The quality is ok.
7. The distance is a little far from bus station about 1 hour

附件 Picture（工厂各类照片）

第四章　样衣跟单

第一节　样衣的概念

样衣对于服装进出口企业是非常重要的，它的好坏是直接关系到客户是否订货、企业有没有生意做的大问题。

制作服装样衣是为了给客户提供一个检验本企业生产能力的平台，通过服装样衣的制作，满足客户的需求，以达到客户所要求的服装设计效果或服装加工质量，从而获得客户订单。同样，服装样衣的制作是确保生产顺利进行和质量控制不可缺少的标准模板。服装企业通过试制新产品，可以将生产要素按一定的条件重新组合并投入生产，确认其生产结果后做出相应的判断，如能否接本订单、客户要求能否顺利达成、生产成本是否太高、工人的技术水平是否需要重新培训等；或制定相应的对策，如应该如何改良繁复的工艺生产而不会改变原有的生产外观效果、怎样的生产方法更快捷方便、如何减低工价并降低生产成本、如何减少次品的数量、如何避免或减少生产问题等。确认样衣还是验货和索赔的依据。所以跟单员在做样衣准备的工作中，一定要高度重视。

一、样衣的含义

样衣是服装企业用于反映服装设计效果或服装加工质量的实物样品，是服装生产部门重要的工艺技术文件。有的客户称样衣为样，有的称为办，有的称为板。

大多服装企业都设有专门的样衣制作部门，俗称打样间。打样间主要是根据客户、设计部或营业部提供的设计资料和要求等进行服装实物样品的制作。

二、样衣的类型

样衣的种类繁多，但并非每一个客人都需要制作全部样衣，通常是根据客户的不同需要和阶段来有所选择性地制作。此外，由于不同的公司对不同的样衣有不同的叫法，因此很难用一个名称来概括所有公司的样衣。例如：

A 客户要求试制如下样衣：① 初样（含多次修改的复样）；② 尺码样；③ 头缸洗水样（含测试样）；④ 确认样（含款式样、色样、修改复样等）；⑤ 产前样；⑥ 大货洗水样；⑦ 船样。

B 客户要求试制样衣的种类：① 初样；② 推广样；③ 尺码样（含多次修改样）；④ 确认样；⑤ 产前样；⑥ 测试样；⑦ 船样。

C 客户要求试制样衣的种类：① 初样（含多次修改的复样）；② 款式终审样和国际成衣测试样；③ 确认样和试身样；④ 销售样；⑤ 尺码样；⑥ 洗水测试样；⑦ 产前样。

D 客户要求试制样衣的种类：① 初样（含多次修改的复样）；② 预售样；③ 媒体发展样；

④ 试身样；⑤ 估价样；⑥ 洗水测试样。

E 客户要求试制的样衣种类：① 款式样；② 尺码样；③ 产前样；④ 船样。

常见的样衣类型如下：

1. 开发样（Empolder Sample）

在没有明确的客户之前，由服装企业的设计部按照市场的流行趋势和针对各个客户的区域性习俗和爱好设计的一系列季节性成衣款式，并制作成品的样品，主要是用于吸引客户、开拓业务、提高接单能力。

2. 初样、头样（Initial Sample, Proto Sample）

根据设计部或客户提供的图样、资料、客供样衣、样衣制作工艺要求等制作而成，并能反映客户要求的款式或设计效果的样衣。它是与客户第一次沟通的款式确认样，将影响客户是否接受订单。多数客户只提供设计图或个别部位的参考模型，要求服装企业完善，使客户的初步构思得以体现。主要参考款式，工艺、面料、颜色都可以不同。

3. 回样、复样、修改样、对等样（Counter Sample）

根据初样改良过的第二次、第三次，甚至更多次的样衣，也可以是由工厂根据客户提供的原样或头样制作，并寄回给客户确认的样衣。主要是确认款式、板型、工艺、尺寸等，可以用代替的面辅料，但应当与大批量产品在面料成分、结构及克重上尽可能接近，且拼接面料和辅料的配色效果，要搭配合适。此外，样品的规格和工艺要完全按照客户的指示及要求制作。

4. 尺码样、适身样（Size Sample, Fitting Sample）

尺码样是按照设计部或客户提供的尺寸表及要求进行制作的样衣，主要是看模特试穿的效果以及尺寸（跳码）问题。如按照客户提供的尺码表中每个尺码均制作 1～2 件样衣，以供模特试身用，又称为放码样。通过试穿样衣来确定成品合体度，明确成衣各个部位需要修改的工艺参数，所以制作尺码样时，对各个纸样结构的尺寸要求都很严格。

例如，各部位的平衡（包括上下、前后、左右）；前后腰节够不够长；前后领深合不合理；袖窿够不够大等。一般要工厂提供纸样，如果试身效果不好，须查纸样。

5. 照片样、广告样（Photo Sample）

照片样和广告样是在订单确定后，大货生产前，客户用于推广产品、扩大宣传、增加销售量的成衣样，如用于摄影制作宣传画报、邮购刊物或推广产品的专刊。所以主要是款式和颜色要正确，在面辅料的颜色、搭配、面料质地及款式细节等外观效果方面应特别注意，要按照客户的要求制作。通常广告样都必须提前制作完成，不能临近推销期才备样。

6. 销售样、展示样（Sales Sample, Salesman Sample, Showroom Sample）

客户用于时装表演、时装发布或展销会推广宣传的展示样，或开货前做给客户试卖的样品。目的是为了将之前所做出的新款式供客户进行时装发布或展销会推销用，方便客户依据发布会或展销会的反应确定各个款式的具体订单数量，从而尽快与服装企业落实订单。大多数客户会要求在工艺单下达之后安排做销售样，一般要求齐色齐码，凡大货做到的东西，几乎都要做到，但销售样还可以在大货中再做修改，不容易找到的辅料允许用类似或接近的物料代替。该类样衣重在款式和卖相。

7. 产前样、PP 样（Pre-production Sample）

产前样又称产前确认样，是在批量生产所用的面料、辅料到位后，按照客户或订单修改完善后的资料要求，在批量生产前，模拟或在批量生产的流水线上进行制作的样衣。产前样必须符合客户的所有修改后的要求，并与即将计划批量生产的生产制单资料完全相符，待客户批核无误后，工厂生产部方可投入大批量生产，以免批量生产时出现误差。产前确认样一般要求提供齐色齐码或跳码。

8. 测试样（Test Sample）

抽取批量生产用的面料和辅料制作样衣用于测试，或在大货生产过程中抽取成品进行测试的样衣。测试的项目要依据客户要求和产品的款式复杂性而定。常见的测试样有缝道拉伸断裂测试样、缝道纱线滑移测试样、洗水测试样、染色测试样、合身测试样、缩水测试样、面辅料纤维成分测试样等，主要测试洗水、颜色、环保方面是否符合要求。其中洗水测试样是为了测试成衣洗水后的尺寸变化，以保证成品洗水后的尺寸效果能达到客户的要求，所以必须在批量生产前做好前期的面料缩水率测试和样衣水洗测试。

9. 封样（Sealed Sample）

样衣试制完成，送交客户最终确认后，对有关资料进行存档，就叫封样。封样在经双方共同确认后，填写封样单，加盖封样章，方可生效。

10. 首件封样（Top Sample）

首件封样是由生产部门、生产线或生产班组按照工艺文件所生产的第一件产品。首件封样是工厂试做的，不用给客户批核，它面辅料配比准确，非完整包装，主要是看工艺、尺寸、缩率、所需机器等在大货生产时有没有问题。车间做出来后就交给 QC 检查，然后把检查报告给纸样、车间、洗水部等相关部门参考。如果洗后、烫后尺寸有问题，就要在纸样上做相应的修改。通常要求生产该产品的每条流水线都要提交此样品，其作用是生产部品质管理的需要。

11. 大货样（Production Sample）

大货样是从大货生产中挑选出来的产品，用以了解大货生产中款式、工艺制作及所有码数的尺寸等是否符合要求。其要求是大货生产流水制作，面辅料配比定位准确，非完整包装。目的是确保大货生产的准确性，且可以给客人做参考，用以了解整批大货的质量和品质。

12. 船样（Shipping Sample）

船样又称船头样、装船样，是装运前从大货中挑选出来的完整包装的样品。面辅料准确，大货生产流水制作，完整包装。船样代表整批大货的质量，用以客户了解大货的品质，且在接收大货时核对质量，检查产品的质量是否与样品之间存在偏差。一般在货物出运前 15 天左右提交客户。客户确认了船样，大货才能出运。

13. 留样（Keeping Sample）

留样是产品出运后，留存下来作为资料存档的完整包装的产品，以备翻单。

不同时期，不同样品的用料要求、作用均不同。其中主要样衣其用料要求、作用等可参考表4-1-1所示。跟单必须明确每个样品的要求和作用，以免出错。

表 4-1-1　主要样衣面辅料要求及其作用等参考表

类型	面料	辅料	商标、吊牌	颜色	包装	数量	作用	部门
对等样	可代用	可代用	可代用	可代用	无	单色单码	确认款式、尺寸、工艺、板型	样衣室
尺码样	可代用	可代用	可代用	可代用	无	齐码	确认尺寸、档差是否合理	样衣室
照片样	相近	相近	一致	严格一致	无	齐色单码	客户推广	样衣室
销售样	基本一致	基本一致	严格一致	基本一致	有	齐色齐码	客户推广	样衣室或生产部
测试样	严格一致	严格一致	严格一致	严格一致	无	单色单码	大货的理化性能测试	样衣室
产前样	严格一致	严格一致	严格一致	严格一致	无	齐色齐码（跳码）	确认大货面、辅料，款式和工艺	样衣室
首件封样	严格一致	严格一致	严格一致	严格一致	无	单色单码	确认生产过程中操作无误	生产部
大货样	严格一致	严格一致	严格一致	严格一致	无	齐色齐码	确认大货质量	生产部
船样	严格一致	严格一致	严格一致	严格一致	有	齐色齐码	确认大货质量	生产部
留样	严格一致	严格一致	严格一致	严格一致	有	齐色	以备翻单	生产部

第二节　样衣跟单流程

　　为了订单能按时按质完成，必须对订单中需要的服装样衣进行跟踪、反馈，全面掌握样衣加工的质量和进度。制作服装样衣的任务下达以后，跟单员要对服装样衣所需要的面辅料、加工质量、生产进度等进行密切地跟踪和管理，保证服装样衣能按质、按量、按期完成，以期尽快落实订单，同时确保批量生产如期进行。

　　服装样衣的跟踪流程是：当客户提出要制作样衣时，跟单员将客户提供的资料进行汇总、翻译、整理后，填写服装样衣制作工艺单（打样单），连同实物资料等一起下达给样衣间或外协工厂；在制作样衣时，跟单员要协调、组织样衣制作所需的面辅料，并跟进样衣制作的全过程。一方面了解样衣制作的工艺流程，另一方面要确保样衣制作按照客户的要求，如期完成任务。样衣制作完成后，对样衣进行全面的检查，确认样衣满足客户的要求后，将样衣寄送给客户审阅批核，获取客户的批样意见。然后根据客户的意见，会同样衣间（外协工厂）一起对样衣进行相应的修改，直至客户完全满意，并对样衣进行最终确认，其大概流程可参考图 4-2-1 所示。

　　样衣跟单的原则：客户的来样要妥善整理并保管，尤其是对同一客户的多个订单对应的多个样品，要认真仔细核对，避免出现差错和混淆；客户来样要与订单对应，编号或单号要明确且容易分

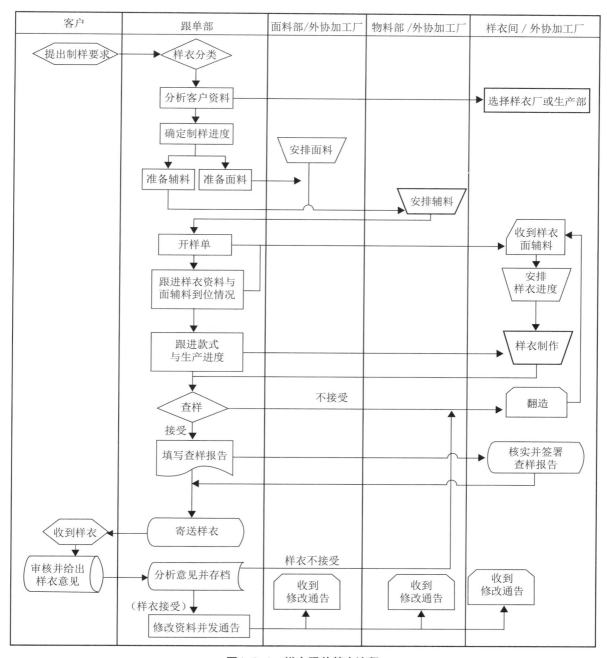

图4-2-1　样衣跟单基本流程

别，有不明确的样品应及时与客户沟通，落实样品的使用方向；打样过程中应及时了解进程，打好的样品及时送交客户，并跟进客户的批复结果；在将已打好的样品寄交客户的同时留样并做出记录，包括单号、品质、送样时间及回复结果等；抓紧时间，提高工作效率，力争在最短时间内打出合格的样品以争取客户的信任和更多的订单。

一、样衣准备

（一）打样资料整理

首先要分辨客户要求制作样衣的类型，并翻译、分析、整理客户提供的所有资料。客户专业性不同、规模不同，来样信息也就各不一样。比较专业的客户一般会提供较详细的规格单、工艺技术要求和参考样。面辅料的色卡和品质样也比较齐全。有些客户的资料只有款式图或规格单，甚至有些客户只有参考样，规格单等信息一概没有。因此，跟单员在进行打样资料整理过程中，就必须针对不同情况进行相应的审查，一般有以下四种情况（图4-2-2）。

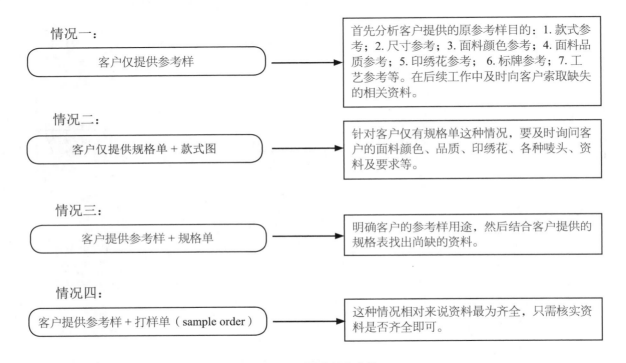

图4-2-2　打样资料审查情况

为提高样衣制作的准确性，应要求客户尽量提供详细的资料，最好有实物样品，以免制作的样衣与客户的要求有偏差。如果客户只提出设想，则跟单员要同设计人员一起，与客户充分沟通，详尽了解客户的想法，由设计人员根据客户的设想，先设计出效果图，交客户初审同意后，再进入制样衣的流程。

同时，跟单员还应从各个相关部门（如样衣间、洗水厂、印染厂等）中收集与样衣制作有关的所有资料，包括面料缩水、洗染后整理效果等，加以整理，了解与样衣生产有关的信息并做好周全的准备工作。另外，还应调查样衣的制作方法是否适合大货生产时加工厂的生产，如果有疑问，应该马上征询上级主管和有关生产部门的意见。

（二）打样资料下达

跟单员必须整理好所有样衣资料，交给打样间或外协加工厂。

打样资料通常以打样通知单的形式下达。打样衣通知单是服装样衣加工的任务书，表示了详细的样衣加工要求，是样衣制作的指令性文件。在样衣制作之前，必须及时收集、整理客户的所有资料，编制打样通知单。即便是客户的翻单也按新单一样认真对待。

根据客户的性质、样衣制作的模式，编制打样的方式有所不同，无论是哪种编制方式，都必须以指导样衣制作为前提。打样衣通知单的基本构成如下。

1. 基本信息（表头）

一般含所要打的样衣的客户名称、款号、样衣名称、主要面料、样衣尺码及下单日期与交样日期等基本信息。其中，交样日期应根据样衣难易程度、大货交货期等综合考虑，一般要留给样衣间或外协工厂一个星期的制作时间。

2. 尺寸表

尺寸表又称规格表（size chart 或 measurement chart），包含成品服装各主要部位的测量尺寸、测量要求和测量允差。一般的尺寸表附有测量图示，以使操作更明确。

3. 款式图

款式图用以表现服装工艺结构，方便服装生产部门使用。一般需绘制前、后衣身款式图。如果是常规款式，后身无特别设计，可以只画前衣身。如果客户有提供参考样，也可用参考样的照片替代具体款式细节。

4. 工艺要求

用文字和图示详细说明样衣制作的具体工艺做法，使操作更加明确。

5. 面辅料要求

根据客户的要求，对样衣所需的面辅料种类、位置及数量做详细的说明。

打样通知单开列好以后，核对所有样衣生产的资料和相关数据无误；主管审批后，复印一份，连同相关的实物资料交给打样间或外协工厂。例如，附录 1 童装订单的尺码样打样通知单和附录 2 吊带衫订单的尺码样打样通知单分别如表 4-2-1、表 4-2-2 所示。

表 4-2-1　附录 2 吊带衫订单的打样衣通知单

××××进出口有限公司
×××× IMPORT EXPORT Co., Ltd
地址：××××环城北路××号财富中心××××室
电话：021-2828××××　　传真：021-2828××××

客户：FOR21						编号：P110-1E7228	
产品序号	1	是否来样	√	产品类型	上衣	样衣交期	2018-09-05
产品编号	110-1E7228					大货交期	2019-01-20
尺寸规格	S-M-L		产品花色	蓝色组合 - 米黄组合 - 粉红组合	产品数量　9935 件	度量方法	英寸

（续表）

	规格尺寸					款式图
编号	部位名称	S	M	L	允差	
1	前肩带间距	8 3/4	9 1/8	9 1/2	（−/+）1/4	
2	后肩带间距	7 1/2	7 7/8	8 1/4	（−/+）1/4	
3	胸围（腋下1"）	38	40	42	（−/+）1/2	
4	腰围（腋下7"）	38 1/2	40 1/2	42 1/2	（−/+）1/2	
5	下摆	40 1/2	42 1/2	44 1/2	（−/+）1/2	
6	前领深	2 1/4	2 3/8	2 1/2		
7	后领深	1 1/2	1 5/8	1 3/4		
8	前袖窿弧线长	5	5 3/8	5 3/4	（−/+）1/4	
9	顶荷叶边宽	2	2	2	（−/+）1/4	
10	底荷叶边宽	2 5/8	2 5/8	2 5/8	（−/+）1/8	
11	前中门襟宽	5/8	5/8	5/8	（−/+）1/8	
12	前中衣身长	15	15 3/8	15 3/4	（−/+）3/16	
13	后中衣身长	13	13 3/8	13 3/4	（−/+）3/16	
14	侧缝长	13	13 3/8	13 3/4	（−/+）3/16	

物料名称	物料规格	颜色	单位	单耗	备注
涤双绉面料	144 幅宽		米	0.63	1. 样衣面料请用近似代用。
金属调节扣	0.6 厘米	配色	副	2	2. 面辅料品质和样衣工艺要求请参考客供样衣。
纽扣	18L	配色	个	6	3. 样衣请打 S 码 3 件，贵司自留 1 件，我司留 1 件，寄客户留 1 件
缝纫线	602	配色	米	145	
橡筋	0.6 厘米	白色	米	0.45	
朴条	0.3 厘米	白色	米	1	
粘衬	8518#	白色	米	0.04	
主唛	代用		个	1	
洗水唛	代用		个	1	
尺码/产地唛	代用		个	1	
价格牌	代用		个	1	
吊牌	代用		个	1	
备扣袋	代用		个	1	

制单人：×××	下单日期：2018−08−29

表 4-2-2　附录 1 童装订单的打样衣通知单

××××服饰进出口有限公司

××××Garment Imp & Exp Co., Ltd.

地址：××××市××路×××号××大厦×××室（邮编：315211）

电话：86-574-8632×××× 传真：86-574-8632××××

下单日期：2018-08-03

客户	××××	品名	男婴爬爬衫	款号	BM2018-66188	货号	××××
面料	棉毛布	工厂	F621	尺码	3M 和 12M	交样日期	2018-08-12
种类	名称	颜色	克重	规格			
面料（大身）	棉毛布	奶油色	190 克 / 平方米				
面料（包边）	棉毛布	橙色	190 克 / 平方米				
辅料	环形按扣			15L			
	主唛			印唛			
	603 线			603			
	品牌			印唛			
	价格牌			印唛			
	纸箱、胶袋等其他						

款式说明：

1. 前后衣片在领口处无接缝，但肩膀处有重叠。2. 裆底后衣片回折，与前衣片用三组纽扣连接。3. 前胸印绣花

工艺说明：

1. 针迹密度：领口、脚口五线包缝 14/3 厘米，袖口袖底缝及侧缝四线包缝 14/3 厘米。袖窿五线包缝 14/3 厘米。无跳线断线。2. 纽扣装订牢固、平整。3. 包边宽窄一致，不起扭。4. 腿口包边接缝在左边（穿起计），右边无接缝。5. 印花位置及颜色准确，无脱色、褪色

备注：需提交 3M 和 12M 样衣各 2 件（一份寄客户，一份留存）

具体尺寸						
CODE（编号）	MEASUREMENTS（测量）	3M	6M	9M	12M	TOL+/-
100	TOTAL LENGTH HPS TO CROTCH 总长（颈肩点到裆底）	15.5	16.5	17.5	18.25	1/4
100A	TOTAL LENGTH HPS TO SIDE LEG 躯干长（颈肩点到裆底）	12.5	13.5	14.5	15	1/4
130	CHEST WIDTH 1" BELOW AH 胸围（腋下 1"）	9.5	9.75	10	10.5	1/8
180	ACROSS SHOULDER 总肩宽	7.5	7.75	8	8.25	1/8
140	SLEEVE LENGTH @ AH SEAM 袖长（从肩端点量）	2.75	3	3.25	3.5	1/8
200	SLEEVE OPENING RELAXED 袖口大（松量）	3	3.25	3.5	3.75	1/8
220	ARMHOLE OPENING 袖窿大	4.5	4.75	5	5.25	1/8
250	FRONT NECK DEPTH 前领深	1.625	1.625	1.625	1.625	1/8

（续表）

CODE（编号）	MEASUREMENTS（测量）	3M	6M	9M	12M	TOL+/−
255	BACK NECK DEPTH 后领深	0.625	0.625	0.625	0.625	1/8
275	NECK OPENING EDGE TO EDGE 横开领大（边至边）	3.75	4	4.25	4.5	1/8
276	MINIMUM NECK STRETCH 最小领围（拉量）	21	21	21	21	MIN
	NECK BINDING WIDTH COVER STITCH 领包边宽	0.5	0.5	0.5	0.5	MIN
300	HIP WIDTH 2 1/2" ABOVE CROTCH 臀围（裆上 2 1/2"）	9.5	9.75	10	10.5	1/8
330	LEG OPENING 腿围	3.5	3.75	4	4.25	1/8
1	THIGH FRONT TO BACK 腿口前后差	0.75	0.75	0.75	0.75	1/8
2	CROTCH WIDTH @ snaps 裆宽（纽扣处）	3.5	3.5	3.75	4	1/8
3	CROTCH WIDTH @ fold 裆宽（回折处）	4.75	4.75	5	5.25	1/8
4	CROTCH HEIGHT from binding edge to fold 裆深（包边边沿至回折处）	1.75	1.75	1.75	1.75	MIN
5	LEG BINDING WIDTH 腿口包边宽	0.625	0.625	0.625	0.625	MIN
	# RING SNAPS AT CROTCH 裆部纽扣数	3	3	3	3	MIN

（三）样衣面辅料跟进

制作样衣所需面辅料多数情况下由客户指定种类，包括面料纤维成分、组织结构、颜色、光泽、手感等，都要按客户的要求。获得样衣所需用料的途径通常有几种形式：由客户提供物料或客户代为订购；库存面辅料；向供应商购买；从大货中抽取；重新开发制作。

无论是哪种获取途径，跟单员都应详细计算出制作样衣所需面辅料清单。例如，附录 2 吊带衫订单的 S 码 3 件用料的物料清单如表 4-2-3 所示。并仔细跟进物料的整个流通过程和细节要求，包括订购的价格、运输方式、到货日期、各种物料颜色及数量等。如果遇到物料的到货期延误或数量、颜色有误时，应及时查找问题的原因并及时解决。遇到可疑或不清晰之处，必须及时与客户沟通商讨。无法马上解决的事项也应及时与客户协商，尽快达成共识。同一季度内需要制作的样衣中，尽量将物料类型相近的样衣集中安排制作，以方便订购物料。初期样衣制作确认的期限一般都比较短，跟单员可以根据客户的要求尽量在库存物料中寻找一些相近的代替。如果是老客户，其常用的物料如商标、拉链等一般都有库存物料，应及时查询库存情况，切勿盲目发出采购单。

表 4-2-3　附录 2 吊带衫订单打样衣用的物料清单

物料名称	物料规格	颜色	单位	单耗	备料量	备注
涤双绉面料	144 幅宽		米	0.63	1.89	任选一颜色组打样，辅料配色，唛头代用，位置准确
金属调节扣	0.6 厘米	配色	副	2	6	
纽扣	18L	配色	个	6	18	
缝纫线	602	配色	米	145	435	
橡筋	0.6 厘米	白色	米	0.45	1.35	
朴条	0.3 厘米	白色	米	1	3	
粘衬	8518#	白色	米	0.04	0.12	
主唛	代用		个	1	3	
洗水唛	代用		个	1	3	
尺码 / 产地唛	代用		个	1	3	
价格牌	代用		个	1	3	
吊牌	代用		个	1	3	
备扣袋	代用		个	1	3	

（四）样衣制作跟进

打样间（或外协工厂）根据打样单的要求，做好样衣制作的周期安排。在这阶段，跟单员主要工作如下。

① 定期将每个月估计要生产的样衣总数量提供给打样间，以便其提前做生产计划和生产车位编排。

② 跟进样衣生产所需的资料、面料、辅料是否按时到达打样间。

③ 协助打样间解决制作过程中的疑难问题，督促制作的进度，确保样衣制作按时、按质完成。

通过电话、传真、电子邮件、现场等定时查询样衣制作的进度和生产过程中遇到的突发事件，并及时跟进解决。如果遇到制作工艺不能达到客户的要求时，应将打样间提供的具体工艺做法或尺寸修改意见等汇总后，及时与客户联系，商讨修订的意见，征得客户同意后，按照客户新的要求做相应的修改。同时，做好记录和存档工作，以便客户评审样衣有据可查。

二、样衣评审

样衣制作完成后，由打样间的质量管理人员详细检查，确认合格后，再根据客户要求严格度，订单数量大小等，由跟单部、业务部、开发部、技术部、品管部等派相关人员参加评审。

样衣的检查评审工作就是对样衣进行全面检查，包括整体质量检查、度量尺寸、核对款式细节等，并对样衣的质量做客观的评价。样衣的评审主要有以下几个步骤。

1. 收集评审样衣资料

在评审样衣之前，跟单员需先收集与评审相关的资料，包括打样单、客供样衣、面辅料实样、合同资料、样衣间质量管理人员的质检报告等。

2. 全面评审样衣

① 核对样衣资料。跟单员收到样衣之后，首先要核对所收到的样衣是否正确，检查打样单和样衣是否相符，然后准备好所有资料，以便展开样衣审核工作。

② 测量样衣尺寸。按客户提供的信息资料跟打样单上的尺码表和测量方法，测量样衣的每个尺寸，并与尺码表对比，计算误差值，记录所有数据。尺寸误差在允许范围内（允差），可视为合格样衣；超出允差规定范围，则视为不合格样衣，不同的客户对允差要求不同。如果尺寸变化较大，则应考虑是否纸样有问题，并且检查其他放码后的纸样尺寸是否有误。

③ 样衣质量检验与评价。样衣质量检查通常以客户的质量要求作为检验标准，以提供的参考样衣或客户前面已经确认的样衣为依据对样衣进行全面、仔细地检查。对于客户没有提供的一些细节，可以由加工厂订立标准。对发现的问题要做出客观的评价，如果问题较多或较严重，必须交回打样间（或外协工厂）修改或重新制作。对于较典型的生产问题，则需要与有关技术部门商讨解决。

审核时要注意按各个客户的不同要求，有针对性地进行评审。同时需要考虑这种样衣的款式在大量生产时可能发生的每一个细微的生产问题，考虑是否适合该工厂生产。

④ 试穿。一般在样衣完成后，需选定与样衣尺码相对应的人台，然后把样衣穿在人台上，从不同角度评审服装的穿着状态。这样服装大致的造型和部件位置都一目了然，可以有效地反映出存在的问题。还有另外一种试穿方法，即把样衣穿着在合适的人体模特身上，然后检验样衣在人体静态和动态状态下的穿着效果，看是否紧绷或有其他不合适、不舒服的地方，并确定样衣修正方法。

检验时，试穿者应站立在距试衣镜1米左右的地方，双手向后伸直，以便于穿衣，穿着后应以自然姿态站立。检查者应站立在试穿者背后0.5米的地方，双手拎住衣服的领襟，顺着试穿者后伸的双手，对准袖窿将衣服向上提拉，待衣服的肩部和衣领部位穿好后，从前面用双手拎住领襟，使衣服顺直、平服，各部位都能自然地贴合人体，然后将纽扣扣上。

服装穿着妥当后，便可做全面的观察并做好记录。不仅要观察服装的外观形态，而且要观察试穿者的体形，保证服装的所有部位一个不漏地被观察到。

3. 填写样衣评审表

由评审人员填写审核表，记录评审样衣的相关资料，对样衣是否合格做定论，并提出修改意见。评审表的内容一般包括：① 样衣的基本信息、客户、款号、类别等。② 样衣的总体要求。③ 评审结果。④ 评审人签字。如表4-2-4所示为附录1童装订单尺码样的评审情况。

表 4-2-4　附录 1 童装订单尺码样评审表

评审日期：2018-08-17

客　户	××××	品　名	男婴爬爬衫	款　号	BM2018-66188	货　号	××××
面　料	棉毛布	工　厂	F621	尺　码	6M	交样日期	2018-08-15
样衣类别	确认样			☑1st　　□2nd　　□3rd　　□4th			

1. 面辅料是否符合客户或客供技术资料要求？	（ √ ）
2. 款式是否正确无误？	（ √ ）
3. 各部位规格是否准确？	（ √ ）
4. 缝制工艺是否达标？	（ √ ）
5. 替代原材料是否有效果？	（ √ ）

注：正确打（ √ ），不正确打（ × ）

评审意见：	1. 面料的品质符合客户要求，颜色为代用。 2. 脚口包边宽窄欠均匀。 3. 样衣躯干长偏小 1/2″。 4. 总体效果良好，符合客户要求。同意寄样
备注：	上述问题需在寄样时给客户予以说明
评审人签字（盖章）：	

制表人：　　　　　　　　　　　　　　　　审核人：

也有产品类型比较固定的加工厂（如有些专门生产男衬衫）把样衣检验表和评审表合二为一的，如表 4-2-5 所示，详细列出检验、评审的项目，以免漏检。

表 4-2-5　某公司样衣检验评审报告

客户		款号		工厂		初样		确认样		船样	
1. 尺寸表											
名称	客户尺寸	样品尺寸	差别		名称	客户尺寸	样品尺寸	差别			
领大					克夫宽						
半胸围					袋尺寸						
腰围					复势高						
下摆					领尖						
肩宽					上领高						
袖窿					下领高						
后中长					领距						
袖长					豁口						
克夫长											
2. 黏合衬代号	耗材 /P										
上领主衬			下领主衬			克夫					
上领辅衬			下领辅衬			门襟					
其他											
3. 辅料代号（无代号请打√）											
线		下领贴		纸领条		吊牌					
商标		插骨片		塑夹		副吊牌					
小标		纽扣		钢夹		价格牌					
洗水唛		衬板纸		银头针		领插卡					
尺码标		蝶片		白头针		袋					
领印子		领胶条		拷贝纸		不干胶					

（续表）

4. 布料成分 / 纱织规格							
代用面料		大货面料		指定面料		库存面料	
5. 绣 / 印花							
6. 后整理							
普洗		漂洗		碧纹洗		砂洗	
石磨		酵素洗		免烫			
是否客来洗水标准			是（　）	否（　）			
7. 包装							
包装方法		无针		不出袖		折出	
立领		平装领		尺码			
8. 验证							
验证人员：			日期：				
9. 评审							
评审结果：样衣是否符合客人要求？			是（　）	否（　）			
评审人员：			日期：				

三、样衣寄送

样衣经过内部评审通过后，需及时寄送给客户批复。在寄样时为了明确样衣的基本情况，需随附一份寄样单，其上面列明客户名称、样衣类型及编号、样衣尺码、面料颜色和质地、交样日期等资料。如表 4-2-6 是附录 2 吊带衫订单的样衣寄样单，后附样衣测量尺寸表和内部评审结果的评语。此外，跟单员还需在寄样的同时将样衣寄出的时间、投寄单编号、样衣款式代号、数量等资料以邮件方式通知客户，以便客户查收。

表 4-2-6　附录 2 吊带衫订单的样衣寄样单

ATTN（收件人）	×××	DATE（日期）	2018-09-06
FROM（寄件人）	×××	REF#（编号）	110-1E7228-1#
MAKER（工厂）	×××	SHIP DATE（交货期）	2019-01-20
CONTRACT/STYLE NO.（合同号 / 款号）		10045475/110-1E7228	

Submit（交样次数）：☑1st ☐2nd ☐3rd ☐4th

ARTWORK#（图稿号）：

PLS FIND ENCLOSED IS BEING SUBMITTED FOR（根据所寄的样品有如下目的）：

① ☑PASS TO James for approval（请把样品给 James（人名）进行确认）

　　☑Counter sample（确认对等样）

　　☑Evaluate spec.（确认规格尺寸）

② ☐Strike off (screen print)（印花样（丝网印花））

　　☐ON AVAILABLE PC GDS（用替代面料）

　　☐ON PRODUCTION PC GDS（用大货面料）

③ ☐Strike off (emb.)（绣花样（绣花））

　　☐ON AVAILABLE PC GDS（用替代面料）

　　☐ON PRODUCTION PC GDS（用大货面料）

④ ☐Strike off（辅料小样）　☐Tags（吊牌）　☐Packaging（包装材料）　☐Labels（唛头）　☐Others（其他）

⑤ ☐Pre-production sample（产前样）

　　No production can be started W/O approval by Toronto（产前样由多伦多确认了才能开始大货生产）

⑥ ☐Production swatch（大货面料样）

⑦ ☐Production sample（大货样）

⑧ ☐Shipment sample（船样）No shipment can be sailed W/O approval by Toronto（船样经多伦多确认后大货方能出运）

（续表）

REMARKS: THE SAMPLE IS MADE WITH AVAILABLE FABRIC

APPROVED FOR PRODUCTION（在此打钩，表示该样品通过确认，可用于大货生产）	
REJECTED FOR PRODUCTION（在此打钩，表示该样品未通过确认，不可用于大货生产）	
RESUBMIT（在此打钩，表示该样品未通过确认，需重新提交）	
COMMENTS（对该样品的具体修改（确认）意见）	

Remarks: fitting sample's specification

POINT OF MEASURE	S	SAMPLE	TOL（–/+）
ACROSS F STRAP DISTANCE	8 3/4	8 3/4	（–/+）1/4
ACROSS B STRAP DISTANCE	7 1/2	7 3/4	（–/+）1/4
CHEST 1" FROM ARMHOLE（CIRC）	38	38 1/8	（–/+）1/2
WAIST 7" FROM ARMHOLE（CIRC）	38 1/2	38 1/2	（–/+）1/2
BOTTOM OPENING	40 1/2	40 1/2	（–/+）1/2
FRONT NECK DROP	2 1/4	2 1/4	
BACK NECK DROP	1 1/2	2	
FRONT ARMHOLE CURVE（1/2）	5	5	（–/+）1/4
TOP RUFFLE WIDTH	2	2	（–/+）1/4
UNDER RUFFLE WIDTH	2 5/8	2 3/4	（–/+）1/8
C. FRONT PLACKET WIDTH	5/8	5/8	（–/+）1/8
C. FRONT BODY HEIGHT	15	15	（–/+）3/16
C. BACK BODY HEIGHT	13	13	（–/+）3/16
S. SEAM BODIY LENGTH	13	13 1/4	（–/+）3/16

注释：1. Strike off：起初是服装行业印花小样的意思，统称为手刮样。现在制造行业统称为初样或小样。

　　2. W/O：without 的缩写。

　　寄样单是告知客户所寄样品及其目的，不同的公司客户有着不同形式，有的公司分为面料样品寄样单、样衣寄样单等，有的公司是通用的样品寄样单，如上表就是通用的样品寄样单。

　　在寄样单中，样品名称可以临时填写，也可以把平时提交的样品（视各企业具体情况而定）都列出，无须填写，只需进行打钩选择即可。寄样中需要注意下列问题。

　　① 样衣的类型和次数。即此样衣是试身样、款式样、确认样还是产前样、船样；它是第一次提交，还是第二、第三、第四次提交等。

　　② 寄样的目的。所寄样衣是为了确认尺寸、款式，还是为了确认印绣花样、面料手感，还是大货面料。

　　③ 如果是印绣花样，还需要说明提交的样品所用面料，是代用还是大货面料。表 4-2-6 的寄样单中"THE SAMPLE IS MADE WITH AVAILABLE FABRIC"指所寄样衣的面料是代用的。

　　④ "REMARKS"备注部分主要说明该样品的其他情况，视每次所寄样品的具体情况而定。也有客户自己设计样衣寄送单，要求供应商寄送样衣时填写好并同样衣一起寄送，如表 4-2-7 所示为附录 5 夹克衫订单客户提供的随样衣寄送寄样单。

表 4-2-7　SAMPLES CHECK LIST（样衣核对单）

□ SIZE SET SAMPLE（尺码样）	□ COUNTER SAMPLE（对等样）				
Please fill in the following form sheet and attach it back together with the samples submission for our reference					
Factory（工厂）		Season（季节）			
Factory's Merchandiser Incharge（工厂理单员）		Styles No./Name（款号／款名）			
Factory's QA Incharge（工厂 QA）		Article No.（货号）			
Date Sent（提交日期）		Sizes（尺码）			
Labelling/Hangtags（唛头／吊牌）	Actual（大货用）	Substitute（代用）	Material（材料）	Actual（大货用）	Substitute（代用）
Decorative Label（装饰标）	□	□	Shell Fabric（面料）	□	□
Care Label（洗水标）	□	□	Additional Fabric（配料）	□	□
Hangtag（吊牌）	□	□	Others（其他）	□	□
Artwork（图案）	Actual（大货用）	Substitute（代用）	Accessories（辅料）	Actual（大货用）	Substitute（代用）
Print（印花）	□	□	Zipper/Puller（拉链／拉头）	□	□
Embroidery（绣花）	□	□	Rib（罗纹）	□	□
Badges（徽章）	□	□	Elastic（橡筋）	□	□
HT Print（吊牌印花）	□	□	Tiecord（拉绳）	□	□
			Velcro（搭扣）	□	□
Color（颜色）	Actual（大货用）	Substitute（代用）	Tape（贴条）	□	□
	□	□	Elastic Tiecord（弹性拉绳）	□	□
			Button（纽扣）	□	□
			Eyelet（气眼）	□	□
Comments（评语）：					
Workmanship（工艺）：					
Measurement（Please attach spec.）（尺寸（请参见尺寸表））：					
Factory's Proposal/Discription for clarification/×××QC（工厂对 ×××QC 的建议和说明）：					

　　样品寄送方式有邮政的航空大包或航空快递。邮政的航空大包价格较便宜，航程大约在两周左右（不含目的国的海关检验和其国内的邮政递送时间），此方法可适用于大宗的低值产品寄送，可在各地邮局办理。一般商品（非危险品）可正常寄送。需要注明的是，最小邮寄重量是 2 千克，20 千克为一个限重单位，超出的部分需要另行打包计费。航空快递分为国内邮政的国际 EMS 和国外

大快递公司（如 FEDEX 联邦快递、DHL 敦豪快递、TNT 等），其费率大致相当，比邮政的航空大包费用贵。若与快递公司有协议，可有折扣价，时间大约是一周左右（或者 3 ～ 5 天）。大部分企业寄样方式一般采用航空快递。寄送快递后要保留底单，作为出现意外情况时向快递公司索取理赔的依据和查核物品运送情况的依据。

四、样衣确认

样品寄送后，客户可能会长时间不理，这时可能的原因有：对于贸易商，由于不是最终用户，其要提供给他的客户，此样品是寄给最终客户试用的或作展览用的，所以要定期跟催客户；在收到样品之后，客户或许对质量、款式感到不满意，致使其不再理会；区分样品属于哪一类，可能有测试或成分检查等，这需要一段过程；仅是想收集样品，已经找到了更好的替代品或将样品放入他们的档案作为收集的资料，找借口搪塞，无任何希望；可能样品是比较满意的，但相关条件令人不满。碰到这样的事，要有耐心，能有订单最好，若没有，也很正常。要努力去跟催客人的情况，以求好的效果。

客户确认意见应以书面的形式通知，或者采用传真或者电子邮件等有记录可查的方式。如果是货期紧急的订单，可以接受客户通过电话或者口头通知，但是必须请客户补充递交书面形式确认意见。意见的形式通常是：OK（或 APPROVED）、NO+ 意见（一般称修改意见）、OK+ 意见（一般称确认意见）。如果样衣不通过，肯定会提出很多修改意见，生产厂商应根据客户的意见重新安排打样，重新评审，重新提交给客户确认。如果客户确认样衣，但存在某些轻微的缺陷，应将此存入客户技术资料中，不需重新打样，直接进入下一样品或大货生产，具体要根据客户的指令进行。

跟单员应仔细翻译、整理客户修改或确认意见，详细填写样品意见表。然后提交给主管和打样间或外协工厂，并与其一起分析客户意见的合理性、成本变动情况和生产的可操作性。对于难以达到的修改要求或由于修改而导致成本增加等方面情况，应向客户充分解释，并与客户协商新的可行性修改方案。打样和确认过程，是一个反复过程。

跟单员应将客户批复的意见以及寄回来的批复样衣进行整理备案。例如，表 4-2-8 至表 4-2-10 分别为附录 6 棉夹克订单第一次、第二次、第三次寄样后的客户回复意见。

五、建立样品资料库 / 样品间

对于客户确认的样品，应建立样品资料库，将客户的原样及打出经客户确认的样品，集中统一存放。可以建立资料夹，按客户、订单号、样品编号（色号、款号）进行汇集保管，同时将客户和样品确认书附在每一张订单的样品资料中以便查询检索。尤其是客户有追加订单的情况时，可以调出资料，直接进入生产阶段，提高生产效率。

样品资料库的建立，可以有多种作用：防止样品丢失、损失，达到安全保存的目的；方便有关人员随时查阅，帮助研发人员研发、改进产品，解决技术问题，提高跟单员的工作效率和准确性；样品库是外贸企业接单生产实践积累的成果，是展现企业实力、提升企业形象的资本；建立样品库，当客户在追加订单或者下订单时，方便查找以往的生产经验，以促使客户尽快下单，从而节省时间，提高生产效率，提升企业的竞争力。

表 4-2-8 附录 6 棉夹克订单第一次客户回复的意见

Fitting Measurements

1ST PROTO

Style: MFT0002200 OE FLEE ZIPU IN							REJECTED	
Category: Fleece Top		Grade Rule: MFLEECETOP					Sample Size: M	2018-11-02
Size Scale: S–M–L–XL–XXL							Sample Season: 19HO Holiday 2019	
SPEC Measurements (Fractional Inches) 测量（分数 英寸）	Tol +/-	M	Sample	+/-	Rev Spec		2018-11-02 1ST PROTO COMMENTS.	
1. SPEC ARE FLAT MEASUREMENTS （水平测量）				0			THIS SAMPLE IS REJECTED; PLEASE FOLLOW ALL CORRECTION LISTED HERE TO MAKE 2ND PROTO.	
2. Body Length from HPS （身长肩点量）	1/2	28 1/2	28 1/2	0				
3. CF Zipper Length (Full Grade) （前中拉链长）	1/2	23 1/4	23 1/4	0			PLEASE SEND PAPER PATTERN WITH 2ND PROTO WITH SEAM ALLOWANCE DISPLAY.	
4. Shoulder Slope （肩斜）	** 1/8	1 1/2	1 3/4	1/4			A) SPEC; FIT	
5. Shoulder Seam Forward （过肩）	1/8	3/4	3/4	0			1) MUST TAKE FROM BOTTOM RIB OPENING TO MEET SPEC.	
6. Across Shoulder Seam to Seam （肩宽缝量）	3/8	18 1/2	18 3/8	– 1/8			2) ADJUST FRONT NK DROP TO MEET SPEC.	
7. Across Back chest @ 6" from HPS （后胸肩下点 6"）	3/8	18 1/4	18 1/8	– 1/8			3) ADD 1/4" MORE TO ELBOW AND FOREARM; SEE UPDATE SPEC.	
8. Across Front chest @ 6" from HPS （前胸肩下点 6"）	3/8	17	17 1/4	1/4			4) SLEEVE RIB CUFF HEIGHT MUST MATCH TO BODY WB HEIGHT FINISH 2 1/2".	
9. Chest Width @ 1" Below Armhole （胸围腋下 1"）	1/2	22 1/2	22 1/2	0			5) HOOD IS A BIT BIG;TAKE FROM HOOD HEIGHT FINISH 14 3/4" AND TAKE FROM HOOD WIDTH FINISH 10 1/2".	
10. Bottom Opening Width @ 2" Above WB–Straight （下摆宽罗纹上 2"）	1/2	21 1/2	21 3/4	1/4			6) ALSO MUST ADJUST HOOD LENGTH AT CB FINISH 21".	
11. Bottom Rib Measurement @ WB （下摆）	1/2	20	20 1/2	1/2			7) HOOD DRAWCORD LENGTH MUST MEET SPEC FINISH 42".	
12. Waistband RIB Height （下摆罗纹高）	1/8	2 1/2	2 1/2	0			8) GO BACK TO SPEC IN ALL OTHER AREA THAT IS NOT LISTED ABOVE.	
13. Neck Width–Seam to Seam （领宽缝量）	1/8	8	7 7/8	– 1/8			B) CONSTRUCTION; WORKMANSHIP	
14. Front Neck Drop–HPS to Neck Seam （前领深肩点到缝）	** 1/8	4 1/4	4 1/2	1/4			1) PLEASE KEEP CONSISTENT STITCH LENGTH SPI 10–11 STITCH PER INCH FOR NEXT SAMPLE AND BULK.	
15. Back Neck Drop–HPS to Neck Seam （后领深肩点到缝）	1/8	3/4	3/4	0			2) PLEASE ENSURE THE FINISH GARMENT IS WELL TRIMMED TO ELIMINATE LONG AND LOOSE THREAD.	
16. Armhole Length–Straight （袖窿直量）	1/4	10 1/4	10 1/4	0				

（续表）

SPEC Measurements (Fractional Inches) 测量（分数 英寸）	Tol +/-	M	Sample	+/-	Rev Spec
17. SLEEVE INFO					
18. Bicep Width @ 1" Below Underarm（袖状腋下 1"）	1/8	8	7 7/8	0	
19. Elbow Pos. from Shoulder Seam–LS（袖肘位置离下肩缝）	0	13	13	0	
20. Elbow Width（袖肘宽）	1/8	7 1/4	7 1/8	–1/8	7 3/8
21. Forearm Width 7 1/2" from Edge of Cuff（前臂袖口上 7 1/2"）	1/8	6 1/4	6 1/8	–1/8	6 3/8
22. Sleeve Cuff Width at RIB (Rlxd)（袖口宽，在罗纹边，松量）	1/8	4	4	0	
23. Sleeve Length from CB –LS（袖长离后中）	1/2	35 1/2	35 1/4	–1/4	
24. Undersleeve Length–LS（下袖长）	1/4	21 1/4	21 1/4	0	
25. Sleeve RIB Cuff Height（袖口罗纹高）	** 1/8	2 1/2	2 1/4	–1/4	
26. HOOD INFO				0	
27. Hood Height–NK Seam to top（帽高领缝到帽顶）	1/4	15	15 1/8	1/8	14 3/4
28. Hood Width @ 5" Down from top（帽宽帽顶下 5"）	1/4	10 3/4	10 3/4	0	10 1/2
29. Hood Length @ CB Seam（后中帽长）	** 1/4	21	21 1/2	1/2	
30. Hood Drawcord Length (Total)（帽绳长）	** 1/2	42	47	5	
31. Hood Drawcord Exit from CF（帽带距离前中）	1/8	1 1/4	1 3/8	1/8	
32. POCKET INFO				0	
33. Pocket Welt Width（口袋边宽）	1/8	1	7/8	–1/8	
34. Pocket Welt Opening（口袋开口宽）	1/8	6 1/2	6 3/8	–1/8	
35. Pocket Welt Pos. from Side @ Top（口袋距离侧边上面）	1/8	3 1/2	3 1/2	0	
36. Pocket Welt Pos. from Side @ Bottom（口袋距离侧边下面）	1/8	2 1/4	2 1/4	0	
37. Pocket Welt Pos. from WB Seam（口袋距离下摆）	1/8	2 1/2	2 3/8	–1/8	
38. Inside CF Facing Width @ WB（门襟挂面宽）	1/8	3	3	0	
39. Inside CF Facing Width @ Shoulder（门襟挂面宽在肩处）	1/8	2 1/4	2 1/8	–1/8	

初样 2018-11-02

此样不通过，存在以下问题。请马上按此修改并提交样衣板。第一次样 M 码 2 件。同时请提交含缝合缝份的样衣板。

A) 规格方面

1) 下摆尺寸偏大，按规格尺寸做。

2) 前领深太深，按规格尺寸做。

3) 袖肘和前臂太小，修改尺寸表，各增加 1/4"。

4) 袖口罗纹同下摆罗纹，达到 2 1/2"。

5) 帽子偏大，修改尺寸，帽高改为 14 3/4"，帽宽改为 10 1/2"。

6) 同时，后中帽长必须跟回尺寸表，达到 21"。

7) 帽绳长必须跟回尺寸表，达到 42"。

8) 上面没提到的尺寸，请都跟回尺寸表。

B) 结构和工艺方面

1) 以后样品和大货中，请保持车缝针密为 10～11 针每英寸。

2) 请确保成衣的浮线，长线头修剪干净。

诸更正，马上安排第二次尺寸样 M 码两件，送纸样！

（续表）

Default Colors—SPEC	Correction Sketch 1
	OE FLEECE ZIP — HO19 — 1ST PROTO FRONT/SIDE/BACK VIEW

BK is hikking a bit; must fix.
（后片起吊，请更正）

RIB welt is wide open; must set flat.
（口袋口罗纹大大，请更正）

Change pocket bags to jersey; is too heavy with fleece bags.
（绒布做口袋布太厚，请更换成针织单面汗布。）

Fitting Measurements

表4-2-9　附录6 棉夹克订单第二次客户意见 2ND PROTO

Style: MFT0002200 OE FLEE ZIPU IN			REJECTED			
Category: Fleece Top	Grade: MFLEECETOP		Sample Size: M		2018-12-14	
Size Scale: S–M–L–XL–XXL			Sample Season: 19HO Holiday 2019			
SPEC Measurements (Fractional Inches) 测量（分数 英寸）	Tol +/-	M	Sample	+/-	Rev Spec	
1. SPEC ARE FLAT MEASUREMENTS（水平测量）				0		2018-12-14　ADD 2ND PROTO COMMENTS. DUE TO CHANGE OF QUILTING CONSTRUCTION WE NEED TO SEE 3RD PROTO FOR REVIEW AND APPROVAL.
2. Body Length from HPS（身长肩点量）	1/2	28 1/2	28 1/2	0		THIS SAMPLE IS REJECTED;PLEASE FOLLOW ALL CORRECTION LISTED HERE TO MAKE 3RD PROTO.
3. CF Zipper Length（Full Grade）（前中拉链长）	1/2	23 1/4	23 3/4	1/2	23 3/4	
4. Shoulder Slope（肩斜）	1/8	1 1/2	1 1/2	0		PLEASE SEND PAPER PATTERN WITH 3RD PROTO WITH SEAM ALLOWANCE DISPLAY.
5. Shoulder Seam Forward（过肩）	1/8	3/4	3/4	0		
6. Across Shoulder Seam to Seam（肩宽缝量）	3/8	18 1/2	18 1/2	0		
7. Across Back Chest @ 6" from HPS（后胸肩下点6"）	3/8	18 1/4	18 1/8	– 1/8		*** CHANGE CONSTRUCTION TO QUILT OUTER SHELL (BODY AND SLEEVE WITH POLYFILL)SEE BOM FOR SIZE OF POLYFILL USE FOR BODY AND SLEEVE.
8. Across Front Chest @ 6" from HPS（前胸肩下点6"）	3/8	17	17	0		
9. Chest Width @ 1" below armhole（胸围腋下1"）	1/2	22 1/2	22 3/8	– 1/8		*** HORIZONTAL STITCHES ARE THROUGH BODY AND POLYFILL.
10. Bottom Opening Width @ 2" Above WB–Straight（下摆宽罗纹上2"）	1/2	21 1/2	21 3/8	– 1/8		*** NO QUILTING STITCH ON LINING. *** CLEAN FINISH ALL SEAMS WITH LINER (CLEAN FINISH CF ZIPPER TAPE WITH FACING; CLEAN FINISH ARMHOLE AND SIDE SEAMS WITH LINER SEAMS.)
11. Bottom RIB Measurement @ WB（下摆）	1/2	20	20	0		
12. Waistband RIB Height（下摆罗纹高）	1/8	2 1/2	2 3/8	– 1/8		*** SET POCKET BAGS BETWEEN LINER AND SHELL; DO NOT HAVE PKT BAGS VISIBLE AT INSIDE. PKT BAGS MUST STITCH DOWN TO WB AND CF SEAMS TO HOLD IN PLACE.
13. Neck Width–Seam to Seam（领宽缝量）	1/8	8	7 7/8	– 1/8		
14. Front Neck Drop–HPS to Neck Seam（前领深肩点到缝）	** 1/8	4 1/4	4 1/2	1/4		A) SPEC; FIT 1) KEEP CF ZIPPER LIKE SAMPLE FINISH 23 3/4". 2) FRONT NK DROP STILL LOW; MUST ADJUST TO MEET SPEC.
15. Back Neck Drop–HPS to Neck Seam（后领深肩点到缝）	1/8	3/4	3/4	0		3) FOREARM IS TIGHT AND SMALL; PLEASE ADJUST TO MEET SPEC.
16. Armhole Length–Straight（袖窿直量）	1/4	10 1/4	10	– 1/4		4) HOOD CB SEAM IS TOO POINTY AT CURVE; SEE PIC AND MAKE CORRECTION.
17. SLEEVE INFO				0		

（续表）

SPEC Measurements (Fractional Inches) 测量（分数 英寸）	Tol +/-	M	Sample	+/-	Rev Spec	
18. Bicep Width @ 1" Below Underarm （袖状腋下1"）	1/8	8	8 1/8	1/8		5) CHANGE HOOD DRAWCORD LENGTH TO FINISH 46".
19. Elbow Pos. from Shoulder Seam-LS （袖肘位置离肩缝）	0	13	13	0		6) GO BACK TO SPEC IN OTHER AREA THAT IS NOT LISTED ABOVE.
20. Elbow Width （袖肘宽）	1/8	7 3/8	7 3/8	0		B) CONSTRUCTION; WORKMANSHIP
21. Forearm Width 7 1/2" from Edge of Cuff （前臂袖口上 7 1/2"）	** 1/8	6 3/8	6 1/8	-1/4		1) MUST AVOID WAVY AND STRETCHED OUT SEAMS; HOOD SEAMS AND ARMHOLE SEAMS.
22. Sleeve Cuff Width at RIB (Rlxd) （袖口宽，在罗纹边，松量）	1/8	4	4	0		2) PLEASE KEEP CONSISTENT STITCH LENGTH SPI 10-11 STITCH PER INCH FOR NEXT SAMPLE AND BULK.
23. Sleeve Length from CB -LS （袖长离后中）	1/2	35 1/2	35 1/2	0		3) PLEASE ENSURE THE FINISH GARMENT IS WELL TRIMMED TO ELIMINATE LONG AND LOOSE THREAD.
24. Undersleeve Length-LS （下袖长）	1/4	21 1/4	21	-1/4		第二次样意见：
25. Sleeve RIB Cuff Height （袖口罗纹高）	1/8	2 1/2	2 1/2	0		这次样衣还是存在问题，不通过。同时我们修改了纩缝的要求，所以请尽快安排做第三次续样并提交。同时请提交第三次续样的含缝份的纸样。因袖子和大身内含夹棉，但只与面料纩缝，不与里料纩缝在一起。衣身及夹棉采用水平拉链包边，袖隆，侧缝等所有缝边均要求光边。口袋布在面料和里料之间，衣服里面看不见袋布，同时要求装布在下摆和前中固定。
26. HOOD INFO						A) 尺寸、合体性
27. Hood Height-NK Seam to Top （帽高领缝到帽顶）	1/4	14 3/4	15	1/4		1) 前中拉链长同样衣，达到 23 3/4"。
28. Hood Width @ 5" Down from Top （帽宽帽顶下 5"）	1/4	10 2/1	10 1/2	0		2) 前领深还是有点低，请调整达到规格表要求。
29. Hood Length @ CB Seam （后中帽长）	1/4	21	21	0		3) 前臂还是偏小，请调整帽后弧线大头，如图所示，请修改。
30. Hood Drawcord Length (Total) （帽绳长）	1/2	42	42 1/2	1/2	46	4) 风帽后弧线大尖，如图所示。
31. Hood Drawcord Exit from CF （帽带距离前中）	1/8	1 1/4	1 3/8	1/8		5) 帽绳长度调整至 46"。
32. POCKET INFO						6) 上面没有提到的部位尺寸，请按尺寸表做。
33. Pocket Welt Width （口袋边宽）	1/8	1	1	0		B) 结构和工艺方面
34. Pocket Welt Opening （口袋开宽）	1/8	6 1/2	6 1/2	0		1) 避免浮线或勾线，保持线迹顺直。特别是风帽和袖隆处的缝线。
35. Pocket Welt Pos from Side @ Top（口袋距离侧边上面）	1/8	3 1/2	3 5/8	1/8		2) 在以后衣和大货中，请保持针迹密度为 10～11 针每英寸。
36. Pocket Welt Pos from Side @ Bottom （口袋距离侧边下面）	1/8	2 1/4	2 3/8	1/8		3) 成衣请剪好长线头，浮线等多余缝线。
37. Pocket Welt Pos from WB Seam （口袋距离下摆）	** 1/8	2 1/2	2 1/4	-1/4		
38. Inside CF Facing Width @ WB （门襟挂面宽）	** 1/8	3	2 3/4	-1/4		
39. Inside CF Facing Width @ Shoulder （门襟挂面宽在肩处）	** 1/8	2 1/4	1 3/8	-7/8		

（续表）

Fitting Measurements

2ND PROTO

Style: MFT0002200 OE FLEE ZIPU IN

REJECTED

Category: Fleece Top	Grade Rule: MFLEECETOP	Sample Size: M
Size Scale: S–M–L–XL–XXL		Sample Season: 19HO Holiday 2019
		2018-12-14

Default Colors–SPEC

Correction Sketch 1

OE FLEECE ZIP—HO19—2ND PROTO
FRONT/SIDE/BACK VIEW

帽子太尖↗
Hood is too pointy
at CB curve seam;
must fix.

Fitting Measurements

表4-2-10　附录6棉夹克订单第三次客户回复意见

3RD PROTO

SPEC Measurements (Fractional Inches) 测量（分数 英寸）	Tol +/-	M	Sample	+/-	Rev Spec
Style: MFT0002200 OE FLEE ZIPU IN					
Category: Fleece Top	Grade Rule: MFLEECETOP		Sample Size: M		
Size Scale: S–M–L–XL–XXL			Sample Season: 19HO Holiday 2019		
1. SPEC ARE FLAT MEASUREMENTS（水平测量）				0	
2. Body Length from HPS（身长前点量）	1/2	28 1/2	28 3/4	1/4	
3. CF Zipper Length（Full Grade）（前中拉链长）	1/2	23 3/4	23 1/4	− 1/2	
4. Shoulder Slope（肩斜）	1/8	1 1/2	1 1/2	0	
5. Shoulder Seam Forward（过肩）	1/8	3/4	5/8	− 1/8	
6. Across Shoulder Seam to Seam（肩宽缝量）	** 3/8	18 1/2	19	1/2	
7. Across Back Chest @ 6" from HPS（后胸肩下点 6"）	** 3/8	18 1/4	19	3/4	
8. Across Front Chest @ 6" from HPS（前胸肩下点 6"）	** 3/8	17	17 1/2	1/2	
9. Chest Width @ 1" below armhole（胸围腋下 1"）	1/2	22 1/2	23	1/2	
10. Bottom Opening Width @ 2" Above WB–Straight（下摆宽罗纹上 2"）	1/2	21 1/2	21 3/4	1/4	
11. Bottom RIB Measurement @ WB（下摆）	1/2	20	19 7/8	− 1/8	
12. Waistband RIB Height（下摆罗纹高）	1/8	2 1/2	2 3/8	− 1/8	
13. Neck Width–Seam to Seam（领宽缝量）	1/8	8	8	0	
14. Front Neck Drop–HPS to Neck Seam（前领深肩点到缝）	** 1/8	4 1/4	4 7/8	5/8	
15. Back Neck Drop–HPS to Neck Seam（后领深肩点到缝）	1/8	3/4	3/4	0	
16. Armhole Length–Straight（袖隆直量）	1/4	10 1/4	10 1/4	0	
17. SLEEVE INFO				0	
18. Bicep Width @ 1" below underarm（袖状腋下 1"）	1/8	8	8 1/8	1/8	
19. Elbow Pos. from Shoulder Seam–LS（袖肘位置离肩缝）	0	13	13	0	

APPROVED | 2019-01-16

2019-01-16　ADD 3RD PROTO COMMENTS.

THIS SAMPLE IS APPROVED WITH CORRECTION; PLEASE FOLLOW ALL CORRECTION LISTED HERE TO MAKE PP SAMPLE.

PLEASE SEND PAPER PATTERN WITH PP WITH SEAM ALLOWANCE DISPLAY.

A) SPEC; FIT
1) FRONT NK IS LOW AND CF ZIPEPR IS SHORT; MUST ADD TO MEET SPEC.
2) DUE TO FRONT NK IS LOW, HOOD IS PULLING AT FRONT; PLEASE FIX.
3) HOOD LENGTH AT CB SEAM IS SHORT; MUST ADD 1/2" TO FRONT TO FINISH 20 3/4".
4) ACROSS SHOULDER AND ACROSS FRONT AND BACK ARE BIG; ALL MUST TAKE IN TO MEET SPEC.
5) MUST ADD TO ELBOW AND FOREARM WIDTH TO MEET SPEC.
6) SLEEVE LENGTH AT CENTER IS LONG DUE TO ACROSS SHOULDER IS WIDE; PLEASE ADJUST TO MEET SPEC.
7) TAKE FROM HOOD DRAWCORD LENGTH TO MEET SPEC.
8) MUST GO BACK TO SPEC IN OTHER AREA THAT IS NOT LISTED ABOVE.

（续表）

SPEC Measurements（Fractional Inches）测量（分数 英寸）	Tol +/-	M	Sample	+/-	Rev Spec	
20. Elbow Width（袖肘宽）	** 1/8	7 3/8	7 1/8	-1/4	7 1/2	
21. Forearm Width 7 1/2" from Edge of Cuff（前臂袖口上 7 1/2"）	1/8	6 3/8	6 1/4	-1/8	6 1/2	
22. Sleeve Cuff Width at RIB Edge（Rlxd）（袖口宽，任罗纹边，松量）	1/8	4	3 7/8	-1/8		
23. Sleeve Length from CB -LS（袖长离后中）	** 1/2	35 1/2	36 1/4	3/4		
24. Undersleeve Length-LS（下袖长）	1/4	21 1/4	21 1/2	1/4		
25. Sleeve RIB Cuff Height（袖口罗纹高）	1/8	2 1/2	2 1/2	0		
26. HOOD INFO				0		
27. Hood Height-NK Seam to Top（帽高领缝到帽顶）	1/4	14 3/4	14 3/4	0		
28. Hood Width @ 5" Down from Top（帽宽帽顶下 5"）	1/4	10 1/2	10 1/4	-1/4		
29. Hood Length @ CB Seam（后中帽长）	** 1/4	21	20 1/4	-3/4	20 3/4	
30. Hood Drawcord Length（Total）（帽绳长）	** 1/2	46	48 3/4	2 3/4		
31. Hood Drawcord Exit from CF（帽带距离前前中）	** 1/8	1 1/4	1 1/2	1/4		
32. POCKET INFO				0		
33. Pocket Welt Width（口袋边宽）	1/8	1	1	0		
34. Pocket Welt Opening（口袋开口宽）	1/8	6 1/2	6 1/2	0		
35. Pocket Welt Pos. from Side @ Top（口袋距离侧边上面）	1/8	3 1/2	3 3/8	-1/8		
36. Pocket Welt Pos. from Side @ Bottom（口袋距离侧边下面）	1/8	2 1/4	2 1/4	0		
37. Pocket Welt Pos. from WB Seam（口袋距离下摆）	** 1/8	2 1/2	2 1/4	-1/4		
38. Inside CF Facing Width @ WB（门襟挂面宽）	1/8	3	3	0		
39. Inside CF Facing Width @ Shoulder（门襟挂面宽在肩处）	1/8	2 1/4	2 1/8	-1/8		

B) CONSTRUCTION: WORKMANSHIP
1) PLEASE KEEP CONSISTENT STITCH LENGTH SPI 10-11 STITCH PER INCH FOR NEXT SAMPLE AND BULK.
2) PLEASE ENSURE THE FINISH GARMENT IS WELL TRIMMED TO ELIMINATE LONG AND LOOSE THREAD.

第三次样评语：
样衣通过，但存在以下问题，请修改做后做产前样。
提交产前样时请同样时提交合缝份的纸样。
A) 尺寸，合体性方面
1) 前领深开得太低，前中拉链短了，请按规格尺寸做。
2) 由于前领深开得低导致风帽在前中向下拉了，请更正。
3) 后中帽长偏短，请在前面至少加 1/2"，总长达到 20 3/4"。
4) 肩宽、前胸宽、后背宽都偏大，请按尺寸表做。
5) 袖肘、前臂需偏大，请按尺寸表做。
6) 由于肩宽偏大，导致袖中长偏长，请按尺寸表做。
7) 帽绳长按尺寸表做。
8) 上面没有提到的部位，请按尺寸表做。
B) 结构，工艺方面
1) 在以后样衣和大货中，请保持针迹顺直。
10~11 针每英寸。
2) 避免浮线或勾线，保持线迹顺直。

作业与练习

1. 编制附录 3 运动裤订单的尺码样打样通知单。

2. 下列是一名跟单员翻译的附录 3 运动裤订单的样衣意见，请审核是否有误。如有错误之处，请改正，并重新设计表格，把意见发给外协工厂。

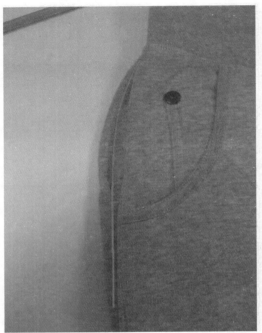

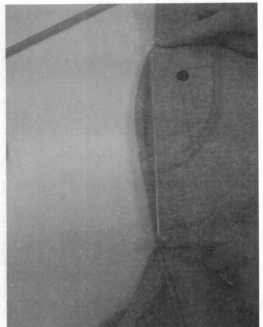

The below sample is the sizeset which was too voluminous.
The top sample is PP which has been completely shaven off into a harsh angle.
底下那件样板是尺码板，太多布。
上面那件样板是 PP 板，坎得太多布，成了直的，试身很紧。

Red line demonstrates how we would like this to be amended.
Pls note this is a nice curve added slightly more into the PP sample hip.
But not as much as sizeset.
左边这条粗线（带弧的）是代表客人想要的形状，请留意这要求。
在 PP 板的基础上再稍微弧出来点。

Image above shows the harsh line that has been shaven off too.
We need this to be a nice curve and slightly more added in.
这是 PP 板的形状，不接受。

Pls move back pockets out towards the outer seam by 1cm.
请把后面的口袋往外缝方向移动 1 厘米。

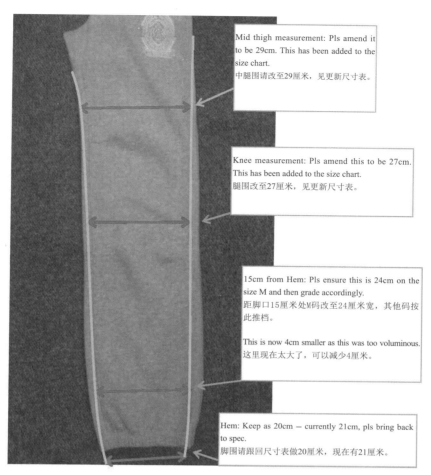

Mid thigh measurement: Pls amend it to be 29cm. This has been added to the size chart.
中腿围请改至29厘米，见更新尺寸表。

Knee measurement: Pls amend this to be 27cm. This has been added to the size chart.
腿围改至27厘米，见更新尺寸表。

15cm from Hem: Pls ensure this is 24cm on the size M and then grade accordingly.
距脚口15厘米处M码改至24厘米宽，其他码按此推档。

This is now 4cm smaller as this was too voluminous.
这里现在太大了，可以减少4厘米。

Hem: Keep as 20cm — currently 21cm, pls bring back to spec.
脚围请跟回尺寸表做20厘米，现在有21厘米。

Pls note the yellow lines on the diagram — pls ensure with these new measurements that the seams are nicely curved and tapered to the hem.
请特别留意图片上黄色线条即是客人想要的腿型，请跟此更正纸样。

3. 下列是附录 5 夹克衫订单的三次样衣意见，请翻译整理。

Product Comments	Season: 19/2
AF23K616 (ZG688) YG H TL TRK JKT	Date: 2018-09-28
Status: Development	Page: 0001

Dev: 1st Prototype   Released by Fan, Maria (SH) 2018-09-23   Confirmed by: Maria (SH) 2018-09-23

CAD Pattern: Tan, Suiki

For Development Center: Jin Jianfeng

Sizes	Sample size: A140
Sample Measurements	1. Gathering on the shoulder still too much, reduce it; the gathering is 5cm, make it even. 2. Pocket opening is a little small. Change to 14cm (including garage). 3. Sleeve opening (relax) update to 17.5cm. —For discrepancies and new measurements please follow the size spec. —Article # measured by factory. —All measurements should follow our size spec exactly

（续表）

Material	Pls use correct prime ink blue color for "star"
Workmanship	1. Front reflective piping only need to be fixed at 1 side. 2. Performance logo should use glitter gel print
Comment Result	Fit/Shape/Mould (A&G): Final

Product Comments   Season: 19/2

AF23K616 (ZG688) YG H TL TRK JKT   Date: 2018-12-10

Status: Development   Page: 0001

Lo: Confirmation sample   Released by Tan, Suiki 2018-12-08   Confirmed by: Tan, Suiki 2018-12-08

For Development Center: Jin Jianfeng

Size Spec	Release final measurements of Asian sample size for bulk production
Sample Measaurements	1. Gathering on the shoulder still too much. Reduce it; the gathering is 5cm, make it even. 2. Size spec is wrong. This style should be Asian style, but size spec is global. Correct it. —For discrepancies and new measurements please follow the size spec. —Article # measured by factory. —All measurements should follow our size spec exactly

Product Comments   Season: 19/2

AF23K616 (ZG688) YG H TL TRK JKT   Date: 2019-03-16

Status: Production   Page: 0001

FTY/LO: 1st size set comment   Released by Zhang Jessle, 2019-03-15

For Actual Source: Jin Jianfeng

Sample Measurements	Pls follow size spec and make sure all measurements are within tolerances in bulk
Material	1. Pls follow AD and use the approved fabric in bulk. 2. Take care to avoid color deviation and migration in bulk
Accessory	1. Pls follow AD use the right accessory in bulk. 2. The snapbutton color s/b matched with body in bulk
Workmanship	1. Pls note the CF zipper s/b p-top in bulk. It's wrong that the size set sample sew the top by stitching. 2. Pls keep the size of reflective piping on CF zipper consistency in bulk. 3. Pls keep the side pockets symmetrical in bulk
Artwork	Pls follow PJM confirmed artwork in bulk
Remarks	Attention: Jin Yin Article no: W60158 Sizes: A116-A140-A164 Sample will be released with all the above mentioned points to be improved in bulk

第五章　面辅料跟单

　　面辅料跟单是服装跟单的重要组成部分，面辅料跟单的主要任务是跟踪、协调、组织管理订单生产所需的面辅料采购与供应，确保订单生产所需物料按要求（颜色、规格、质量、数量）准时供应到生产部门。

　　面辅料采购跟单的基本要求是：适当的交货时间、适当的交货质量、适当的交货地点、适当的交货数量及适当的交货价格。适当的交货时间是跟单员进行面辅料采购跟单的中心任务。面辅料交货时间过早或过晚都不利于企业的经营运作，跟单员的任务就是使所采购的面辅料在规定的时间获得有效的供应。适当的交货质量是指供应商所交的面辅料可以满足企业（及订单）使用要求。过低的质量是不被容许的，但过高的质量会导致成本提高，削弱产品的竞争力，同样不可取。原材料质量达不到企业使用要求的后果是严重的：会导致企业内部相关人员花费大量的时间与精力去处理，从而增加管理费用；会导致企业在重检、挑选上花费额外的时间与精力，造成检验费用增加；会导致生产线返工增多，降低生产效率；会导致生产计划推迟，有可能引起不能按承诺的时间向客户交货，会降低客户对企业的信任度；会引起客户退货，导致企业蒙受严重损失，严重的会丢失客户。适当的交货地点是为了减少企业的运输与装卸费用，跟单员在进行面辅料跟单时应要求供应商在适当的地点交货，因此跟单员应重点选择那些距离企业近、交通方便的供应商。如交货地点不当，会增加原材料的运输、装卸和保管成本。适当的交货数量是指每次交来的面辅料企业刚好够用，不产生更多的库存。适当的交货价格要经过以下几个环节的努力才能获得：① 多渠道获得面辅料报价。② 比价。③ 议价。④ 定价。跟单员对每个面辅料的采购，一般需保留三个以上供应商的报价，有时这些供应商的价格可能相同，也可能不同。但让这些供应商知道同时存在多个供应商可选择，他只是其中一个竞争者，这样供应商会努力改善合作关系，由此企业才可能获得最好的报价和服务。

　　面辅料获供途径主要有客户提供、国内外贸公司购买和加工厂采购三大途径。

　　① 客户提供面辅料（客供料）。这是最简单的一种面辅料获取途径，在与客户签订成衣生产订单的同时，签订面辅料供应合同，由客户直接提供或由客户代购面辅料，是来料加工的一种生产方式。客户根据其供应商能提供的物料品种、质量、价格等实际情况，决定自供面辅料的品种和数量。

　　② 国内外贸公司购买（外贸公司购料）。如果客户不方便自行供应，则会由外贸公司负责采购。

　　③ 加工厂采购面辅料（厂购料）。厂购料一般指由加工厂根据订单与客户的要求，直接向供应商采购面辅料。

　　跟单员应确定不同面辅料来源的途径、种类和数量，整理出订单中需要订购的面辅料种类，并进行分类记录。

第一节　面辅料样品跟单

外贸公司购料或厂购料情况下，服装大货面辅料生产（或采购）前必须先把面辅料样品交给客户审核确认，这一过程简称打样。只有这样才能最终确定供应商、面辅料质量和价格，确保购进的面辅料规格、颜色、品质与订单要求相一致情况下，才能签订采购合同，确保顺利完成订单生产。

一、常见面辅料样品种类

1. 小样

（1）色样（Color Lab Dip）

色样是用于染色前做试验用的。客户提供一个标准色（可能是面料颜色样，也可能是潘通色号），染厂根据标准色来配染料配方。一般一个色号（色样）会配出三个接近但不同的颜色给客户选择以扩大确认机会，待客户确认其中一色后，染厂就可以根据这个色样的配方来染大货色，这样可以确保大货颜色的准确性。

（2）手织样（Handloom）

目前色织面料一般要求厂家首先提供手织样，依据客户来样（布样、纸样、线板样等）织出能反映产品至少一个完全循环的经纬色纱排列及组织变化规律的布样。主要看颜色与格型是否符合来样的要求。手织样一般是在小样机上完成的。

（3）手刮样（Strike Off）

手刮样是指面辅料中印、绣花类的小样。按客户的要求正确使用面料（或其他辅料）、印花浆料（或绣花线），在已经织好的面料色样（或其他辅料）上制作各种装饰图案，并由客户确认图案效果的样品。

2. 纱样（Yarn Sample）

色织布，有的客户要求提交手织样的同时必须附纱样，客户不仅看手织样的效果，而且还核对纱样的颜色、品质等。

3. 中样（Fabric Lofting）

放中样是在小样（色样、手织样、手刮样等）基础上进行的，就是放匹样。客户看小样效果较好，为了考虑企业的大生产水平，要放中样。作为生产企业则可以将放中样作为先锋试作，从中摸索一套较成熟的工艺，总结成功和失败的经验，为今后大生产做准备。

4. 确认样（Approved Sample）

确认样是采购合同签订前或面料、辅料正式投产前，由客户对面料、辅料整体效果最终确认的样品。确认样需要确认的项目一般包括：① 物料质地、成分、克重等；② 纹路、肌理、颜色、图案；③ 手感、弹性、悬垂性；④ 规格、产地。面、辅料确认样经过客户确认后，供应商才能安排面、辅料批量生产。

（1）手感样（Hand Feel Sample）

当客户对成品有特殊的手感要求时，跟单员应向客户索取最终的手感样，并将手感样和标准要求等资料一起交给面辅料部或加工厂。面辅料部或加工厂在进行面辅料后处理时软硬程度达到客户的要求，提交给客户确认手感。

（2）洗水样（Wash Sample）

洗水样是按客户要求进行洗水后整理的样品，需检测洗水后面辅料的缩水率、手感、弹性、磨花、褪色效果等。同一种面、辅料用不同的洗水方式会出现不同的后整理效果，所以跟单时要注意洗水条件的准确控制。

（3）测试样（Test Sample）

测试样是指将面、辅料样交给专业机构进行一系列专门的测试和检验的样品，以确保产品符合客户的标准。如日常服用面料的日晒色牢度、汗渍色牢度测试，耐磨洗测试；功能服用面料的防污防尘测试、防水测试、保暖性测试等。此外，在注重产品安全和环保意识的今天，产品原材料是否含有不利因素是进出口贸易监控的关键，应确保服装符合进口国检测机构或绿色环保司的标准。

5. 头缸样（1ˢᵗ Bulk Swatch）

头缸样是第一次染色出缸的面、辅料，或者是将面、辅料批量生产中的第一件成品作为生产前样品提交给客户批复确认。

6. 缸差样（Color Continuity Card）

缸差样是批次不同的面、辅料因不同的染色缸次所出现的颜色和品质差异，是用于判断面辅料差异是否在可接受范围内的样品。

二、面辅料样品跟单

面辅料样品与样衣一样，不同的公司、不同的面辅料有不同的样品称谓、定义和制作步骤要求。但每个样品跟单流程相似，现就以色样跟单为例来讲面辅料的样品跟单，其基本流程可参考图 5-1-1 所示。

（一）分析、审核并整理资料

为适应目前市场小批量、多品种、交期短而急的订单，同时为节约样品成本，应努力确保样品一次通过。对于色样来说，如何保证色样一次通过率提高，除实验室对于染料选择、工艺配方选择精益求精外，更要跟单员与客户之间相关业务的沟通与交涉。与客户沟通要清楚了解客户的具体质量、色牢度等要求。而对于颜色样，沟通时必须弄清楚以下信息。

1. 客户的基准（光源、对色标准、理化指标）

不同的基准所选择染料、工艺及原料不同。客户常用对色灯箱光源如表 5-1-1 所示。

表 5-1-1　常用对色灯箱光源

光源种类	适用范围
D65	国际标准人造日光（平均北窗光），是大部分客户指定的对色光源
TL84	三基色荧光灯，美国商店或办公用光源，美国客户常用此光源
CWF	冷白光，美国商店或办公光源
UV	紫外光，用于检测面料上的增白剂或荧光性染料
A	夕阳光源，系参考光源

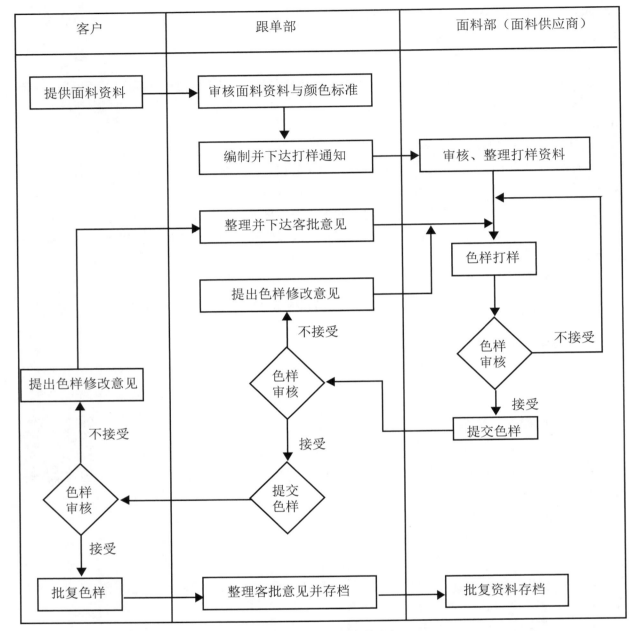

图5-1-1　色样跟单流程

2. 成分和组织结构

不同的原料成分对染料、染色工艺要求不同。此外，不同的组织结构会产生不同的布面染色效果和光泽。

3. 正反面指示

不同原料对染料吸附性能有差异，正反面光泽一般有差异。如图 5-1-2 所示，150D/96F*40D 赤氨纶汗布正反面光泽差异，保证正反面色光相近是惯用的一项原则。

图5-1-2　150D/96F*40D赤氨纶正反面光泽

4. 助剂加工要求

助剂的加工会使一些颜色产生色变。如图 5-1-3 所示，是磨毛棉毛布加助剂后产生的几种色变实例。小样工艺与大货生产工艺贴近是投产减少回修的一项保障措施。

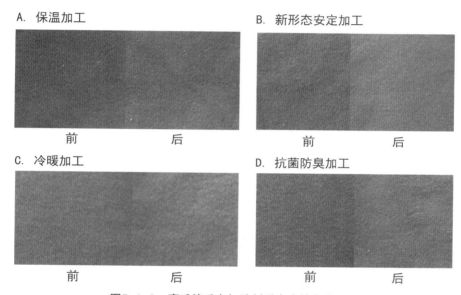

A. 保温加工　　　　　　　　　　　　　B. 新形态安定加工

前　　　　　后　　　　　　　　　前　　　　　后

C. 冷暖加工　　　　　　　　　　　　　D. 抗菌防臭加工

前　　　　　后　　　　　　　　　前　　　　　后

图5-1-3　磨毛棉毛布加助剂后产生的色变

5. 色号或色样

这是打色样基本的也是核心的要求，即必须写清楚客户的标准色。如果是色号，要清楚注明是公司的内部色号还是潘通色号等；如果是色样，必须贴上客人实物色样。

6. 有两种成分以上特殊风格要求

注明一浴染色或二浴染色，有风格样品请提供参考风格样。图 5-1-4 所示是一块涤棉汗布只染涤或只染棉的色差实例。

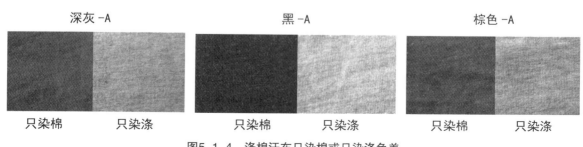

深灰 -A　　　　　　　　　　黑 -A　　　　　　　　　棕色 -A

只染棉　　　只染涤　　　　只染棉　　　只染涤　　　　只染棉　　　只染涤

图5-1-4　涤棉汗布只染棉或只染涤色差

（二）编制并下达打样通知

按照客户提供的面料资料编制打样通知，作为面料部（或面料供应商）制色样的书面要求。下面以附录 1 童装订单的打色样通知单（表 5-1-2）来说明其主要构成。

表 5-1-2　打色样通知单

宁波 ×× 进出口有限公司

×× INTERNATIONAL TRADING CO., LTD

SOUTH QIAN HE RD, YINZHOU DISTRICT, NINGBO　　Tel: 86-574-8632×××　　　Fax: 86-574-8632×××

打样编号①：××××

客户名称②		款号③	
面料名称④	棉毛布	组织结构与成分⑤	100% 棉
纱支密度要求⑥	190 克／平方米	打样工厂⑦	
打样板数量⑧	A、B、C 3 色	打样板规格⑨	20 厘米 ×20 厘米
下单日期⑩	2018-08-03	交样日期⑪	2018-08-06
品质要求	皂洗色牢度 3 ～ 4 级；汗渍色牢度 3 ～ 4 级；耐水色牢度 3 ～ 4 级；干摩擦色牢度 3 ～ 4 级；湿摩擦色牢度 2 ～ 3 级		
原样色板（或潘通号）	**新打色样贴样处**		
乳白色 32054（按客供面料小样）	A	B	C
橙色 P158U（按潘通色号打）	A	B	C
对色光源	D65、北向自然光		
备注	色样要求：提交一式两份（一份我部留底，一份提交客户）		

申请部门：_____　　　　　　　　申请人：_____

打色样通知单的一般构成如下。

1. 订单基本信息

① 打样编号。打样部门每天有很多订单颜色样需要进行打样安排，为了便于管理，对每份打样单要进行编号。编号的规律视实际情况而定，打样编号具有唯一性。

② 客户的名称或编号。（有些外贸公司把客户逐一编号，在流通文件或表格上用编号表示，便于管理和保密。）

③ 订单款号。客户提供，对每个款式进行编号，便于管理，具有唯一性。

④ 打色样的坯布要求。要求与订单的大货品质一致，如果时间紧急，也可以找相近的坯布代替。

⑤ 一般要求纤维成分必须严格与大货面料一致，因为不同的纤维上色率是不一样的。

⑥ 面料组织、纱支和织物密度在无法达到与大货面料一致的情况下，尽量找与面料要求相似的坯布代替。

⑦ 打色样工厂的名称或编号。

⑧ 打样数量。是指要求面料部（或供应商）针对客户的每个颜色所要打的样品数量。如客户要打乳白色 32054 和橙色 P158U，我们就要打三个接近客户色的白色，三个接近客户色的橙色，分别标为 A、B、C。这样一次提交给客户，客户每个颜色有三个选择，颜色被确认的概率更高。

⑨ 色样的尺寸大小。

⑩ 打色样通知单下达的日期。

⑪ 色样必须提交的日期。写交样日期时要注意考虑染色所需时间。一般来说，染色烧杯样 3 天，印花样 10 天，色织样 10 天，特殊情况酌情处理。

2. 品质要求

是指对面料品质性能的要求，一般都指染色牢度。如果客户有特殊的要求必须在这里注明，如果没有特殊要求按常规企业内控标准进行。

3. 贴样处

左边贴客户的标准色样（客户提供的色样形式多样，可能是色布样，也可能是标准颜色编号，如 PANTONE 色卡编号，还可以是纸卡色样），右边 ABC 处用来贴工厂打出来的颜色小样。

4. 对色光源

对色时所用的光源。同一颜色在不同的光源下会呈现不同的颜色，所以必须加注。

（三）打样

面料部（或面料供应商）收到打色样通知单后应选用同种规格的织物打样，若无同种规格织物，可用近似的织物（正面风格、原材料一定要相似）代替，并标明代用织物规格。客户要求双光源或三光源时，尽量在本厂适用的染料中选择，以满足客户的光源要求，即选用与来样同步"跳灯"的染料。尤其是作为与服饰配套的面料，"跳灯"要尽量小，使整体统一。当不能解决"跳灯"问题时，要与客户沟通，不能只考虑跳灯问题，而选用不合理的染色处方，忽视了大货生产。大货生产的可行性应置于首位。

（四）样品审核

面料部（或面料供应商）自己审核合格后提交跟单部，跟单部对提交的色样应按照客户要求再次认真审核。审核时必须在指定光源下审样，对色光源用灯箱必须是标准灯箱，因为不同灯箱内壁的涂料颜色不同，折射到布上会引起对色不准。灯管中的荧光材料不同，对同一块布的反射光谱也不同，从而产生色光差异。因此，对色灯箱对保证打小样的准确性十分重要。借助分光光度仪，即用测配色仪对色，最好配备 Datacolor SF600X 型或美国 Gretag Macbeth CE7000A 系列等测配色仪。因为国外较多纺织大公司和大型超市都选择了这几类测配色仪，这样可以缩小因系统不同而造成的误差，缩小色样与标准样的差距。

用灰卡对色。原样与小样之间的色差一般客户都要求 4 级及以上。用测配仪对色时，一般 $\Delta E < 1$，考虑到系统误差，内控标准一般 $\Delta E < 0.6$，力争一次准样。若高要求时，应将色相 ΔH 和彩度 ΔC 也考虑在内。色样是否符合客户的要求，对常规客户打样要心中有数，结合客户习惯容易准样。区域不同，对颜色偏爱不同，如欧洲的订单忌红，可以略偏绿光。面料的消费群体不同，其色光偏向亦不同，如童装普遍喜欢艳丽；男装要尽量中性色调，颜色饱和度低，灰暗一点；女装色彩要明亮等。一般客户要求色样至少 3 块，即 A、B、C 样，有时也有要求 12 块样的。从深浅、明暗、艳亮和色相等方面考虑，从而提高一次准样率。

（五）样品提交

跟单部在色样审核合格后需提交客户审核批复。提交时一般我们要转换成自己公司或客户要求的提交单。如表 5-1-3、表 5-1-4 是附录 1 童装订单的第一次色样提交单。

表 5-1-3　附录 1 童装订单 crème 32054 色样提交单

宁波 ×××× 进出口有限公司

×× INTERNATIONAL TRADING CO., LTD

SOUTH QIAN HE RD, YINZHOU DISTRICT, NINGBO　　　Tel: 86-574-8632××××　　　Fax: 86-574-8632××××

LAB DIPS APPROVAL REQUEST FROM

Submit: o1st o2nd o3rd o4th

Attn（寄至）：×××	Date（日期）：2018-08-11
From（来自）：×××	Ref#（编号）：F621-NB-crème 32054
Factory（加工厂）：F621	Ship Date（装运期）：2019-05-25
Contract/Style（合同号 / 款号）：13LISI049066 / 66188	
Color（颜色）#：crème 32054	
Purpose/Remarks（目的 / 备注）：	

A	B	C
Approved For Production（确认）		
Rejected For Production（不认可）		
Resubmit（重新提交）		
Comments（评语（意见））：		

表 5-1-4　附录 1 童装订单 P158U 色样提交单

宁波 ×××× 进出口有限公司

×× INTERNATIONAL TRADING CO., LTD

SOUTH QIAN HE RD, YINZHOU DISTRICT, NINGBO　Tel: 86-574-8632××××　　Fax: 86-574-8632××××

LAB DIPS APPROVAL REQUEST FROM

Submit: o1st o2nd o3rd o4th

Attn（寄至）：×××	Date（日期）：2018-08-11
From（来自）：×××	Ref#（编号）：F621-NB-P158U
Factory（工厂）：F621	Ship Date（装运期）：2019-05-25
Contract/Style（合同号 / 款号）：13LISI049066 / 66188	
Color（颜色）#：P158U	
Purpose/Remarks（目的 / 备注）：	

（续表）

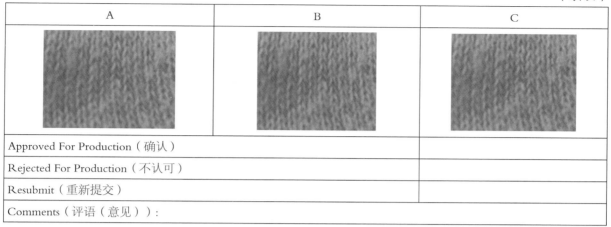

A	B	C
Approved For Production（确认）		
Rejected For Production（不认可）		
Resubmit（重新提交）		
Comments（评语（意见））：		

色样寄送出去后，一般跟单员要写邮件或打电话给客户，内容含寄送的样品信息及寄送的包裹情况（快递单号等），便于客户了解及查询样品寄送情况。同时跟单员也要根据快递单号跟踪样品的寄送情况。等客户收到样品，要及时跟进样品的反馈信息。

（六）客批样品

客户收到样品后，通常会在一周内批复。如果客户批复时间过长，可能会影响到后续大货生产的交货期，因此跟单员要及时与客户沟通，促使客户及时回复，争取更多的生产时间。客户对样品检查后，会给出以下结论：OK（或APPROVED）、NO+ 意见（一般称修改意见）、OK+ 意见（一般称确认意见），如图 5-1-5 所示为客户针对附录 1 童装订单的第一次色样提交单的批复意见。当客户意见与实际情况相差时，应考虑到可能存在光源差异的问题，应与客户

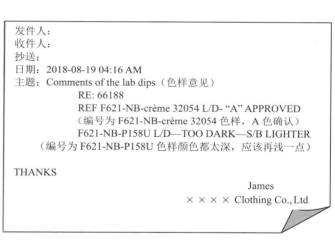

发件人：
收件人：
抄送：
日期：2018-08-19 04:16 AM
主题：Comments of the lab dips（色样意见）
　　　RE: 66188
　　　REF F621-NB-crème 32054 L/D- "A" APPROVED
　　　（编号为 F621-NB-crème 32054 色样，A 色确认）
　　　F621-NB-P158U L/D—TOO DARK—S/B LIGHTER
　　　（编号为 F621-NB-P158U 色样颜色都太深，应该再浅一点）

THANKS
　　　　　　　　　　　　　　　James
　　　　　　　　　　　　× × × × Clothing Co.,Ltd

图5-1-5　第一次色样提交单的批复意见

沟通。当客户反映一块色板中大多数样偏深时，可能是客户双层对样，尤其是薄、透的织物，叠层看样会变深。有些大公司对薄、透的机织物和针织物等要求叠 4 层对色，而常规是单层对色。

（七）客批意见整理、分发与存档

色样经客户批复后，跟单员要详细记录每个客户对色样的批复意见，总结各个客户的不同特点和要求，以便日后改进面料色样的跟单。对没有通过的修改意见认真分析、总结，并下达给面料部（或供应商），督促其根据客户修改意见重新打样并提交。对确认通过的色样，也应及时通知面料部（或供应商），以便进行订单后续跟进。同时，跟单员要妥善保管色样，防止褪色、潮湿、发霉或虫蛀等现象。

其他的辅料例如拉链、纽扣、魔术贴以及印绣花等，跟面料一样都要根据客户提供的资料及实物进行设计开发、制作样品并提交客户确认。一些对理化指标有特别要求并需进行测试的，则需提交客户用于测试的样品和测试好后提交测试报告。例如，附录 5 夹克衫订单的前胸印花，不仅要提交如表 5-1-5 所示的样品，也要提交如表 5-1-6 所示的测试报告。客户对颜色、外观、理化指标等确认合格后，我们应如表 5-1-7 所示对客户确认的样品进行存档，大货就以此为标准进行生产。

表 5-1-5　附录 5 夹克衫订单印花样提交单
DEVELOPMENT TRIM CARD　辅料开发样卡

LO（地区）	Shanghai	Sent Date（送样日期）		2018-08-21
Supplier（供应商）	A2B004	Working Number（款号）		AF23K616
ARTICLE NO.（货号）				W60155
Color Code/Name（颜色代号 / 名称）				REFL.SILVER/8415
PNO	Ref#（编号）	Description（说明）		
600	62559096	Glitter, Screen Print Corporate ID 24mm×35mm 0SP001-FLEX PLM APPAREL SUPPLIER/（MLT）（闪光、丝网印，24mm×35mm 0SP001-FLEX PLM 系统供应商）		

表 5-1-6　附录 5 夹克衫订单印花测试报告

Internal Washing Test Report（Screen & Heat Transfer Printing）						
Garment Maker（成衣厂）：×××				Date（日期）：2018-11-11		
Printing Factory（印花厂）：A2B004				Printing Material（印花浆料）：Glitter screen print(闪光丝网印)		
Style NO.（款号）：AF23K616				Printing Color（印花色）：8415		
Status（状态）：　　（×）Development（开发）　　（　）Production（大货）				Season（季度）：FW19		
Result:　　（×）APPROVED（合格）　　　　（　）REJECTED（不合格）						
Test name（测试）	Test methods（方法）	Standard（标准）	Test result（结果）	A	R	Comment（意见）
（1）Elongation（拉伸）	Stretched by hand（手拉）	No broken or Peel off found（无破裂或脱落）	Before wash（洗前）	×		
（2）Appearance after wash（follow 4.03）洗后外观（参照 4.03）	5×30℃ Non football（非足球服系列 30℃ 5 次）	Stop washing if any deviation notice 发现异常，停止洗水	After 1 wash 1 次水洗后	×		
			After 2 wash 2 次水洗后	×		
			After 3 wash 3 次水洗后	×		
			After 4 wash 4 次水洗后	×		
			After 5 wash 5 次水洗后	×		

（续表）

Test name（测试）	Test methods（方法）	Standard（标准）	Test result（结果）		A	R	Comment（意见）
（2）Appearance after wash（follow 4.03）洗后外观（参照4.03）	5×40℃（40℃ 5次）	Stop washing if any deviation notice 发现异常，停止洗水	After 6 wash 6次水洗后	×			
			After 7 wash 7次水洗后	×			
			After 8 wash 8次水洗后	×			
			After 9 wash 9次水洗后	×			
			After 10 wash 10次水洗后	×			
	Tumble dry after 10th cycle 10次循环后烘干		tumble drying 转筒烘干	×			

"A" denotes "Accepted", "R" denotes "Rejected" A表示接受，合格；R表示拒绝，不合格

Comment（意见）:
General appearance was satisfied 总体的外观 OK

表 5-1-7 附录 5 夹克衫订单图样确认单
Artwork Approval Sheet（图样确认单）

Master File（主文件）	B-SUPPLIER（供应商信息）
Created by supplier（供应商）：Jinyin	Date（日期）：2018-12-03
Item（类型）：Print（印花）	Suppliers Reference（供应商参考）：
Approved by（确认者）：××× × Date（日期）：	Season（季节）：FW19 Q3
Item Supplier（项目供应商）：	Remarks（备注）：

Finished Size AD（成品尺寸）：	Height（in cm）高：24	Width（in cm）宽：35	Type of artwork（类型）：Print（印花）

Price/100pcs（价格/100件）：

Colors（颜色）	Color Definition（颜色说明）	Item Supplier Color Definition（供应商颜色说明）
1	REFL SILVER/8415	
2		
3		
4		
5		

第二节　大货面辅料跟单

一、翻查库存

在正式采购（或生产）面辅料前，跟单员首先应与仓库部门联系，翻查库存面辅料的情况，尽量先用库存面辅料，减少库存的压力和资金的积压。翻查库存面辅料主要工作包括以下几个方面。

1. 翻查库存清单

由于面辅料种类繁多，面辅料仓库管理和库存量控制的难度、工作量都较大，所以需要相关部门的配合，其中跟单员可起到非常关键的协调作用。所以每次确定客户的订单以后，在大货面辅料采购（或生产）前，跟单员应着重检查库存情况，优先选用合适的库存面辅料，不足部分再向供应商订购（或生产），以便清理尾仓，减低库存。

2. 检查库存面辅料

根据库存物料清单查出合适的面辅料后，在仓管员的配合下，到仓库检查面辅料的颜色、规格和质量是否符合订单要求。遇到比较重要或者难以判断的订单，则需剪取样品给相关主管和客户审核决定。

3. 翻染库存料

如果清查的面辅料规格、质量都符合要求，但颜色有差异时，可以考虑将面辅料送回给供应商或染厂进行翻染。注意所有翻染的面辅料必须先染出色样，交给主管和客户审核确认以后，才能进行大批量面辅料的翻染。

二、用量预算

面辅料在服装成本中占有较大比重，所以面辅料采购前必须认真做好用量预算，达到适量采购、降低成本的目的。由于面辅料用量预算存在不确定因素，这就要求负责预算的跟单员既要有认真细致的责任心，又要有丰富的经验，全面考虑订单生产的各个环节，尽量减小预算用量与实际用量的误差。

为了使预算更准确，首先应定出用料预算的尺码。如果订单的中码成衣数量最多，大码和小码数量较少，可直接用中码作为用料预算的尺码。有时由于受客户所在地区服装文化和顾客体型特征的影响，会出现例外的情况。此时可以根据订单数量，计算各个尺码所占的比例，取比例均值作为用料预算的尺码。如欧美地区人的体型普遍比较大，所以来自欧美客户的订单大尺码数量要多于小码数量，此时要观察各个尺码中的生产比例，然后取一个比值较大的尺码（如 L 码）或两个码的平均值（如 M 码和 L 码或 L 码和 XL 码），作为基码进行用料预算。

（一）面料单耗预算

1. 面积计算法

面积计算法是一种比较简单、快捷的方式，但其准确性不高。具体步骤如下。

① 把基码样衣的各个裁片分解成方便计算的简单几何形。

② 分别计算各几何形的面积，再把各几何形的面积相加。如普通上装单耗的面料计算常用公

式：（上衣衣长＋上下缝份或握边）×（胸围＋缝份）＋（袖长＋缝份或袖口握边）×（袖肥＋缝份）×2＋其他部件面积。

③ 把相加的总面积除以面料幅宽，即可得到大概的用料长度。或把总的面积和面料要求的克重相乘，即可得到大概的用料重量。

④ 需要注意的是，一般要把计算的结果加上 3%～5% 的误差系数。

【例】附录 1 童装订单面料单耗预算：

① 先根据规格单量出或计算出该童装的长度及围度。

后片衣身长度：（15inch ＋ 1.75inch 过肩＋1.75inch 档底折量）×2.54cm/inch×（1＋3%）＋2cm
　　　　　　＝ 50cm；

前片衣身长度：15inch×2.54cm/inch×（1＋3%）＋2cm ＝ 41cm；

袖长：3inch×2.54cm/inch×（1＋3%）＋2cm ＝ 10cm；

1/2 胸围：9.5inch×2.54cm/inch×（1＋2%）＋2cm ＝ 27cm；

袖肥：（4.75inch（弯量）－ 0.25inch）×2×2.54cm/inch×（1＋2%）＋2cm ＝ 25cm。

（3% 为面料的经缩，2% 为面料的纬缩，2cm 是 2 个缝头量。）

② 算出整件衣服的面积。

后片：后衣长 ×1/2 胸围 ＝ 50×27 ＝ 1350cm²；

前片：前衣长 ×1/2 胸围 ＝ 41×27 ＝ 1107cm²；

袖子：袖长 × 袖肥 ×2 个 ＝ 10×25×2 ＝ 500cm²；

总面积：S ＝后片＋前片＋袖片 ＝ 1350 ＋ 1107 ＋ 500 ＝ 2957cm² ＝ 0.2957m²。

③ 算出单件面料用量。

单件衣服主面料用量 ＝ 0.2957m²×190g/m² ＝ 56.2 克／件。

实际过程中还要加损耗，通常为 3%～5%。

同理算出领口、脚口包边的用量：

0.035m×1.26m×190g/m² ＝ 8.4 克／件。

因此，可得童装订单的面料单耗，如表 5-2-1 所示。

表 5-2-1　附录 1 童装订单的面料单耗

产品名称	颜色	规格	单耗
棉毛布 （100% 棉）	乳白色 32054	190 克／平方米	56.2 克
	橙色 P158U	190 克／平方米	8.4 克

2. 克重计算法

克重计算法一般用于针织面料的用料计算，其优点是方便、快捷，缺点是必须有样衣才能计算。把样衣直接放入天平称其重量，然后减去辅料的重量即为此款服装所用面料的净重量。如果要算其用料长度，需在克重机上测此款式所用面料的克重，再用净重量除以克重即为此款服装的用料。克重计算法，一般也要加上 5% 左右的误差系数。

3. 排料计算法

排料计算法为最精确的方法，但其缺点是必须有样板。在报价预算没有样板的情况下，一般报价员也会根据服装的规格尺寸自己简单地进行模拟草图单件排料。其结果可以参考表 5-2-2。

表 5-2-2　单耗面料参考数

品名	胸围（厘米）	门幅（厘米）		
		90	114	144
女短袖衬衫	97～100 100～103 107～110	衣长×2＋7 衣长×2＋10 衣长×2＋13	衣长＋袖长×2 衣长＋袖长×2＋10 衣长×2－10	
女长袖衬衫	97～100 100～103 107～110	衣长＋袖长×2－30 衣长＋袖长×2－10 衣长＋袖长×2	衣长×2 衣长×2＋5 衣长×2＋10	衣长＋袖长－12 衣长＋袖长－10 衣长＋袖长－7
短袖旗袍	97～100 100～103	衣长×2 衣长×2	衣长＋袖长＋13 衣长＋袖长＋20	衣长＋5 衣长＋8
中长袖旗袍	97～100 100～103	衣长×2－13 衣长×2－10	衣长＋袖长＋10 衣长＋袖长＋13	衣长＋20 衣长＋23

（二）大货生产用面料预算

1. 损耗预算

大货面料预算一定要考虑生产过程中的损耗，包括布匹头尾损耗，避裁疵点损耗，辅料边损耗，次品补裁、测试、试样等损耗，故大货生产的用料预算需增加一定的损耗比率。具体耗用预算情况如下。

（1）面料特性导致的损耗

① 回缩损耗：面料由于受到外力作用（后定形、卷布包装等）而变形，经松布放置一定时间后，面料有一定的自然回缩损耗。

② 缩水损耗：包括面料遇热收缩和遇水收缩的比率损耗。一般通过规范的洗烫测试可计算出准确的缩水损耗率。

③ 制造损耗：由于在面料织造染整过程中的技术、机件等原因，造成面料纱线断头、跳花、跳纱、色差等疵点，为了使缝制的成衣不受影响，排料时要避开疵点所造成的面料损耗。一般等级越低的面料疵点越多，避裁损耗也会越大。

（2）生产所致的损耗

① 断料损耗：断料时布层左右两端落剪不齐、匹头匹尾的预料损耗等。

② 次品损耗：由于生产不当产生次品，需要重新裁剪、缝制所造成的面料损耗。

③ 放量损耗：有特殊花纹和图案的面料、表面有绒毛或线圈的绒面料以及条格面料，在划裁面料时，要在净色面料标准用量的基础上加放一定量所造成的损耗。

④ 试样损耗：每一个订单在签订前后，都需要试制大量成衣样品和制作面辅料卡给客户批复；按照客户要求对面料或成衣做各种性能测试和后整理测试。正式投入生产以后，还需向客户提交产前样、船样等样品，这些都需要损耗一定量的面料。

通常面料按 3%～5% 备疵。通常订单数越大，备疵率可适当降低，可按 1%～2% 来备疵；对于特殊面料，可适当增加到 8% 甚至更多。

2. 大货面料预算

仍以附录 1 童装订单为例，其订单数量 2160 件。大货面料预算如下所示。

采购数量＝单耗 × 订单数量 ×（1＋备疵率）。

乳白色棉毛布：56.2 克／件×2160 件×（1＋3%）＝125.03 千克。

橙色棉毛布：8.4 克／件×2160 件×（1＋3%）＝18.69 千克。

由上述计算，可知童装订单大货生产时的计划用料结果如表 5-2-3 所示。

表 5-2-3　附录 1 童装订单大货面料计划用料单

产品名称	颜色	规格	计划数量
棉毛布 （100% 棉）	乳白色 32054	190 克／平方米	125.03 千克
	橙色 P158U	190 克／平方米	18.69 千克

大货面料预算，最常见的是采用排料法，排料法精确。同时考虑大货面料采购数量时，一般前期做过样衣，有服装样板。例如，附录 3 运动裤订单，假设订单数量总共为 10000 件，而其排料情况如图 5-2-1 所示，则其大货面料采购数＝108.59×10000×（1＋3%）＝1118477 厘米≈11185 米。

排料报告

文件名：415	款号：MKS3845	面料：面布	颜色：
幅宽：175.00 厘米	幅长：760.11 厘米	长度单位：厘米	重量单位：千克
总片数：140	已排片数：140	利用率：86.1%	
用料：108.59 厘米／件 × 件数（7）× 床总数（1）＝总长度（760.11 厘米）			

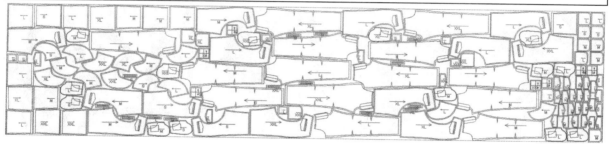

图5-2-1　附录3运动裤订单的面料排料图

（三）辅料预算

辅料预算相对面料来说简单，里料、粘衬等用量计算与面料一样。除缝纫线外，一般均按个数计算。

1.缝纫线

缝纫线的用量是由许多因素决定的，如面料的厚度、软硬，线迹的种类、密度，线的粗细、张力，机器压脚压力大小等。这些因素经常发生变化，因此要十分精确地计算出用线量并不容易。目前普遍采用公式计算法对用线量进行估算。

生产缝纫用线量的核定方法主要有以下几种。

（1）公式计算法

公式计算法就是根据实际总结出各种条件下车缝一定长度的布料，缝纫线的消耗量（米）与车缝布料（米）的比值，然后利用这个比值估算实际产品的用线量。

例如，实验时车缝长度为 C 米，缝纫线的消耗长度为 L 米，那么 L/C 得到一个比值 E，即 E＝L/C。这个值叫作"缝线消耗比"，有了这个比值 E，就可以利用它估算实际用线量。也就是用所需车缝的线迹长度乘以这个比值，即

$$L_总＝C_总×E$$

式中，$L_总$——用线量；$C_总$——车缝长度；E——缝线消耗比。

用公式计算法估算用线量，首先要通过实验求出比值 E。实验的方法有两种，即缝线定长法与迹线定长法，下面分别介绍。

① 缝线定长法。首先做好实验的准备工作，即选择性能良好的缝纫机，按实际要求的工艺条件调整好各部位机构，并准备好规定的面料及缝纫线。然后量取一定长度的缝纫线（如 1 米），量时前端要留出 0.5 米的余量。将量取的这段线用明显的颜色做好标记，再缠绕到线轴上，缠好后按实际操作要求用这段缝纫线在选用的面料上进行实际车缝，直至标有颜色的线全部用完为止。最后取下车缝的面料，量出标色线段实际车缝的长短，从而可推算出每米线迹的用线量，即得出比值 E。

② 线迹定长法。实验的准备工作与上述方法相同。直接用规定的缝纫线和面料按实际操作要求进行车缝，车缝至 0.5 米以上。车缝后在线迹的中段量取一定的长度（20 厘米以上），线迹用剪刀剪下来。最后将这段线迹中的缝纫线拆出来（小心不要将线拆断），测量线的实际长度。从而可推算出每米线迹的用线量，即得出比值 E。

对于平缝线迹，由于线迹上下线结构相同，如果使用同一种缝纫线，则实验上线用量即可，总用线量是上用线量的 2 倍。其他线迹由于上下线结构不同，要分别进行实验，得出上线与下线的用线消耗比率，然后再求出总的用线比率。各种线迹用线比例用实验测得后可以作为以后各订单采购时的参考数据，制作成表 5-2-4 所示的参考表，不用每次进行实验。

表 5-2-4　缝线用量数据参考表

按 1 米长度为标准（除套结、打眼、钉纽）		汗布基准（180 克左右）		
线迹种类	针距	总倍数（米）	面线（米）	底线（米）
M 缝	18 针 /3 厘米	16	11	5
三角针		8	3	5
挺缝线	15 针 /3 厘米	13	7	6
外曲牙		20	/	/
三线密拷	30~35 针 /3 厘米	20	3	17
四线拷克（0.5 厘米）	15 针 /3 厘米	22	6	16
四线拷克（0.8 厘米）	15 针 /3 厘米	30	7	23
三线拷克	15 针 /3 厘米	15	3	12
三针五线	15 针 /3 厘米	30	18	12
四针六线	15 针 /3 厘米	35	21	14
二针四线（0.6 厘米）	15 针 /3 厘米	25	13	12
二针四线（0.3 厘米）	15 针 /3 厘米	20	11	9
链条车	15 针 /3 厘米	7	2.5	4.5
平双针（0.56 厘米）	15 针 /3 厘米	18	6	12
平双针（0.3 厘米）	15 针 /3 厘米	15	6	9
三针四线	15 针 /3 厘米	25	11	14
平车	15 针 /3 厘米	5	2.5	2.5
三线卷边（外露 0.4 厘米）	15 针 /3 厘米	15	8	7
1 厘米套结	只	0.3	/	/
1 厘米打眼	只	0.5	/	/
单只钉纽	只	0.3	/	/
注：不同面料、线迹可适当调整，如绒布类在此基础上 +10% 左右				

【例】　计算附录 1 童装订单的用线量，已知侧缝、袖底缝和袖窿采用 4 线包缝，配面料色，即乳白色，E ＝ 24，车缝长度全件衣服约 0.92 米。领口和下摆采用双线绷缝，配面料色，即橙色，E ＝ 20，车缝长度全件约 1.15 米，则：

乳白色线 L ＝ E×C ＝ 24×0.92 ＝ 22.08 米，即一件衣服的用线量为 22.1 米；

橙色线 L ＝ E×C ＝ 20×1.15 ＝ 23 米，即一件衣服的用线量为 23 米。

在实际工厂中对于单件成衣用线量预算时需考虑的因素有：① 面料厚度及层数；② 线迹类型；③ 针迹密度；④ 线迹长度；⑤ 车缝损耗；⑥ 张力松紧。对于整批订单用线量预算时需考虑的因素有：① 单件成衣用线量；② 整批订单的数量；③ 流水线的数量；④ 流水线机器的具体安排；⑤ 流水线的损耗；⑥ 分线情况；等等。

（2）定长法

利用测线仪或缝纫设备自带的测线装置测量线轴的线量长度或作业的用线量，记录样品服装的用线量，得出单件成衣的用线量，根据生产计划，计算缝线计划需用量。

（3）定重法

定重法即缝线定重制。用测重仪器测量一轴 3000 米缝线在缝制一件服装前后克重的差量，得出一件服装的用线重量。根据单位轴线的总长与克重的比值，得出每克缝线的长度，然后，计算得出成衣的用线长度量，在安排生产用料采购计划时，追加额外损耗。

2. 其他辅料

锭绳、缎带、花边、织带、人字带、魔术贴等的用量按成衣规格尺寸定，再加适量的损耗量就可以。

拉链，不同尺码的衣服会要求使用不同长度。结合合同书上的不同颜色、不同尺码的订单数量，加上合理的损耗。

纽扣、凤眼、拷纽、撞钉、环形按扣、拉链襻、止滑扣、锭绳锁（单独定的情况下）、标类等，按成衣的数量加上合理的损耗即可。

辅料的损耗一般备 3%～5%。对于易耗的环形按扣可适当增加，而对于品质好的 YKK 拉链等，可适当减少，即不同工厂、不同辅料，各不一样。表 5-2-5 为附录 1 童装订单的大货辅料用量。

表 5-2-5　附录 1 童装订单的大货辅料用量表

产品名称	颜色规格	单耗	备纰	总量	
缝纫线	配乳白色 32054　40S/2 涤纶线	22.1 米	5%（每个宝塔线按 3000 米算）	16 个宝塔线	
	配橙色 P158U　40S/2 涤纶线	23 米	5%（每个宝塔线按 3000 米算）	17 个宝塔线	
环形按扣	配橙色 P158U　15L	3 副	5%	6804 副	
主唛		1 个	3%	3M	371
				6M	742
				9M	742
				12M	371
吊牌		1 个	3%	2225 个	
价格牌		1 个	3%	2225 个	

三、制定采购清单

1. 核算采购数量

在正式发出面辅料订购单之前，采购跟单员必须根据订单资料再三核算生产所需面辅料用量，确保原预算准确无误。

2. 确定采购期限

根据订单交货期确定面辅料的到货期和补货期。辅料一般在面料开裁前 2 天送到。当然不同款式、不同订单数量和服装加工厂实际生产能力，不同面辅料时间有所不同。总的来说是要确保面辅料按时到货，不影响生产时间和交货时间。

3. 填写采购清单

根据订单内容、客户要求和采购部或供应商资料，结合库存情况和面辅料预估用量后，依据成衣交货期详细填写面辅料采购清单。内容包括订单客户、交货日期、价格、联系方式、物料名称、规格和颜色要求等。辅料的采购通常是根据面料颜色和成衣尺码分类订购。需注意以下几点：① 配线要求：线的线密度、颜色、品质。② 配衬要求：衬料的热熔胶性能、黏合条件、底布组织。③ 其他辅料配用的基本要求：伸缩率、耐热度、质感、坚牢度、耐磨性、色泽、色牢度、价格和档次等均应与面料合理匹配。衬料、缝纫线等与面料的匹配是所有生产订单必须完成的一项主要配料工作，要求对色感、手感有一定的敏锐度，这就需要在长期的实践工作中积累配料的经验。表 5-2-6、表 5-2-7 分别为附录 1 童装订单的面料和辅料的采购清单。

表 5-2-6　附录 1 童装订单大货面料采购单

客户：×××　　　　款号：66188　　　　订单数量：2160 件　　　　制表日期：**2019-03-03**

产品名称	颜色	规格	采购数量	交货期	备注
棉毛布（100％棉）	乳白色 32054	190 克／平方米	125.03 千克	2019-05-02	
	橙色 P158U	190 克／平方米	18.69 千克		
	质量要求：颜色同确认样。皂洗色牢度 3 ～ 4 级；汗渍色牢度 3 ～ 4 级；耐水色牢度 3 ～ 4 级；干摩擦色牢度 3 ～ 4 级；湿摩擦色牢度 2 ～ 3 级				

申请人：×××　　　　　　　　　　　　　　审核人及日期：××× 2019-03-03

表 5-2-7　附录 1 童装订单大货辅料采购单

客户：×××　　　　款号：66188　　　　订单数量：2160 件　　　　制表日期：**2019-04-01**

产品名称	颜色	规格	采购数量		交货期
缝纫线	乳白色 32054	40S/2 宝塔线	16		2019-05-03
	橙色 P158U	40S/2 宝塔线	17		
环形按扣	橙色 P158U	外径 15L	6804 副		2019-05-05
主唛			3M	371	2019-05-05
			6M	742	
			9M	742	
			12M	371	
吊牌			2225 个		2019-05-05
价格牌			2225 个		2019-05-05

申请人：×××　　　　　　　　　　　　　　审核人及日期：××× 2019-04-01

四、签订采购合同

面辅料采购清单编制完成后，从系统中下载，经相关部门主管审核无误，正式开展面辅料采购工作。

1. 单价核算

在制定采购合同前，要对面辅料的价格进行再次核算，特别是占成本比重高的面料。

面料价格主要由原纱费用、织造费用、织布损耗、染色及整理费用、染整损耗、质检费用、打包成本、管理费用及利润等构成。成本构成中对价格影响较大的主要因素如下。

① 纱类：原材料不同，本身成本和生产难易不同，纱价不同。

② 支数：纱支的粗细主要对织造产生影响，高支纱的产量远远低于低支纱。另外注意特殊纱类如涤纶等，在织造时很容易断针等。

③ 织法：织法受布种的影响，织法难易程度不一样价格也不一样。

④ 染色加工：染色的成本受染料成本、加工难度、染色的次数影响。

⑤ 特殊加价：如坯布印花，印花技法、得色面积、加工难度、浆料成本等对价格影响较大。还有一些比如特殊色牢度要求的，价格也一般会相应增加。

⑥ 损耗：面料的损耗主要分为织造过程损耗（0.5%～3%）和染整过程损耗（7%～20%），织造过程损耗与纱支的品种有关，长丝损耗少，短纤损耗多；染整过程的损耗与加工工艺，品种有关，拉架布15%，色织布20%。

如针织面料简单计算可按如下公式进行：

面料的成本（元/千克）=［（原料价格＋织造费用）/（1－织造损耗%）＋（染整费用＋特殊加价）］/（1－染整损耗%）×（1＋管理费%＋利润%）

【例】21SJC汗布克重为180～190克/平方米，实际门幅30"/168厘米，净门幅30"/163厘米，机号：24G。

成本计算：

① 原料（Y）：21SJC，比例：100%，纱价：30元/千克。

② 织造费用（K）：普通布，加工费：4元/千克。

③ 织造损耗（KW）：3%，费用=（Y＋K）/（1－3%）－Y－K＝34/97%－34＝1.05元/千克。

④ 染整费用（D）：普通布，加工费：10元/千克。

⑤ 染整损耗（DW）：7%，费用=（Y＋K＋KW＋D）/（1－7%）－Y－K－KW－D＝45.05/93%－45.05＝3.39元/千克。

⑥ 管理费（M）：5%，费用=（Y＋K＋KW＋D＋DW）×5%＝48.44×5%＝2.42元/千克。

⑦ 利润（P）：5%，费用=（Y＋K＋KW＋D＋DW）×5%＝48.44×5%＝2.42元/千克。

⑧ 总成本（TOTAL）＝Y＋K＋KW＋D＋DW＋M＋P＝53.28元/千克。

在进行面料单价核算时，还要根据订单数量、质量的要求等方面，给出不同的价格策略。

2. 签订合同

跟单员根据订单和客户要求，编制面辅料采购合同，交给相关主管审核后，呈给总经理审批，最后与面辅料供应商签订面辅料采购合同。这里需要指出的是：有的企业是先签订采购合同再进行各类样品提交确认；有的企业是在样品确认后，再签订采购合同。合同形式也可简可繁，如下为附录1童装订单的面料采购合同。

采购合同

买方：　　　　　　　　　　　　　　　　　合同编号：
卖方：　　　　　　　　　　　　　　　　　签订地点：

根据《中华人民共和国合同法》和有关政策规定，经双方协商订立本合同，以资双方共同信守。

一、规格、颜色、数量、单价、金额、交货日期。

品名	规格	颜色	数量	单价（元／千克）	金额（元）
棉毛布	180 ～ 190 克／平方米	乳白色 32054	125.03 千克	43.50	￥5,438.805
		橙色 P158U	18.69 千克	43.50	￥813.015
合计					￥6,251.82
合计（大写）		人民币陆仟贰佰伍拾壹圆捌角贰分			

交货期：2019-04-30

二、质量要求技术标准：

1. 按买方提供的原样，作为颜色花型要求。

2. 匹长 100 米左右，30 ～ 50 米的不超过 5% ～ 10%，30 米以下不允许。

3. 数量允许偏差 ±5%。

4. 疵点允许假开剪（每个假开剪 30 厘米，疵点长度超过 30 厘米的按疵点实际长度放码）。假开剪的疵点要求距布头 10 米以上，两个假开剪间距 20 米以上。

5. 缩水率控制在 5% 之内。

三、验收标准，方法及提出异议期限：

1. 质量检验按双方同意的四分制（Kms ≤ 20）进行检验。

2. 布料运抵买方之日起 7 天内由买方检验，如质量有异议，应及时通知卖方，卖方必须在接到通知后 3 天内派员到现场处理，否则视作卖方同意买方的检验结果和处理意见。另外，内在质量必须与卖方提供的测试报告相符，且负责限期为十个月。标准中规定允许下偏差的指标，有下偏差的货物数量必须少于 20%。

四、包装要求及费用负担：匹装入胶袋，包装单应列出布号、缸号、合同号、色名及码数等，一次性送货到买方工厂，费用由卖方承担。

五、结算方式：货到买方工厂后付足总货款的 70%，面料全验合格后（30 天内），付清 30% 余款。卖方提供增值税发票。

六、样品提供办法：卖方提供每个花色 2 米的实样，于发货前免费送给买方，经买方确认后方可交货。

七、违约责任：

a) 交货期延误，付违约金：三天内，每天扣 0.5% 货款；一星期内，每天扣 1.0% 货款。

b) 其他违约的，违约方必须赔偿另一方（包括利润）的损失。

八、解决合同纠纷方式：

通过协商友好解决，如果协商不能达成一致，在买方所在地人民法院起诉。

九、其他约定事项：

1. 实际结算货款以发货数量（合格品）为准。

2. 本合同一式两份，买卖双方各一份，盖章生效。另本合同及附件如需修改，须经双方协商一致，并以书面形式加以确认。

3. 非经买方明示认可，卖方向买方业务员个人或其指定的其他个人或单位支付的所有各种回扣，奖金，手续费等，都将被看作是商业贿赂款项。在此情况下，卖方有义务向买方道歉并向其支付三倍于上述款项的惩罚性违约金，同时，买方可即时终止本合同的继续履行，相关损失由卖方承担。

4. 卖方将保守买方商业秘密，承诺不将其泄露、转让、出卖或擅自许可他人使用。此商业秘密包括卖方生产、打样过程所需而由买方提供的样品、图纸以及所有其他与本合同相关的信息与资料等。

5. 因卖方未按期交货或虽按期交货，但质量不符合要求而退货造成买方延误货期，导致外商索赔，所造成的经济损失由卖方承担。

买方：　　　　　　　　　　　　　　　　　卖方：
地址：　　　　　　　　　　　　　　　　　地址：
电话：　　　　　　　　　　　　　　　　　电话：
联系人：　　　　　　　　　　　　　　　　联系人：
买方签字盖章　　　　　　　　　　　　　　卖方签字盖章

五、生产跟单

面辅料采购合同正式签订以后，跟单工作进入实质性采购与跟进过程。主要着重于面辅料批量生产进度跟进与质量控制阶段，目的是避免供应商交货时间不准时或产品不符合订单要求而延误成衣生产。此时必须做好头缸样批复工作和批量生产进度跟进工作。

1. 确认大货头缸样

大货头缸样是大货面料的第一次生产试样。面料正式投产前，跟单员必须要求供应商（或面料部）提供大货头缸样。

头缸样制造好后，要仔细核查头缸样的颜色、手感、组织纹理、品质等，同时将头缸样送交客户批复。通过客户批复后，才能进入面料批量投产阶段。

2. 跟进大货生产

面辅料进入制造阶段以后，跟单员应尽量抽空到制造厂巡视，了解各工序生产情况，跟进进度与质量，及时解决生产中遇到的问题，并及时向主管、客户反映。

六、抽样测试跟单

测试的目的是为生产和客户提供科学的数据参考。依据测试结果，可以确定裁剪、缝纫、熨烫等工序的生产工艺要求。有了准确的测试结果，才能汇编工艺技术文件和生产通知单，车间才能投入生产。

如果客户要求某些生产面辅料做专业测试，则应尽快提交相关面辅料样给专业测试机构（如 SGS、BV、TUV 等）进行测试。选择好测试的样品，填写如表 5-2-8（附录 3 运动裤订单的申请表）的面料测试申请表。跟单员要跟踪测试结果，一般测试机构会给出如表 5-2-9（附录 3 运动裤订单的面料测试报告）所示的测试报告。

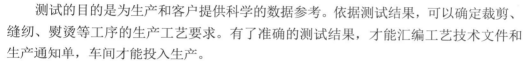

表 5-2-8　附录 3 运动裤订单的面料测试申请表

来样状态（是、否）符合测试要求	Intertek Group Intertek Testing Services Ltd Shanghai Ningbo Branch ××/F No. ×× Building, No. ×× Lingyun Road, Ningbo, 315100, China
TEXTILE TEST REQUISITION FORM （纺织品测试申请表） Form No.（编号）：	上海 ×× 质量技术服务有限公司 宁波分公司 浙江省宁波市凌云路 ×× 号 ×× 号楼 ×× 楼 邮政编码：315100 Tel No.：+86 574 8818×××× Fax No.：+86 574 8818×××× E-mail：intertek.ningbo@intertek.com Web Site：http://www.intertek-××××.com.cn

Applicant Name（申请公司名称）：×× MERCHANDISING LTD If the company title stated on the report is different from the applicant, please clarify. （如果显示在报告上的公司名称不同于申请公司，请另附页注明。） Address（地址）：		Office Use Only
Flat/Room ××, Cambridge House, ××-×× Cameron Road, Tsimshatsui, Hong Kong Contact Person（联系人）：Derek E-mail（电邮）：b-derek02@××-××.com Telephone（电话）：852-2770×××× Fax（传真）：852-2770××××		Job No.

（续表）

If the payer is different from the applicant, please clarify.（如果付款公司与申请公司不同，请注明。）

Payer Name（付款公司名称）：×××××× 服饰有限公司　　　　　Contact Person（联系人）：×××/×××

Address（地址）：×× Floor, NO.×××× Road, Pudong New District, Shanghai, China

Department（部门）：业务一部

E-mail（电邮）：yuchang08@××.com　　　yuchang33@××.com

Telephone（电话）：021-2781××××　　　Fax（传真）：021-2885××××

Report Delivered To: ☐ Applicant ☒ Payer（报告原件寄至）（上述申请公司）（上述付款公司）	Invoice Delivered To: ☐ Applicant ☒ Payer（发票寄至）（上述申请公司）（上述付款公司）

Sample Description（测试样品）

＝＝＝＝＝＝＝＝＝＝＝＝＝

★Care Instruction（标签）：

⊔　△　⊡　⊐　◯

★End Uses（最终用途）：Adult's Garment

★Fibre Composition（样品成分）：65% cotton, 35% polyester

Color Description（颜色）：GREY MARL

Order No.（订单号）：546837/546842

Style No.（款号）：MKS3845

No. of Sample（样品数）：ONE

Buyer's Name（买主）：×× SPORTS PLC.

Manufacture's Name（生产商名称）：SHANGHAI ×××× FASHION CO., LTD

Retest or not（是否为重测报告）：

☐ Yes（是）　　☒ No（否）

The Previous Report No.（原报告号）：

★ Care instruction should be indicated if apply for dimensional stability, colour fastness to washing or appearance retention test.

（如申请尺寸稳定性，皂洗色牢度或外观持久性测试，请务必注明标签指示。）

★ Above mentioned information can't be amended after the issue of test report.

（以上所填资料于测试报告签发后不得加以更改。）

Test Required（测试项目）

＝＝＝＝＝＝＝＝＝＝＝＝＝＝

Dimensional Stability（尺寸稳定性，缩水率）		Physical	（物理性能）	Appearance Retention	（外观持久性）
☒ Washing	（皂洗）	☐ Tensile Strength	（拉伸强度）	☒ After Laundering	（水洗之后）
☐ Drycleaning	（干洗）	☐ Tear Strength	（撕破强度）	☐ After Drycleaning	（干洗之后）
☐ Colour Fastness	（色牢度）	☐ Seam Slippage	（接缝滑裂）	☐ Flammability	（燃烧性能）
☒ Washing	（皂洗牢度）	☐ Seam Strength	（接缝强度）	☐ Fibre Content	（纤维含量）
☐ Drycleaning	（干洗牢度）	☐ Bursting Strength	（顶破强度）	☐ Zipper Strength	（拉链强力）
☒ Rubbing/crocking	（摩擦牢度）	☒ Pilling Resistance	（抗起毛起球性）	☐ pH value	（pH 值）
☒ Light/ ___ hours/ 4 grade	（光照牢度）	☐ Abrasion Resistance	（耐磨性）	☐ Formaldehyde Content	（甲醛含量）
☐ Perspiration	（汗渍牢度）	☐ Water Repellency	（拒水性）	☐ Other Testing	（其他测试项目）
☒ Water	（水渍牢度）	☐ Water Resistance	（抗水性）	☐ Actual Launderings	（实际洗涤）
☐ Thread Per Inch/Stitch Density	（织物密度）	☐ Chlorine Bleach	（氯漂白）	☐ Yarn Count	（纱支）
☐ Non-Chlorine Bleach	（非氯漂白）	☐ Fabric Weight	（织物克重）		

Goods To Be Exported To（货物将出口至）：UK　　　　**Comment**（评语）：　Yes（是）　　　　No（否）

★ Unless specified, all tests will be conducted in accordance with the test methods/standards appropriate to the final exported destination of the goods.

（除非特别规定，所有测试项目将根据出口货物之最终目的地的测试方法及标准来进行。）

（续表）

Service Required: ☒Regular (4 working days)　□Express (3 working days)　□*Shuttle (1 working day)　□*Same day （服务种类）：　　　（常规：4个工作日）　　（加急：3个工作日）　　　（特快：1个工作日）　　（当天） * Available for certain test only.（*加快服务只适用于某些测试项目）	
Return Remained Sample:　□Yes　☒No （是否归还剩余样品）　（是）　（否） **Return Tested Sample**:　□Yes　☒No （是否归还测试样品）　（是）　（否）	If necessary, some of the above tests will be subcontracted to Intertek other Testing Services. （如有必要，上述部分项目分送××其他公司测试。） □Agree（同意）　　　　　☒Disagree（不同意）

We request for the above test and agree that all testing will be carried out subject to INTERTEK TESTING SERVICES LTD SHANGHAI's scale of charges as set forth in their price list of which we have seen a copy.
（我们要求进行以上测试，并将依照上海××质量技术服务有限公司所制定的统一价目表来付费。）

Date
（日期）　2018-09-16

Authorized Signature and Company Chop
（申请人签名及公司盖章）

表 5-2-9　**TEST REPORT** 测试报告

Number（编号）：NGBT02508057
Date：2018-09-20

Applicant（申请者）：　　　××MERCHANDISING LIMITED
Flat/Room ××, Cambridge House, ××-×× Cameron Road, Tsimshatsui, Hong Kong
Attn：Derek

Sample Description As Declared（样品情况）：
No. Of Sample（样品数）：　ONE
Fibre Content（纤维成分）：　65% Cotton（棉），35% Polyester（涤）
Material（面料）：　　　　Fleece Knitted Pants, Elastic Waist With A Drawstring（卫衣布长裤，腰部有橡筋和拉绳）

Finishing（整理）：　　　　—
End Uses（最终用途）：　　Adult's Garment（成人服装）
Colour（颜色）：　　　　　Grey Marl（麻灰）
Style No.（款号）：　　　　MKS3845
Order No./PO No.（订单号/合同号）：546837/546842
Buyer's Name（买家）：　　JD SPORTS PLC
Manufacturer's Name（生产商）：SHANGHAI ×××× FASHION

Applicant's Provided Care Instruction/Label（申请者提供的洗涤保养说明图示）：

Date Received/Date Test Started（收到日期/开测日期）：2018-09-17

Prepared And Checked By（审核人）：
For Intertek Testing Services Ltd, Ningbo

Assistant General Manager（总经理助理）

（续表）

Number：NGBT02508057

Conclusion（结论）

	（A）	（B）
Appearance After Wash（洗后外观）	M	—

Note（备注）： C = Conform Label（符合吊牌要求）
　　M = Meet Applicant's Requirement（符合申请者要求）
　　F = Fail To Meet Applicant's Requirement（不符合申请者要求）
　　# = No Comment（无意见）

M★ = Commercially Acceptable（符合商业要求）
F★ = Fail（不符合）
N/A = Not Applicable（不适用）

Prepared And Checked By（制备与审核）
For Intertek Testing Services Ltd, Ningbo

Assistant General Manager（总经理助理）

Number: NGBT02508057

Tests conducted（as Requested by the Applicant）测试情况（根据申请者要求）

Appearance After Wash　洗 后 外 观（Washing Procedure 洗 涤 步 骤：ISO 6330—2000/Amd.1:2008, Wascator Washing Machine—Front—Loading Horizontal Rotating Drum Type, Test Programme 7A, 40℃ With 2kg Load, In 0.077% ECE Reference Detergent 0.003% Bleaching Activator（TAED）And 0.02% Sodium Perborate Solution, Followed By Screen Dry）：

(A)

	Applicant's Requirement
After One Wash（洗一次后）	
Colour Change of All Colours（所有颜色的变化等级）	4 ~ 5
Colour Staining onto The Pale Portion（沾污到浅色部分的等级）	4 ~ 5
Skewness（偏斜）	Nil（无）

Observation（结论）：
—No Obvious Change Was Found on The Print/Drawstring/Eyelet/Applique.（印花、拉绳、气眼、贴花洗后无明显变化。）
The General Appearance of The Washed Sample Was Acceptable.
（样品洗后总体外观可以接受。）

End of Report

　　详细分析测试报告并将最后的测试结果寄给客户审批。对于一些测试实在有问题的辅料，与客户一起商讨是继续采用这种辅料还是换用其他辅料。

七、检验与查收

大货面辅料运抵后，跟单员要协调各相关部门查验到货数量和品质，督促供应商补货或换货等，一般按如图 5-2-2 所示流程进行。

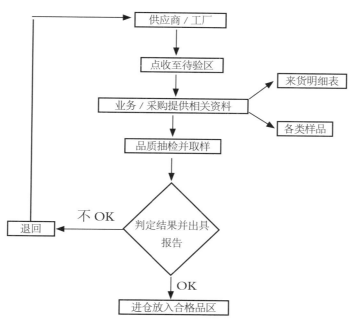

图5-2-2　大货面辅料查收流程

（一）面料检验

进行面料检查验收时一般应准备如下资料及设备：标准色卡、确认的大货头缸样、灰度尺、灯箱、缸差卡、面料测试报告、空白的检验报表、验布机等。

1. 四分制检验方法

"四分制""十分制"都是服装面料疵点检验评分标准，但目前在大多数服装企业当中，普遍使用的是"四分制"。四分制法是将目测到的面料疵点进行量度，并按表 5-2-10 所示的规定进行评分。

表 5-2-10　四分制评分标准

疵点尺寸	评分标准
小于 7.5 厘米	1
大于等于 7.5 厘米，小于 15 厘米	2
大于等于 15 厘米，小于 23 厘米	3
大于等于 23 厘米	4

该表的评分标准较为简单，但是在实际应用时，不能机械地套用，而是要符合实际情况，从面料的可裁剪性、可加工性以及损耗率的角度综合考虑。在应用四分制进行疵点评分时，需注意以下要点。

① 疵点扣分以看得见为原则，轻微的、不易觉察的疵点不予评分。

② 1 米内的疵点评分不超过 4 分。

③ 当两个疵点交叉时，按较为严重的疵点评分。

④ 任何形式的破洞、破损、污渍或者严重影响外观的疵点一律评 4 分。

⑤ 局部波浪状的起皱、紧边、窄幅评 4 分。

⑥ 重复性疵点（在一个布匹内重复性出现）一律评 4 分。

⑦ 边疵，一般不会影响服装加工，所以从宽评分。对破边或豁边，经向每长 7.5 厘米以内评 1 分；对针眼边深入到 1.5 厘米以上，每米评 1 分；卷边每米评 1 分。

在实践检验中，把 4 分疵点、通幅性疵点、长度超过 1 米的疵点和重复性疵点都视作严重疵点，对严重疵点还有以下限制。

① 当一个布卷内的重复性疵点超过 10 米，该布卷不合格，不论疵点评分是多少。

② 平均每 10 米内含有一个以上的严重疵点时，该布卷不合格，不论疵点评分是多少。

③ 在布卷的头 3 米和末 3 米含有一个严重疵点时，该布卷不合格，不论疵点评分是多少。

其他被认为不合格的情况还有如下所列。

① 当小疵点较为分散并且其超过一定数量时，需慎重对待。因为分散性的小疵点会影响服装的可加工性和最终成衣的品质，此时该布卷可能被评为不合格。

② 面料的严重紧边或者松边，或者布面的波浪形皱纹，由于其可能会影响裁剪，不管评多少分，该布卷不合格。

③ 当可用门幅（布的织边以内部分或针孔之间的宽度）少于采购合约上指明的最小可用门幅时，可以视为质量问题而不接受布匹。一般最小门幅是在织边以内部分量的。

④ 如果面料两边或两边到中间有一个明显的色差度数，可以视为质量问题而不接受布匹。

⑤ 当在台板上展开或布匹从一头到另一头两端有明显的色差度数，可以视为质量问题而不接受布匹。

为了能直观地说明并比较面料的品质状况，可用 100 平方米的疵点评分予以表示，统称为 K 值。首先将被检布匹的疵点记录，然后按下列公式计算一匹（卷）布的 K 值：

① 以 Km 表示 100 平方米的疵点评分：

$$Km = \frac{P}{WL} \times 100$$

式中，P——一匹（卷）布的疵点评分累计；

W——织物的幅宽（m）；

L——被检布匹的长度（m）。

② 以 Ke 表示 100 平方码的疵点评分：

$$Ke = \frac{P \times 36}{WL} \times 100$$

式中，P——一匹（卷）布的疵点评分累计；

W——织物的幅宽（英寸）；

L——被检布匹的长度（码）。

Km 与 Ke 的关系为：Km ≈ 1.2Ke。

K 值直观地反映了该匹布的疵点情况，例如计算的结果 Km ＝ 24，这就表示每平方米有 0.24 分的疵点，这是可以接受的。

在一般情况下，常规面料单个布卷（单匹）的 Km 值可小于 24～30（Ke 为 20～25），具体值可根据不同的品种选择，也可根据客户不同的要求来定。

通过 K 值，可以对面料的品质进行分级，并以此指导生产。

① 当 Km ≤ 12（Ke ≤ 10），说明面料的品质情况很好，在服装加工中可以放心使用。

② 当 Km 值在 12～24（Ke 为 10～20）范围内，说明面料品质情况较好，在裁剪铺料时稍注意一下疵点，由质量主管决定是否需要 100% 检验裁片。

③ 当 Km 值在 24～30（Ke 为 20～25）范围内，说明面料也可接受，在裁剪面料时，要注意发现疵点，对疵点做必要的记号或剔除，并需要 100% 检验裁片。

④ 当 Km 值在 30～36（Ke 为 25～30）范围内，根据品种及客户要求，面料品质勉强可接收，但在服装加工时要特别注意疵点对成衣品质的影响。除了裁剪面料时剔除疵点以及 100% 检验裁片外，需准备较多的换片及配片。

⑤ 当 Km ＞ 36（Ke ＞ 30）时，该面料不予接受。

对于某些特殊的面料，例如麻织品，则其棉结、竹节或粗节疵点的评分可由供需双方事先约定。

2. 检验步骤

① 抽样。抽取检验的数量，不同的工厂、不同的供应商以及不同的面料不一样。一般面料总量少于 91.4 米（100 码）的全数检验，面料总量大于 91.4 米（100 码）的可按 10% 抽检，但抽的总量不低于 91.4 米（100 码）。

② 选择检验包号。随机抽取，要具有代表性。同时，在检验表（如表5-2-11 所示）上记录检验布卷的详细资料（布匹长度、布匹数、缸号等）。

③ 在每卷布的两头（开始和末尾）剪下 6 英寸长全门幅面料样（即匹条），用于颜色参考和检验两边、两边到中间、两头和卷与卷之间色差。

④ 检查面料克重。

⑤ 在检验一卷布时，至少检查门幅 3 次（头、中间、末尾）。可裁门幅是指量的尺寸除去面料织边或面料张布架钉痕以外部分，或表面未印花、涂层，或处理的部分。

⑥ 记录面料长度（机械计数器）。

⑦ 检验中，有瑕疵的地方用塑料钩在织边处标记出来，或用瑕疵粘纸标明。至于是否应该标记瑕疵和怎样标记，则须经过面料供应商和成衣供应商协商决定。如有些指示面料不应该用塑料钩标记，因为这样会在出运和操作中对面料造成更多损害。

⑧ 在检验表上记录瑕疵点数和织造瑕疵或整理瑕疵的类型。

⑨ 每单独一卷计算每 91.4 米（100 码）的处罚总点数。

⑩ 计算每 91.4 米（100 码）的处罚平均点数。

⑪ 填写检验报告，决定接受／拒绝这批货物或是否有必要滞留。

⑫ 与供应商检查结果和任何有瑕疵的样品。

⑬ 如果供应商同意结果，须在检验报告上签名以表示确定。

⑭ 如果货物被拒绝或停留，必须把瑕疵样品上交到办公室与相关方一同协商。

表 5-2-11　验布记分表

面料厂家：_____ 面料名称：_____ 面料规格：_____ 送货数量：_____ 落色个数：_____
成衣厂家：_____ 成衣款号：_____ 送货批次：_____ 检验数量：_____ 检验日期：_____

卷号 / 数量 / 门幅	2#/148/145				6#/150/146							
	1	2	3	4	1	2	3	4	1	2	3	4
棉结 / 粗节纱												
粗经 / 粗纬												
异织 / 杂纱												
稀密路 / 横档												
条花 / 条影												
破洞 / 破边												
水渍 / 油渍 / 拖污												
断经 / 断纬 / 百脚												
色档 / 色痕（染色不匀）												
印 / 死痕												
修痕 / 擦伤												
错花 / 蛛网												
错格 / 大小格												
对花不准												
拖纱												
漏割 / 漏印												
开坑不匀												
大货克重 / 缩率												
纬斜 / 扭斜												
边中色差 / 头尾色差												
实际米数 / 门幅												
总扣分												
每平方米扣分												

面料 QC 签字：　　　　　　　　　　　　　　面料主管签字：

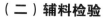

（二）辅料检验

和面料一样，辅料也是构成服装的重要组成部分，既具备功能性，也具备装饰美化性。辅料的质量直接影响到产品的质量。因此在正式生产之前，对其实施进厂质量检验是非常有必要的。辅料的种类很多，且各自行使的功能与特点不同，因此，应该根据具体的辅料类型与特点，来决定是采取 100% 全检或者 5%～10% 的抽检，这样既能够确保辅料的质量，又有效地控制了检验的成本。

为了尽快发现任何质量瑕疵并能及时反馈给辅料供应厂商，为成衣大货留更多的时间，所有辅料检验、测试必须及时进行，一般在到货的 7 个工作日内必须完成。同时相关报告记录（表 5-2-12）也必须同时完成。所有含有任何金属成分的辅料必须在进仓前 100% 通过金属检验，并作完整记录。如有必须，成衣工厂有权要求辅料供应厂商提供其测试报告。所有辅料相关检验、测试的记录必须完整，并由主管签名确认。

表 5-2-12　Trim Inspection Report（辅料检查表）

Trims Description（辅料名称）：_____ 1. zip（拉链）2. button（纽扣）3. snap（拷纽）4. elastic（橡筋）5. tiecord（拉绳）6. tape（织带／膊头带）7. label（唛头）8. hangtag（挂牌）9. polybag（胶袋）10. OC label（外箱贴纸）11. sticker（尺码贴纸）12. thread（线）13. heat transfer（热转印）14. stop（止扣）15. stitches（缝线）

Inspection Rate（抽验比例）：10%/100%　　　　　Pass MD Result（验针结果）：P/T
Receiving Date（到料日期）：_____　　　　　Inspection Date（抽查日期）：_____

Description（辅料名称）	Contract NO.（合同号）	Ref. No.（型号）	Specification（规格）	Color（颜色）	Order Qty（订单数量）	Received Qty（实到数量）	Inspection Qty（抽验数量）	Defect Qty（疵点数量）	Defect Rate（疵点率）	Main Defects（主要问题）
贴实样处										1.wrong color（错颜色）：_____ 2.wrong specification（错规格）：_____ 3.wrong layout/content（错图案／文字内容）：_____ 4.dirty stain（污渍）：_____ 5.foreign yarn（色纱）：_ 6.paint peel off（掉漆）：_____ 7.skip yarn（跳纱）：____ 8.hole（烂洞）：_____ 9.drop yarn（勾纱）：____ 10.color shading（色差）：_____ 11.abrasion mark（表面刮痕）：_____ 12.narrow/wide（宽／高度不对）：_____ 13.non-glazed（表面不光滑）：_____ 14.wrong size（长度不对）：_____ 15.missing words or symbol（漏字或符号）：____ 16.non-round in the edge（边形不圆顺）：_____ 17.slant（边开不顺直）：____ 18.words not clear（文字不清晰）：_____ 19.ends peel off（掉拉绳头／拉头外露）：_____ 20.others（其他）：_____

（续表）

Remark (Action) 备注（处理方案）	A. Return back to supplier（退供应商处理）：＿＿＿＿＿
	B. Due to the tight delivery date, suggest 100% checking to choose the defects（因货期急，需 100% 检查，挑出不良品）：＿＿＿＿＿
	C. Marginal accept, ask the supplier to replace the good trims（勉强收货，请供应商补回 OK 品）＿＿＿＿＿
	D. Acceptable（可接受）：＿＿＿＿＿＿
Prepared by（准备）：＿＿＿＿＿＿	Approved by（审核）：＿＿＿＿＿＿

1. 进厂后的检查内容

辅料进厂后立即检查规格型号和外观质量，并与资料或确认的样品核对。

① 辅料的品名、规格、型号正确无误。

② 辅料的颜色正确无误。

③ 辅料的外观质量正确无误。

2. 性能测试

① 里料：与面料测试项目类似，如色牢度、缩水率等。

② 黏合衬：测试黏合牢度和尺寸稳定性等。

③ 填充料：测试重量、厚度等，羽绒还需要测试含绒量、蓬松度、阻燃性等。

④ 纽扣类：普通纽扣需要测试色牢度、耐热性等，金属纽扣需要测试抗菌蚀性、镍含量等。

⑤ 拉链：需要测试手拉强度、折拉强度等。

⑥ 线带类：带类辅料需要测试染色牢度、缩水率等，缝纫线需要测试强度等。

3. 数量检查

清点辅料的数量，并与生产所需要的数量核对。如果辅料的种类涉及颜色和尺码，则需要按照颜色、尺码分类清点，以满足生产需求。

4. 产前试验

进行必要的辅料产前试验，如黏合衬的产前黏合试验、扣件的拉力试验等。

八、面辅料卡制作

为确保用在成衣上的每个辅料的正确性，要求每个订单必须制作面辅料卡并在主管签名确认后方发放给相关部门参考。面辅料卡可以根据不同部门的需要复制。

面辅料卡的作用主要有：用以指导面辅料厂生产各种面辅料；用以对比和确认面辅料质量；用以核查面辅料的种类是否到齐；在生产时用以指导面辅料的定位。

面辅料卡的内容包括所有用于该订单服装上的面辅料名称、正确的实样、单耗及位置等。例如附录 2 吊带衫订单的面辅料卡可以制作成如表 5-2-13 所示。实际在工厂里，一般都有专门用作面辅料卡的卡纸，每个订单的面辅料贴在一张卡纸上，如图 5-2-3 所示。

表 5-2-13 附录 2 吊带衫订单的面辅料卡

品名： 　　款号： 　　订单数量： 　　客户：

名称	品质规格	位置	颜色组 1	颜色组 2	颜色组 3
涤双绉	印花	大身			
调节扣	0.6 厘米金属调节扣	吊带			
纽扣	18L	前中			
缝纫线	602				
主唛		后领绲条中			
尺码 / 产地唛		主唛下			
洗水唛		穿起左侧下摆向上 3″			
备扣袋					
挂牌		穿起计左侧夹缝下 2″			
价格牌		穿过尺码 / 产地唛			
橡筋		后片			

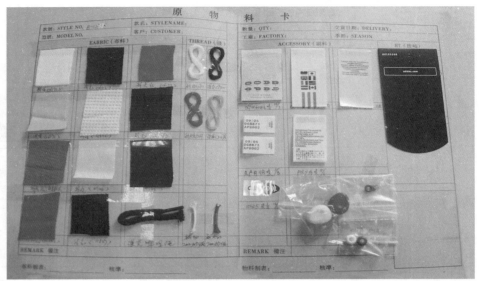

图5-2-3　面辅料卡样图

作业与练习

1. 如果附录 2 吊带衫订单的生产数量如下表所示，请计算其大货面辅料采购清单。

（单位：件）

	S	M	L	小计
BULE/NAVY	250	300	280	830
CREAM/PINK	300	350	320	970
PINK/PURPLE	320	400	340	1060
	870	1050	940	2860

2. 请计算附录 3 运动裤订单的缝纫线采购数量。假设订单总数量为 2500 件。要求每个接头＋5 厘米。备疵 5%。缝纫线用料在表 5-2-4 所示汗布基础上＋8%。

3. 以下是某客户对订单辅料的确认意见，请整理。

Hi Jimmy,

Submits sent 19th July, we rec'd on 22nd July - pls see comments:

SLE BLAZER

MAIN LABEL – ART TRIM:

- **Dimensions**: **Rejected.** Should be 6" Length & 4 ¼" Width. Make sure art is increased proportionally when you increase the length and width.

- **Art Placement**: **Rejected.** Top & Bottom borders should be ¼" from gold stitch – see attachment for clarification.

- **Colors**:

o Black – **Approved**

o Charcoal – **Rejected.** Too light, add more red.

- Yellow – **Rejected.** Need to be metallic gold thread.

100% POLY LINING:
- **Quality:** Approved
- **Layout:** Approved
- **Colors:**
  - Black. **Rejected.** Black needs to be darker and more saturated.
  - Charcoal. **Rejected.** Too light. Need to match standard.
  - Green. **Rejected.** Need to match standard.

AXEL JACKET

TLW262 LABEL \ ART:
- **Quality Damask:** Approved
- **Dimensions:** Approved
- **Layout:** Approved
- **Art: Rejected.**
  - **"Fox Supersonic"** front is too stretched out vertically. Refer to art page and resubmit.
  - **"Fox Head"** is too small. Refer to artwork and resubmit.
- **Colors:**
  - **Black – Approved**
  - **Metallic Silver – Approved**

100% POLY LINING:
- **Quality: Rejected.** Need to be the same quality as SLE Blazer lining.
- **Layout:** Approved
- **Colors:**
  - **Graphite – Rejected.** Too dark & too blue.
  - **Grey – Rejected.** Too light & too blue.
  - **Black - Rejected.** Too blue.

Please note, resubmits are due prior to: 7th August. Pls confirm.

Thank you.

第六章　大货生产跟单

在订单大货生产过程中跟单工作的职责主要有：全面了解并准备客户的订单资料——数量、质量、交货期、样品，确认意见，更正资料；复杂客户订单实施过程的联系、沟通、协调、准备以及资料总汇等；根据生产计划，对加工过程进行有效协调和控制，为主管提供及时的信息；收集、分析、统计订单实施过程的信息，及时处理异常情况；熟悉掌握加工技术知识，预先做好应急方案，细化前期的准备工作；现场巡视发现质量问题；生产过程品质监控；生产过程中不合格品管理；末期检验等。

第一节　前期跟单

在确认样经过客户确认以及大货面辅料备好后，大部分客户会要求供应商或生产企业用准确的面辅料制作产前样。在产前样确认后，再召开产前会，检查各个细节。前期跟单主要内容如图6-1-1所示。

有效的前期跟单是服装品质、准时交货的重要保证，也是服装跟单的重要内容。可以预防生产中可能出现的问题，从而采取有效措施，也可以及早发现已经存在的错误，从而杜绝重大的质量事故；更可以让贸易部门、管理部门和生产部门统一标准、统一意见，生产出客户满意的成品。

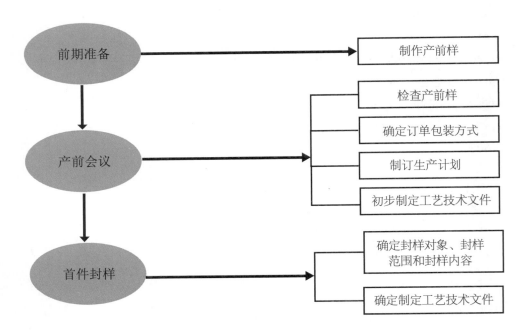

图6-1-1　前期跟单主要内容

一、产前样制作确认

产前样代表即将生产的大货的面料、辅料、板型尺寸和相关技术参数，产前样确认合格后即可开始大货生产。相反，如果没有得到客户的确认意见，工厂不可以裁剪和生产大货。认为有了客户认可的确认样，就没必要制作产前样，这样的观点是错误的。实际上确认样仅仅是款式和结构、工艺的参考，产前样才是生产的依据。

产前样是用正确的大货面辅料制作的，原则上要求齐色齐码，但如果尺码过多或者颜色太多，也可以合理搭配，如表 6-1-1 所示，保证每个颜色和每个尺码的样衣有就可以。

表 6-1-1　某公司某订单产前样制作情况

Color	Navy	Charcoal	D.Green	Pink	L.Brown	Coffee	Khaki	Wine
S	×				×			
M		×				×		
L			×				×	
XL				×				×

注：× 表示制作产前样。

产前样制作完成后，内部评审合格提交客户确认。在收到客户肯定的确认意见后方能进行大货生产。对客户的意见必须予以重视，在大货生产中予以改进。如果由于某些原因而无法改进，在不影响服用性能和外观的前提下，应该在大货生产前请客户确认。

二、产前会议

产前会议的目的是将该订单的相关部门人员集合起来，针对其中的问题统一看法与意见，明确分工与职责，便于生产及生产过程中的安排与控制。产前会议由业务部门、生产部门和品质管理等部门参加。产前会议的内容主要包括如下几个方面。

（1）安排生产计划，明确生产进度

明确裁剪、缝纫、整烫开始和结束的日期以及最后包装的日期，可采用生产流程表的形式具体规定各个工序的完成日期。明确面辅料的数量是否满足订单数量。如果不够，检查是否已采取补救措施，所需的时间是否会影响生产和交货期。

（2）明确检验标准和要求

对可能出现的疵点采取必要的预防措施。

（3）明确包装细节和要求

① 明确包装形式是平装、折叠包装还是挂装。如果是折叠包装，还需具体确定折叠方法。

② 确定挂牌（吊牌和价格牌）的挂法。

③ 确定包装材料及规格。

（4）产前检查

① 面料和里料的检查。检查中如果发现面料或里料有任何不符处，未经客户确认或未经主管同意，大货不得开裁。

② 辅料的检查。首先明确该款应该有哪些辅料，在召开产前会或者检查以前，有关部门应该制作好辅料卡，然后对所有的辅料一一核查。

③ 缝合方法的检查。缝合方法包括线迹、缝型和线迹密度，这是产前检查非常重要的内容。

④ 尺寸规格的检查。尺寸规格以尺寸表的形式表示。在检查产前样时，需检查成衣各个部位的规格尺寸是否符合要求，需测量所有颜色、所有尺码的产前样。任何尺寸上的不符，都需要查明原因，纸样、面料缩率、客户规格表的推档错误等，都可能造成尺寸不符。一些小部位的尺寸或相对位置尺寸有时不在尺寸规格表中列出，而是以图示的方式直观地画出，如口袋、袖克夫（袖头）、袖衩的结构尺寸，这些也需要在产前检查时一一核对。

⑤ 客户的样品确认意见复核。确认意见是客户对提交的确认样、产前样等样衣的反馈意见。有时某款样品会经过几次确认，而每一次都会得到不同程度的改进。所以必须确定最后的产前确认样是已经完善的，因为它是大货生产的质量要求及质量标准。

在产前检查时，还要把产前样和确认样对照进行，以便检查客户的修改意见是否得到有效落实。

⑥ 其他检查。a. 如果是条格面料，则检查对条对格；b. 检查产前样所有部位的做工；c. 分析较难生产的部位以及可能会产生的疵点，采取相应的预防措施。

在检查中，对发现的任何问题都应该予以记录，对较严重的问题则应该重新制作产前样，这样才能保证成衣的最终质量。

在产前会议结束后，做好会议记录，如表 6-1-2 所示。

表 6-1-2 某公司某订单产前会议记录

客人：	工厂：
款号：TS0624	款式：短袖
P.o：10363901	数量 / 颜色：灰色 958＋黑色 430 件
样衣确认（是 / 否）：OK	封样意见：做工请改善好
质量控制经理（工厂）：	质量控制经理（本公司）：
生产控制经理：	预计船样寄出日期：2018-05-28
业务员（工厂）：	业务员（本公司）：

开工需注意问题（车工、绣花、水洗）：裁床请控制避边差、色差、缸差和布疵。
一、前中褶裥居中，宽窄一致，顺直领围尺寸控制好。　　　　　　　　　（1. 大货针距不能偏稀）
二、袖顶、后领碎裥要控制均匀，左右尺寸要控制对称。　　　　　　　　（2. 领口缝针不能毛出）
三、袖口按尺寸控制，袖宽 1 厘米应控制好，袖底缝要对称。
四、下摆碎裥均匀，应用透明中筋控制尺寸，拉度要牢固。
五、进入后道，线头、油污清理干净，车缝中控制好大货要求尺寸，成衣不能有色差。

开裁时间：2018-05-25	开始缝制时间：2018-05-27
投入机器数量（台）：20	预计每天产量（件）：200
缝制（包括绣花）结束时间：2018-06-03	预计查尾期日期：2018-06-05

包装建议 / 包装方法：平包装，每件请放一张拷贝纸。整烫包装一定要美观，纸箱毛重不能超过 14.5 千克。印度单数一定要走齐，不能少或多。

签字　工厂：＿＿＿＿＿＿＿＿＿＿　　本公司：＿＿＿＿＿＿＿＿＿　　日期：＿＿＿＿＿＿＿

三、编制生产技术文件

生产技术文件主要是指下达给生产车间用作指导生产的文件，一般包括生产通知单、工艺单。

生产通知单一般是由外贸公司或业务部下达给加工厂或车间的用于指导生产的

文件，相对来说较简单，其主要内容是各尺码各颜色的数量（即所要生产的订单的数量搭配）以及一些重要的工艺要求等。而工艺单是加工厂的技术科在综合前面样衣生产情况及客户的要求等各方面对订单的具体的工艺要求的汇总、总结和编制。工艺单是在生产过程中具有指导和指令性的生产技术文件，是用以规范产品制造过程中的面辅料的要求（颜色、位置）、产品规格要求、包装方法、包装要求，并明确交货日期等。有的企业包装要求也单独成文，与工艺单分开。

生产技术文件必须正确无误。因为成衣生产涉及的人员多、材料种类多，而生产技术文件是把这些元素组织起来，使生产有一个可执行的标准。如附录 3 运动裤订单的生产通知单和包装要求、工艺单见表 6-1-3 至表 6-1-5 所示。

表 6-1-3　附录 3 运动裤订单的生产通知单

××××China ×× Industry Co., Ltd　　　　　　　制单

WORK SHEET

客户：JD sports（Customer）　　合同号：××××（C/No.）　　款号：MKS3845（S/No.）　　工厂：××××（Supplier）

款式图（Style diagram）：
Men's Pants 棉制男装长裤

示意图可能与实际款式有出入，请按照产前样评语及制单要求做大货

颜色（Color）	订单号	S	M	L	XL	XXL	总数量（Pack）Total	交货期
浅花灰（GREY MARL）	546837	1460	1916	837	609	178	5000 件	2019-09-20
浅花灰（GREY MARL）	546842	1461	1913	837	608	181	5000 件	2019-09-20
总数量 Total（件）		2921 件	3829 件	1674 件	1217 件	359 件	10000 件	

大货测试内容如下：
1）皂洗色牢度 4 级（50℃水温）。
2）干擦 4 级；湿擦色牢度 3 ~ 4 级。
3）水渍色牢度 4 级；光照色牢度 4 级。
4）抗起球牢度，洗水后达到 3 ~ 4 级。
5）辅料镍含量在 0.5ug/cm²/week 以下，不能含铁。
6）印花牢度 3 ~ 4 级。
7）成衣水洗尺寸稳定性小于 5%，梭织小于 3%。
8）所有布料及辅料均要符合欧洲环保标准，不能含有偶氮、甲醛

面料纱线说明
（Fabric / Yarn Description）：
面布：65% 棉，35% 涤反面底抓毛卫衣布 280 GSM
配布：全棉 160 克汗布
罗纹：1×1 全棉罗纹
（以买方确认品质样板为准）

工艺要求（Workmanship）：

1）工艺请参考产前样及我司 QA 的产前样评语做货。
适当数量单色单码入箱，除尾箱外相同尺码的入箱数量需相同，箱重不超过 18 千克；每个 PO 只接受一个杂码尾箱，不同 PO 不同颜色的衣服绝对不可以放入同一个纸箱，尾箱的编号要放在这个 PO 的最后，不可以夹杂在箱号中间。
2）确保半成品及成品 100% 过验针机，并提交有效的验针报告。如果有任何金属辅料，必须做消磁处理

表6-1-4 附录3 运动裤订单的工艺单

×××× 服饰成衣工艺单

款号: MKS3845		尺寸(单位:厘米)					示意图	生产工艺:大货生产前请务必先封样
	部位	S	M	L	XL	XXL		
1	腰宽(松量)	34.5	37	39.5	42	44.5		1. 右侧口袋布上按点位板做贴袋袋,袋口四线四口缝倒向穿起左侧,袋子一周用平车双针止口。线口上端一黑色撞钉,前袋右角用洛条0.8厘米宽,0.6厘米针距,汗布双针纸条,双面光。前袋布四线拷边
2	腰宽(拉量)	44.5	47	49.5	52	54.5		
3	前裆长(含腰带)	29	30	31	32	33		2. 四线合前裆:前片做假门襟倒向左侧,门襟宽3.5厘米,高15厘米,压线为三针五线拷边。前裆用三针五线
4	后裆长(含腰带)	39	40	41	42	43		
5	腰带宽	6	6	6	6	6		3. 前片按点位板做管道,省管道倒向上端,下端省道倒向下端
6	臀宽(腰带底部向下18厘米测量,与腰线平齐)	53.5	56	58.5	61	63.5		
7	大腿围	33.5	35	36.5	38	39.5		4. 四线和后插片,后插片三针五线绷缝,缝子倒向侧缝
8	中腿围(裆缝向下18厘米测量)	28	29	30	31	32		
9	膝围(裆缝向下36厘米测量)	26	27	28	29	30		5. 后片按点位板挖袋,袋嵌线高1厘米,袋口一周压0.1厘米止口,袋布四线拷边,平车拼合袋口,袋子上层粘衬布,袋盖一周用平车双压止口,袋盖0.6厘米止口打1厘米双止口,套结为黑色。后袋盖按点位板打四合扣,穿起右侧后片袋盖上0.5厘米钉织唛,与袋盖平齐
10	脚口(松量)	19	20	21	22	23		
11	脚口(拉量)	24	25	26	27	28		
12	内裆缝	80	80	82	82	82		
13	后腿缝线位置(脚口底部向上测量)	30	30	30	30	30		
14	前口袋袋宽(沿腰缝测量)	6	6	7	7	7		6. 四线合后裆,四线合内侧缝,侧缝、外侧缝用三针五线绷缝
15	前口袋袋长(沿腰缝测量)	14	14	14	14	14		
16	零钱袋宽	8	8	8	8	8		7. 四线拷合脚口橡筋,脚口做2.5厘米三针五线
17	零钱袋高	10	10	10	10	10		
18	脚口宽	2.5	2.5	2.5	2.5	2.5		
19	后袋盖长	16	16	16	16	16		

（续表）

款号：MKS3845　　数量：10000件

尺寸（单位：厘米）

	部位	S	M	L	XL	XXL
20	后袋盖高（中间测量）	7.5	7.5	7.5	7.5	7.5
21	后袋嵌线长（袋盖下面）	16	16	16	16	16
22	后袋嵌线高（袋盖下面）	1	1	1	1	1
23	后臀拼缝尺寸（从裆部沿后裆缝线）	23	24	25	26	27
24	后臀拼缝尺寸（内缝线）	18.5	18.5	18.5	20.5	20.5
25	后臀拼缝尺寸（从裆部沿后裆9.25厘米处）	13.5	14	14.5	15	15.5
26	后臀拼缝尺寸（从裆部沿内缝线10厘米处）	16.5	17	17.5	18	18.5
27	后臀拼缝尺寸（裆部）	20.5	21	21.5	22	22.5

大身色／订单号	S	M	L	XL	XXL
浅花灰／546837	1460	1916	837	609	178
浅花灰／546842	1461	1913	837	608	181

示意图

	S	M	L	XL	XXL	单位
腰绳总长	120	125	130	135	140	厘米
腰橡筋毛长	72	77	82	87	92	厘米
脚橡筋毛长	40	42	44	46	48	厘米

制表：×××　　审核：×××　　2019-01-05

注：
1. 腰绳外露统一18厘米。
2. 前中两气眼间距6厘米。
3. 后袋盖距后腰4.5厘米。
4. 前中腰拼块打气眼的一面粘弹力衬

生产工艺：大货生产前请务必先封样

8. 腰头大身布拼块按点位板打气眼，大身布拼块打气眼的一面要粘弹力衬。四线合腰头拼块，拼块两侧脚用甲车平车压双针止口，缝子倒向大身布拼块

9. 四线上腰头，腰缝用三针五线压止口，缝子倒向裤身

10. 主唛放在后腰缝居中，尺码标放在主标左侧，距主标0.5厘米处。洗水唛放于穿起左侧，距腰缝下8厘米处

11. 腰绳穿于腰头，拉伸后外露18厘米长，腰绳两边等长时在后中打1厘米套结固定腰绳

具体工艺参照样衣，如有不明请与技术科联系

表 6-1-5　附录 3 运动裤订单的包装要求

×××× China ×× Industry Co., Ltd	包装方法
	（PACKING METHOD）

客户：JD sports　　合同号：见第一页　　订单号：见制单第一页　　工厂：　　　　　款号：MKS3845　　见制图第一页

（Customer）　　（C/No.）　　　　（O/N）　　　　　　　（Supplier）　　（S/No.）

折叠方法（Fold method）：

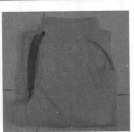

　　挂卡朝面，适当数量单色单码入箱，除尾箱外相同尺码的入箱数量要相同。尾箱接受混码，但不同 PO 的不能混入一箱。

　　大货数量接受多于合同数量 3% 以内，不接受少于合同数量。

　　确保衣服装箱后转运过程中不会滑动和走位，导致松散、脏乱。

　　纸箱必须足够好，不能造成转运过程中的损坏。

　　装箱后纸箱不能太空，也不能装太满纸箱凸出，或压衣物，造成衣物起皱，都不接受。

装箱方法：
1. 按单色单码每件一个塑料袋。
2. 出口三坑纸箱，纸箱不可以有凸出。

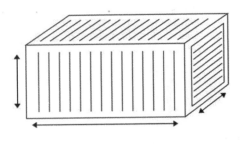

3. 每个单独的 PO 第一个箱需要用文件袋放 1 份装箱单在里面。
4. 纸箱尺寸请用具体衣服定做，做大货前请给我司确认，纸箱装箱时不能太空也不能太紧，不能压衣服导致起皱。
5. 每箱毛重不可以超出 18 千克。
6. 箱内上下底面各铺一张单坑纸板，用以防止开启时划破衣服。
7. 箱外不可以使用铁钉或其他金属物。
8. 箱唛：印于外箱四面。

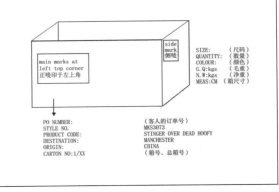

买方签字（The buyer）：　　　　　卖方签字（The seller）：　　　　　日期（Date）：

（一）编制工艺单的依据

　　① 客户提供的文字说明及企业试制的确认样。客户认可的样衣就是确认样，不认可的样衣不能作为确认样和编制工艺单的依据。编制工艺单一定要以确认样为依据，否则容易造成质量事故。

② 客户提出的补充意见，样品试制记录及改进意见。

③ 产品技术标准，或客户的特殊要求。

④ 面辅料物理、化学测试报告。有些服装成衣后再砂洗，要根据水洗后该面料的缩水率推算水洗前的规格。

（二）工艺单的具体要求及一般内容

作为服装生产指导文件的工艺单必须具备完整性、准确性、适应性及可操作性。内容一般包含裁剪、缝纫、锁钉、整烫和包装等工艺规定。工艺单措词必须准确、严密，不能模棱两可。在说明工艺方法时，必须注明是哪一个部位。文字难以表达的部位可配以图示，做到一目了然，并标出数据、缝制方法。术语一般按国家标准GB/T 15557—2008《服装术语》中的规定使用术语。但某些情况下，如香港订单有时将"前裆""后裆"称为"前浪""后浪"，为了与订货方的方言统一，可以在配注解时使用方言。但在同一份工艺单中对同一内容，不可用不同的术语称呼，以免产生误会，导致质量事故。工艺单必须与服装产品标准规定的要求相适应，与产品销售地区的风俗习惯相适应。如出口到西欧的服装，面辅料均要使用环保染料染色，因为西欧顾客特别在意与皮肤直接接触的衣料对人体健康是否有影响。出口到日本的服装必须进行验针检验，因为如果日本顾客在所买的服装中发现有尖利的金属物，如折断的针尖、手缝针、大头针等，均可进行高额索赔。为使工艺单具有可操作性，工艺单的编制要以现有设备种类为依据，以确认样的生产工艺及最后鉴定意见为依据，未经实验的原材料及操作方法，均不得列入工艺单中。不同工厂工艺单的内容有所区别，但一般都含如下内容。

1. 订单的基本信息

为避免工艺单用错，工艺单上必须详细说明本工艺单适用于哪一款式，要写明款式的全称、型号、规格、销售地区、合约号或订单编号等。

2. 款式图

款式图不是时装画稿，要规范、端正，并有正面图、背视图。款式图的长短、宽窄的比例，位置要与实物相符，复杂的部位或关键的工序还应该配解剖图。

3. 产品规格、测量方法及允许误差

部位的测量方法用文字说明标注部位名称或用图示。客户提出的允差要求严于本企业执行的标准时，必须在工艺单中表示出来。如需要成衣水洗的，就必须列出水洗前后的规格表，如表6-1-6所示。

4. 定额用料

在工艺单上一般列出该款式由技术科核定每件服装的用料。

5. 工艺要求及方法

① 裁剪。a. 确定铺料方式，单向铺料或双向铺料；b. 裁剪中对某些关键部位的技术要求，如使用条格面料时，前中、后中等关键部位必须定为挂针；c. 客户或设计者对面料使用的特殊要求。

② 缝制。缝制过程中各道工序的缝制方法的规定，可配以图示，如商标、洗水唛（洗涤标志）的钉法；打样衣时发现过的一些质量问题，比较容易犯错的，应强调。

表 6-1-6　成品规格工艺单

产品名称：男装长袖衬衫　　款号：APT-707/APT-709

后肩克 双线
夹圈 3/8" 单线
前过肩车边线
肩两边 1/4" 双线在右幅
门襟边 车1/4" 单线
上领边 1/4" 单线
克夫上口 3/8" 双线，其余边 缘1/4" 单线
底边 1/4" 单线
第一粒纽距领下2-1/4"　其余纽间距3-1/2"
进出1.6cm

客户：××× 部位	M	L	XL	XXL
肩顶衣长	30	30 1/2	31	31 1/2
后中衣长	30 3/4	31 1/2	31 1/2	31 1/2
胸围 腋下 1"	45 3/4	47 3/4	50 3/4	53 3/4
腰围 腋下 18"	42 1/2	44 1/2	47 1/2	50 1/2
脚围	43 3/4	45 3/4	48 3/4	51 3/4
前幅胸宽 腋下 6"	16 3/8	17 3/8	18 7/8	20 3/8
后背宽 拼缝量	17 3/8	18 3/8	19 7/8	21 3/8
肩宽	18	19	20 1/2	22
前过肩宽 × 后中的约克高	2 × 3 1/2			
袖长	25 1/2	25 7/8	26 1/4	26 5/8
袖肥 腋下 1"	15 5/8	16 1/4	17 1/8	18
袖口 宽 扣度	9 1/8	9 5/8	10 1/8	10 5/8
袖口高	2 1/2	2 1/2	2 1/2	2 1/2
袖叉长 × 宽	5 3/4×1	5 3/4×1	5 3/4×1	5 3/4×1
夹圈弯量	20 3/8	21	21 7/8	22 3/4
口袋长 × 宽	5 1/2×4 7/8	5 1/2×4 7/8	5 3/4×5 1/8	5 3/4×5 1/8
口袋距肩缝下	7	7 1/4	7 1/2	7 3/4
口袋距前中	2 1/2	2 3/4	3	3 1/4
前筒宽	1 1/4	1 1/4	1 1/4	1 1/4
领周扣度	16 3/8	17 1/8	17 5/8	18 1/8
领中长	15 5/8	16 3/8	16 7/8	17 3/8
领外长	16 5/8	17 3/8	17 7/8	18 3/8
后中上领高 × 下领高	1 3/4 × 1 1/4			
领头长	2 1/2	2 1/2	2 1/2	2 1/2
后中工字褶	1 1/2	1 1/2	1 1/2	1 1/2
后幅圆摆高	3 1/2	3 1/2	3 1/2	3 1/2
前幅领深	3 1/2	3 5/8	3 3/4	3 7/8
领宽	6	6 1/4	6 3/8	6 1/2
第一颗纽位领线下	2 1/4	2 1/4	2 1/4	2 1/4
其余纽距	3 1/2	3 1/2	3 1/2	3 1/2
尺寸以英寸计	以上为洗前尺寸			

样板制作：　　　　　工艺制作：
样板审核：　　　　　工艺审核：
日期：2018-05-13　　日期：2018-05-13

（续表）

客户：××××　　款号：APT-707/APT-709　　产品名称：男装长袖衬衫

部位	M	L	XL	XXL
肩顶衣长	29 1/4	29 3/4	30 1/4	30 3/4
后中衣长	30	30 1/2	31	31 1/2
胸围　腋下 1"	44	46	49	52
腰围　后中下 18"	41 1/2	43 1/2	46 1/2	49 1/2
脚围	42 1/2	44 1/2	47 1/2	50 1/2
前胸宽　腋下 6"	16	17	18 1/2	20
后背宽　拼缝量	17	18	19 1/2	21
肩宽	17 5/8	18 5/8	20 1/8	21 5/8
前过肩宽 × 后中的约克高	2×3 1/4			
袖长　肩顶量	25	25 3/8	25 3/4	26 1/8
袖肥　腋下 1"	15	15 5/8	16 1/2	17 3/8
袖口　扣度	9	9 1/2	10	10 1/2
袖口高	2 1/2	2 1/2	2 1/2	2 1/2
袖衩长 × 宽	5 1/2×1	5 1/2×1	5 1/2×1	5 1/2×1

一、面料：100% 麻　条子及格子（成衣水洗）

二、辅料：配色 602 线，K0533 衬，18L 纽 12 颗，16L 纽 3 颗（均含 1 颗备纽），主唛、尺码表、旗唛，洗水成分产地唛及各类包装辅料

三、粘衬部位：上下领面，门襟贴，克夫面

四、针码：14 针 /2.5 厘米

五、裁剪：铺料顺直，松紧适度，一件一方向

绣花部位：左胸袋口 GANT 标志绣花，绣花居中于袋口

对花要求：条子面料—前中取主条一片过，袖左右对称，克夫左右对称，领面条子作直

对花要求：格子面料—前中取主条一片过，袖左右对横，袖左右循环对称，上下领面跟通并与后复势眼通

六、缝制工艺：

1. 前幅：（1）穿起计左为门襟，大身内缝烫向正面 0.8 厘米，门襟贴装于正面两边各切 0.6 厘米单线，大身与门襟贴平放齐，大身缩进 0.5 厘米。注：门襟用链条做。里襟折烫 2.5 厘米，内缝塞足，以 0.1 厘米止口收口

（2）左胸袋：袋边尖角按样板烫正，内缝 0.1 厘米，以 0.1 厘米止口收口。袋装车 0.6 厘米米形针。注意内缝修细，按点位于于穿计于左前胸，钉袋切 0.1 厘米单线，袋口车 0.6 厘米止口车，左右对称

2. 后片：以 1 厘米布耳仔，耳仔 0.1 厘米止口朝上，净宽 0.6 厘米，内口净长 3.8 厘米，夹进大身布耳仔，上切 0.6 厘米双线，不切穿复势

3. 搭肩：以 1 厘米内缝将前片三夹拼于后复势面里间，在后复势上切 0.1 厘米单线，切穿底复势

4. 袖：（1）后袖开袖衩，大袖衩净宽 2.5 厘米，净长按尺寸表，袖衩宝剑头净高 3.2 厘米，小袖衩净宽 1 厘米。
（2）装袖用链条车单线，在大身上切 1 厘米单线，注意袖隆圆顺，袖山不能有吃势

5. 侧缝：埋夹车做侧缝，在前片上切 0.6 厘米双线。注意袖底十字对准

（续表）

产品名称：男装长袖衬衫

款号：APT-707/APT-709

客户：××××

项目	20	20 5/8	21 1/2	22 3/8	工艺说明
夹圈弯量	20	20 5/8	21 1/2	22 3/8	6. 底边：底边折光卷边宽 0.6 厘米，左右侧骨处夹进旗唛，注意底边卷平服，左右圆圆顺顺，高低一致。
口袋长×宽	5 3/8×4 3/4		5 5/8×4 3/5		7. 领：
口袋距肩缝下	6 3/4	7	7 1/4	7 1/2	（1）上领按净样面里拼合，外切 0.6 厘米单线，注意上领要做里外形，领角左右对称。
口袋距前中	2 1/2	2 3/4	3	3 1/4	（2）下领面按样板扣烫修准，下口先拉一道 0.7 厘米单线，再按抄皮驳头样夹领，内缝修细，翻转烫平，注意驳头止口，左右对称。
前筒宽	1 1/4	1 1/4	1 1/4	1 1/4	（3）装领内缝 0.8 厘米，三刀眼对牢，以 0.1 厘米止口闷贯通领中线。
领围扣度	16	16 3/4	17 1/4	17 3/4	8. 夹夫： （1）夹夫面上口烫光后车一道 1.1 厘米单线，再净样里拼合，内缝修细，翻转烫平。 （2）装夹夫内缝 1 厘米，在大袖衩上打两褶，第一褶距夹夫边 3.8 厘米，褶间距 3.2 厘米，褶深切 1.2 厘米，褶朝向大袖衩，以 0.1 厘米单边切 0.6 厘米单线至 1.1 厘米单线止。
领中长	15 1/4	16	16 1/2	17	9. 商标钉法：
领外长	16 1/4	17	17 1/2	18	（1）主唛平车四边，单层钉于后中复势内，距领线下 1.6 厘米。
后中上领高×下领高	1 3/4×1 1/4				（2）尺码唛对折叠于主唛下中位，钉主唛时夹进。
领尖长	2 1/2	2 1/2	2 1/2	2 1/2	（3）旗唛钉于左右侧骨侧缝内，卷底边时将唛头一端塞进，再翻向外面 0.1 厘米止口车牢（面向唛头大色，底配大身色）。
后中工字褶	1 1/2	1 1/2	1 1/2	1 1/2	（4）洗水成分产地唛车于袖衩计左侧缝内，距底边上 8.9 厘米。
后幅圆摆高	3 1/2	3 1/2	3 1/2	3 1/2	七、锁眼，钉扣： 1. 锁眼： （1）穿起计左为门襟，下级领锁横眼 1 只，门襟锁直眼 6 只，夹夫锁横眼各 1 只，按 18L 纽的大小，共 9 只眼。
前领深	3 1/2	3 1/2	3 1/2	3 1/2	（2）袖叉锁直眼 1 只，按 16L 纽的大小，共 2 只眼。
领宽	6	6 1/4	6 3/4	6 1/2	2. 钉扣：按眼点位钉 X 字钉扣，夹夫各钉 2 颗，纽间距 2.5 厘米，钉线线配纽色。备纽钉于甲襟反面，底边上 5.7 厘米钉 18L 纽，再向上 2.5 厘米钉 16L 纽
第一颗纽位领线下	2 1/4	2 1/4	2 1/4	2 1/4	八、大烫：整烫衫身，注意控制好尺寸
其余纽距	3 1/2	3 1/2	3 1/2	3 1/2	九、包装：详见包装辅料通知书
尺寸以英寸计	以上为洗后尺寸				

样板制作：　　　　样板审核：　　　　日期：2018-05-13

工艺制作：　　　　工艺审核：　　　　日期：2018-05-13

③ 熨烫。写明需常规熨烫的部位和特殊熨烫的部位及使用设备，如西服前片需用压烫机压烫。对于熨烫后的干燥方式应给予明确，如熨烫时，必须启动抽湿烫台抽湿，自然通风状态下干燥 24 小时后方可包装。否则，易出现退货事故。如某衬衫厂生产出口衬衫 5390 件，货到对方验收时，发现产品霉变，全部退货，被索赔全部货款及往返运输费用。原因就是包装套货时产品有潮气，闷在塑料袋里，时间一久就发生了霉变。产品熨烫必须烫干，如遇雨天需采用人工干燥，以免受潮霉变。面料、辅料还须注明允许承受的最高温度。

④ 包装。必须写明产品的折叠形状和方法。包装好的长度和宽度，必要时配以图示。包装时一些辅料的用法，如衬板、衬纸、吊挂、贴纸等。订货产品严格按客户要求执行，必须在工艺单上写明。

服装的包装方法通常有折叠包装、真空包装和挂式包装。折叠包装是服装包装中最常用的一种形式。折叠时要把服装的特色之处款式的重点部位，尤其是服装吊牌，显示于可见位置。为防止松脱，在适当的部位要用大头针或交夹固定。为防止产品变形，可衬硬纸板，折叠好后亦可装入相应的包装袋或包装盒。真空包装是把服装装入封闭式塑料袋后，将袋内和服装中的空气抽掉，然后将袋口封合。真空包装可缩小服装体积，方便储运，特别适合体积大而且蓬松的棉绒类服装。挂式（立体）包装多用于高档服装，如毛呢、裘皮类服装以及一些特种定型效果的服装等，时装也常采用立体包装。此包装是将服装套在衣架上，再套包装袋，克服了服装包装运输后产生褶皱的问题，保持了良好的外观，可充分保证商品的外观质量，并有利于良好的店铺陈列，但成本较高。

服装包装方式主要有袋包装、盒包装和箱包装。袋包装是一种应用最普遍和最广泛的包装方式。目前袋包装的主要材料是塑胶袋，有些塑胶袋要求留有气孔。塑胶袋包装具有防污染、保护服装、成本低、便于运输等优点，但存在支撑强度小、容易损坏等缺点。折叠包装使用的塑胶袋有偏平袋、矩形袋、自开袋、书包袋等；挂式（立体）包装使用的是挂袋，顶端要有衣架孔，开口在下方。盒包装的优点是成本低、强度较好、外表美观，但存在包装量受限制、体积较大、运输成本也相对较高等不足。箱包装是为了方便装运和批发销售的包装方式。一般采用瓦楞纸箱，但对于一些需要防压的高档服装和远程运输的服装，则采用较坚固的板条箱和木箱。包装箱的内外需要采用防潮措施。采用挂装的箱内要有支架，可把立体包装的服装直接吊挂在上面。

6. 面辅料的规定

面辅料的使用在工艺单上必须详细说明。如男西装上所用粘衬的说明，大身衬用有纺衬、挂面衬用无纺衬。特别是对一些特殊要求，要在工艺单上强调。如某厂一批出口日本全棉本白茄克衫 8 万件，客户提出到日本后成衣染色。货到日本后，经成衣染色后发现个别缝线仍为白色，被索赔 100 万日元。原因是用线成分不一致，造成染色色差。成衣染色的服装应选用与面料同种纤维材料的线，全棉面料应用全棉线。但由于工艺单中没有强调成衣后要染色以及一定要用全棉线。造成个别车工随意使用以前用剩的白色涤棉线，以致成衣染色时，这些线缝染不上颜色，导致质量事故。

工艺单编写完毕后，经编写人签名、技术科主管复核签字后方可生效。同时须注明编制日期。

四、首件封样制作确认

首件封样不同于产前样，它是由生产部门的生产班组在流水线上按照工艺文件规定的技术条件所生产的第一件产品。为了保证大货生产的品质，品管部门应该督促生产车间或者生产班组进行首件产品合格封样。如果首件封样不合格，必须在改进后再次封样，直到合格为止。

1. 首件封样的对象

所有涉及该款式的生产线都需要进行首件封样。如果某款在三条生产线生产，那么品质管理部门应要求三条生产线都提交，并进行封样。

2. 封样的范围

封样是对生产的全过程进行，包括裁剪、印花、缝纫、锁钉、熨烫等全过程。对一些难度高、工艺复杂的部位或部件，应附加部件封样。

3. 封样的内容

① 面辅料是否正确。

② 尺寸是否在允差范围内。

③ 做工存在什么问题。

④ 是否有改正措施。

在首件样上附挂封样吊牌（图6-1-2）和封样记录单（表6-1-7）。封样记录单和吊牌上应有封样日期，封样人以及封样是否合格。如果封样有一些小问题不合格时，应有明确的改进意见。

封样合格后，将首件封样作为生产标样，陈列在车间或生产线首位，以统一操作规范，统一标准。

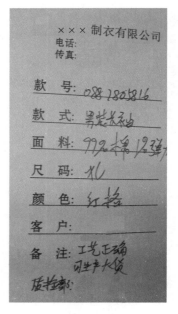

图6-1-2 某公司封样吊牌

表6-1-7 附录1童装订单的首件封样单

款号（style No.）：65671LTD	订单号（order No.）：××××		款式（description）：男爬爬服	
客户（buyer）：××××		尺码（size）：6M		颜色（color）：白色
封样人（sample reviewed by）：××××		生产班组或生产线（sewing line）：××××		封样日期（date）：2019-05-05
尺寸测量（measurement）				封样意见（review comments）
测量部位（description）	要求尺寸（spec.）	测量尺寸（measured）	允差（tol+）	
躯干长（肩颈点到裆底）	15	15	1/4	工艺符合客户要求，印花位置离领包边符合客户产前样确认意见，注意在后续生产中继续保持，且注意包边宽窄要均匀
总长（肩颈点到胯）	12	12	1/4	
胸围（腋下1"）	9.5	9.5	1/8	
肩宽	7.25	7.125	1/8	
袖长（从肩端点量）	3	3	1/8	
袖口大（松量）	3.25	3.25	1/8	
袖底缝长	1.25	1.25	MIN	
袖窿大	4.75	4.75	1/8	
前领深	1.5	1.5	1/8	
后领深	0.625	3/4	1/8	
横开领大（边至边）	4	4	1/8	
最小领围（拉量）	21	21	MIN	
领包边宽	0.5	0.5	MIN	
臀围（胯上2 1/2"量）	9.5	9.5	1/8	
腿围	3.75	3.75	1/8	
腿口前后差	0.75	0.75	1/8	

（续表）

测量部位（description）	要求尺寸（spec.）	测量尺寸（measured）	允差（tol+）	
裆宽（纽扣处）	3.5	3.5	1/8	
裆底宽（回折处）	4.75	4.75	1/8	
裆深（包边边沿到回折处）	1.75	1.75	MIN	
腿口包边宽	0.625	0.625	MIN	
裆部纽扣数	3	3	MIN	
肩斜	0.625	0.625	MIN	
品管经理签字（QC manager signature）：				

五、前期检验

当所有的面辅料、产前会议、生产技术文件、首件封样等都准备好后，就进入实质性的大货生产阶段。此阶段为了跟进产品质量，跟单员时常亲自到车间了解产品质量情况，首先要了解哪些地方容易出现质量问题，然后再有针对性地监控。一般而言，生产现场巡视要注意以下几点：首先要关注品质问题多发环节。在一个产品的生产过程中，或一家企业的若干生产工序中，一般都存在着一个或几个品质问题的多发环节。这个环节可能是某台设备经常出现问题或产生较大的加工误差，某一工艺技术一直不成熟，也可能是由于控制水平不过关或人为因素等，对这些问题多发环节应该在巡视时多加注意。其次要关注手工作业集中的工序。用设备加工比较容易控制品质，而手工作业就比较难。因为每一个人的工作经验不同以及理解力、反应能力、责任心等不同，对于产品的品质会有很大影响，所以，对于这些地方在巡视时要多花时间去观察和认真进行检查。最后要关注关键工序、新工艺、新材料以及新工人较多的工序。每一个产品生产都有一两个关键工序，它直接影响产品的质量，这也是巡视的重点。用到新工艺或新材料的工序，往往都会因为技术不成熟或经验不足而出现各种问题，跟单巡视时要特别注意。工作经验不足也是出现问题的原因之一，新工人较多的工序，常常是问题多发工序、效率最低和管理较难的工序。此阶段没有完整的成衣生产出来之前的检验称为前期检验。

在大货生产阶段中，通常客户会要求进行三次（即前期、中期、末期）检验。如果订单生产周期较长，有些客户要求进行多次中期检验。但有一些客户不要求前、中期验货，只进行一次末期验货。一般客户会委托专门的第三方检验机构的检验人员来进行检验，也有请服装加工厂或是服装外贸公司品管人员进行（所谓第二方检验）。还有一种情况，就是客户自己派 QC 人员或代表，到工厂进行检验（即所谓第一方检验）。

前期检验的工作主要有以下内容：

1. 裁剪检验

① 拉布检查。每匹布刚拉时有无剪做匹差表，且须与上一批比较有无色差后，方可拉布；检查拉布员是否一次拉一匹布；拉布时 2 个人的动作步伐要保持一致；布料要保持自然平整，不要起皱；两端止口要对齐；遵循拉布高度原则（一般为 15 厘米）；测量幅宽；幅宽分批，一般要求是公差 3 厘米以内可以接受排在同一床；拉布时，检查门幅是否有效利用。

② 开裁时检查。缩水测试核对；样板核对；马克核对；匹差核对。

③ 裁片检查。

2. 车间生产线检验

首先检查组上所挂的样衣与所做的大货是否一致，样衣是否正确，可参考首件封样和订单资料等；按照生产线上流程图检查每条生产线；检查的重点如下所列。

① 面料：色差，布痕。

② 印绣花：位置，尺寸，外观。

③ 辅料：如纱带质地、规格、颜色、色差；拉链是否顺畅；纽扣的颜色、规格；拷纽的规格、拉力等小部位的辅料。

④ 标类：洗标，商标。

⑤ 做工：线，线迹是紧或松，线路有没车错，外观是否起吊或起皱，套结有没漏打，针孔针洞，跳针，断线，宽窄，歪斜，暴缝，错码。

跟单员在巡视检验过程中如果发现不合格品应及时标识、记录、评价、隔离和处置，并通知有关职能部门。不合格品的管理是质量控制中的重要问题。不合格品的管理不但包括对不合格品本身的管理，还包括对出现不合格品的生产过程的管理。当生产过程的某个阶段出现不合格品时，决不允许对其做进一步的加工，同时应立刻查明不合格品产生的原因，并采取相应的应对措施。若发现重大问题应要求生产线停线。

同时在跟单过程中，为了能使订单按时完成，跟单员可通过查看生产日报表来跟进控制生产进度。对于生产日报表显示出来的问题，计划进度与实际进度不符等情况一定要追问并寻找其产生的原因。

第二节　中、末期跟单

在大货生产跟单中，中期、末期的跟单同前期跟单一样重要，这是因为供应商应对客户负责，为客户提供满意合格的商品是供应商的责任。其次是不合格产品或错误如果能在中期、末期检验时发现，还有改正的可能，以免出现退货或索赔等情况。对有些最后阶段才出现的问题或才发现的错误，尽管有些亡羊补牢，但也要尽可能地减少损失。

跟单员跟单时，大部分订单不可能每件产品都能检查到，因此就需要确定一定的检查范围，下面简单介绍在国际贸易中广泛应用的 AQL 抽样检验标准。

一、AQL 抽样检验标准

（一）AQL 简介

AQL 表示可接受的质量水平（Acceptable Quality Level），或接受质量限（Acceptance Quality Limited）。即客户明确规定检验的方法和不合格的范围，只要检验批中的不合格数小于客户所指定的接受值，客户将会接收供应商提供的货物。AQL 建立了根据客户指定的可接受的不合格品百分率来判断货物是否合格的办法，既保护了客户的利益，也保护了供应商的利益。它使合格产品不被接收或不合格产品被接收的可能性降到最低。

AQL 抽样检验被广泛地应用于各种对象。① 原材料。原材料可以在货源处、收货处或在组装成成品的任一环节中被检验。通过对原材料的检验可以建立对供应商品质的评估。② 半成品。对半成品的检验可以在加工过程中或者材料在一道工序结束还未进入下一道工序而被临时储存时，也可以在生产线上的任一道工序后。通过半成品的抽样检验可以判断半成品质量或工序加工质量的优劣。③ 成品。对成品的检验可以在包装前，也可以在包装后。

采用什么样的抽样计划进行检验，可由客户和供应商共同决定，也可由客户规定并在合同中予以明确。在制订抽样计划时，商品的价值是首先需要考虑的因素。例如同一个客户，衬衫的检验标准采用 AQL 4.0，而皮衣的检验标准采用 AQL 1.5 或更高的标准，原因就是皮衣的价值比衬衫高。

（二）AQL 抽样检验的主要内容

1. 接受质量限 AQL

对应于不同的质量水平或要求，AQL 有 26 种规定的数值（表 6-2-1）。

表 6-2-1　AQL 规定数值

AQL 0.010	AQL 0.015	AQL 0.025	AQL 0.040	AQL 0.065
AQL 0.10	AQL 0.15	AQL 0.25	AQL 0.40	AQL 0.65
AQL 1.0	AQL 1.5	AQL 2.5	AQL 4.0	AQL 6.5
AQL 10	AQL 15	AQL 25	AQL 40	AQL 65
AQL 100	AQL 150	AQL 250	AQL 400	AQL 650
AQL 1000				

根据服装加工的特征，常用的 AQL 值有 1.0、1.5、2.5、4.0，对于普通的服装，以 AQL 2.5、AQL 4.0 的应用最为广泛。不同的数值体现了不同的质量水平，AQL 值越小，要求的质量水平越高。

2. 检验水平

检验水平表示了批量与样本量的关系。一般批量（N）越大，样本（n）也越大。但批量达到一定时，样本在大批量中所占的比例就相对较小。

在抽样检验标准中，有三种一般检验水平（Level I，Level II，Level III）和四种特殊检验水平（S-1，S-2，S-3，S-4）。在三种一般检验水平中，Level II 是常规水平，也是经常被采用的水平。从 Level I 到 Level III，检验的数量逐渐增加。四种特殊的检验水平是为必须使用小样本量检验时而设计的，用于检验费用高的商品或者高价值商品的破坏性检验。由于抽样数量少，误判的危险性也大。但是即使是这样，也要尽可能减少样本。另外，如果商品的品质是比较稳定的，且是单一产品的重复加工，那么通过少许的抽样检验，就足以反映总体的品质水平，此时也采用特殊检验水平。从 S-1 至 S-4，抽样检验数逐步增加。

3. 检验的严格度和转换规则

对于工业生产来说，由于管理上的原因、人员的变动以及原材料的变化，产品的品质有可能会发生波动。对于客户来说，波动意味着风险，即接收不合格产品的风险。为此，在抽样检验标准中，制定了三种检验严格度，即：正常检验（Normal）、加严检验（Tightened）、放宽检验（Reduced）。并且，随着可能发生的品质波动，制定了三种检验水平的转换。

4. 抽样方案类型

抽样方案的类型可以分为一次、二次和多次等。在实际应用中，多次抽样应用很少。

一次抽样检验：按照事先决定的检验标准所要求的数量从大货中随机抽样并检验。如果不合格品数小于或等于所规定的接收数，则该批货物合格。如果不合格品数大于所规定的接收数，则该批货物不合格。

二次抽样检验：按照事先决定的检验标准所要求的数量从大货中随机抽样并检验。如果不合格品数小于或等于所规定的接收数，则该批货物合格。如果不合格品数大于或等于所规定的拒收数，则该批货物不合格。如果不合格品数介于接收数和拒收数之间，则需进行第二次检验。如果两次检验的累计不合格品数总数大于或等于所规定的拒收数，则该批货物不合格。如果两次检验的累计不合格品总数小于或等于接收数，则该批货物合格。

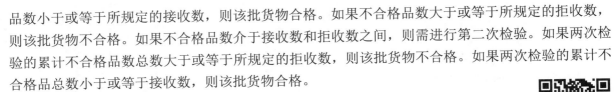

（三）AQL 抽样检验方案

1. 决定抽样检验方案

抽样检验方案一般由客户决定，或由客户与供应商协商决定。如果客户没有这方面的要求，供应商也可以根据以上所述原则决定。抽样检验方案应该包括以下内容：确定检验的项目及要求；确定不合格或者疵点分类；确定检验水平（Level）；确定接受质量限 AQL；确定抽样方案的类型（一次，两次或多次抽样）；确定抽样检验的严格度及转换原则；确定检验批的构成。

2. 抽样方案的检索

抽样方案的检索是在设定抽样方案后，使用抽样表查找实施抽样检验必需的样本量、接收数和拒收数的过程。检索必须具备五个已知条件：批量 N；接收质量限 AQL；检验水平 Level；抽样方案类型（一次，二次）；抽样检验的严格度（正常、严格、宽松）。

3. 抽样方案检索步骤

① 确定抽样样本字码：表 6-2-2 为"抽样样本字码表"。根据批量 N 和检验水平 Level，在表中找到样本字码。

② 确定抽样检验表：根据抽样次数类型和检验严格度，从表 6-2-3 到表 6-2-8 中选定应该使用的抽样表。

③ 检索接收（Ac）或拒收（Re）判定值：用交叉法在抽样表上检索。首先根据样本字码，在抽样表第一列样板字码栏确定行数。然后根据接收质量限 AQL 确定列数。此时可以在行列的交叉处得到一组数字或箭头。如果交叉点为一组数字，则该组数值即为判定值，并同时在该行中得到样本量；如果交叉点为箭头，则应沿着箭头所指方向直到碰到的第一组数字，该组数字即为判定值，也同时在该行中得到样本量。

表 6-2-2　抽样样本字码表

批量	特殊检验水平				一般检验水平		
	S-1	S-2	S-3	S-4	I	II	III
2 ~ 8	A	A	A	A	A	A	B
9 ~ 15	A	A	A	A	A	B	C
16 ~ 25	A	A	B	B	B	C	D
26 ~ 50	A	B	B	C	C	D	E
51 ~ 90	B	B	C	C	C	E	F
91 ~ 150	B	B	C	D	D	F	G
151 ~ 280	B	C	D	E	E	G	H
281 ~ 500	B	C	D	E	F	H	J
501 ~ 1200	C	C	E	F	G	J	K
1201 ~ 3200	C	D	E	G	H	K	L
3201 ~ 10000	C	D	F	G	J	L	M
10001 ~ 35000	C	D	F	H	K	M	N
35001 ~ 150000	D	E	G	J	L	N	P
150001 ~ 500000	D	E	G	J	M	P	Q
500001 以上	D	E	H	K	N	Q	R

表 6-2-3 正常检验一次抽样方案

接受质量限（AQL）　（表中每格数值为 Ac Re）

样本量字码	样本量	0.010	0.015	0.025	0.040	0.065	0.10	0.15	0.25	0.40	0.65	1.0	1.5	2.5	4.0	6.5	10	15	25	40	65	100	150	250	400	650	1000
A	2	↓	↓	↓	↓	↓	↓	↓	↓	↓	↓	↓	↓	↓	↓	↓	↓	↓	1 2	2 3	3 4	5 6	7 8	10 11	14 15	21 22	30 31
B	3	↓	↓	↓	↓	↓	↓	↓	↓	↓	↓	↓	↓	↓	↓	↓	0 1	1 2	2 3	3 4	5 6	7 8	10 11	14 15	21 22	30 31	44 45
C	5	↓	↓	↓	↓	↓	↓	↓	↓	↓	↓	↓	↓	↓	↓	0 1	1 2	2 3	3 4	5 6	7 8	10 11	14 15	21 22	30 31	44 45	↑
D	8	↓	↓	↓	↓	↓	↓	↓	↓	↓	↓	↓	↓	↓	0 1	1 2	2 3	3 4	5 6	7 8	10 11	14 15	21 22	30 31	44 45	↑	↑
E	13	↓	↓	↓	↓	↓	↓	↓	↓	↓	↓	↓	↓	0 1	1 2	2 3	3 4	5 6	7 8	10 11	14 15	21 22	30 31	44 45	↑	↑	↑
F	20	↓	↓	↓	↓	↓	↓	↓	↓	↓	↓	↓	0 1	1 2	2 3	3 4	5 6	7 8	10 11	14 15	21 22	30 31	44 45	↑	↑	↑	↑
G	32	↓	↓	↓	↓	↓	↓	↓	↓	↓	↓	0 1	1 2	2 3	3 4	5 6	7 8	10 11	14 15	21 22	30 31	44 45	↑	↑	↑	↑	↑
H	50	↓	↓	↓	↓	↓	↓	↓	↓	↓	0 1	1 2	2 3	3 4	5 6	7 8	10 11	14 15	21 22	30 31	44 45	↑	↑	↑	↑	↑	↑
J	80	↓	↓	↓	↓	↓	↓	↓	↓	0 1	1 2	2 3	3 4	5 6	7 8	10 11	14 15	21 22	30 31	44 45	↑	↑	↑	↑	↑	↑	↑
K	125	↓	↓	↓	↓	↓	↓	↓	0 1	1 2	2 3	3 4	5 6	7 8	10 11	14 15	21 22	30 31	44 45	↑	↑	↑	↑	↑	↑	↑	↑
L	200	↓	↓	↓	↓	↓	↓	0 1	1 2	2 3	3 4	5 6	7 8	10 11	14 15	21 22	30 31	44 45	↑	↑	↑	↑	↑	↑	↑	↑	↑
M	315	↓	↓	↓	↓	↓	0 1	1 2	2 3	3 4	5 6	7 8	10 11	14 15	21 22	30 31	44 45	↑	↑	↑	↑	↑	↑	↑	↑	↑	↑
N	500	↓	↓	↓	↓	0 1	1 2	2 3	3 4	5 6	7 8	10 11	14 15	21 22	30 31	44 45	↑	↑	↑	↑	↑	↑	↑	↑	↑	↑	↑
P	800	↓	↓	↓	0 1	1 2	2 3	3 4	5 6	7 8	10 11	14 15	21 22	30 31	44 45	↑	↑	↑	↑	↑	↑	↑	↑	↑	↑	↑	↑
Q	1250	↓	↓	0 1	1 2	2 3	3 4	5 6	7 8	10 11	14 15	21 22	30 31	44 45	↑	↑	↑	↑	↑	↑	↑	↑	↑	↑	↑	↑	↑
R	2000	↓	0 1	1 2	2 3	3 4	5 6	7 8	10 11	14 15	21 22	30 31	44 45	↑	↑	↑	↑	↑	↑	↑	↑	↑	↑	↑	↑	↑	↑

表 6-2-4 加严检验一次抽样方案

接受质量限（AQL）　（表中每格数值为 Ac Re）

样本量字码	样本量	0.010	0.015	0.025	0.040	0.065	0.10	0.15	0.25	0.40	0.65	1.0	1.5	2.5	4.0	6.5	10	15	25	40	65	100	150	250	400	650	1000
A	2	↓	↓	↓	↓	↓	↓	↓	↓	↓	↓	↓	↓	↓	↓	↓	↓	↓	↓	1 2	2 3	3 4	5 6	8 9	12 13	18 19	27 28
B	3	↓	↓	↓	↓	↓	↓	↓	↓	↓	↓	↓	↓	↓	↓	↓	↓	0 1	1 2	2 3	3 4	5 6	8 9	12 13	18 19	27 28	41 42
C	5	↓	↓	↓	↓	↓	↓	↓	↓	↓	↓	↓	↓	↓	↓	↓	0 1	1 2	2 3	3 4	5 6	8 9	12 13	18 19	27 28	41 42	↑
D	8	↓	↓	↓	↓	↓	↓	↓	↓	↓	↓	↓	↓	↓	↓	0 1	1 2	2 3	3 4	5 6	8 9	12 13	18 19	27 28	41 42	↑	↑
E	13	↓	↓	↓	↓	↓	↓	↓	↓	↓	↓	↓	↓	↓	0 1	1 2	2 3	3 4	5 6	8 9	12 13	18 19	27 28	41 42	↑	↑	↑
F	20	↓	↓	↓	↓	↓	↓	↓	↓	↓	↓	↓	↓	0 1	1 2	2 3	3 4	5 6	8 9	12 13	18 19	27 28	41 42	↑	↑	↑	↑
G	32	↓	↓	↓	↓	↓	↓	↓	↓	↓	↓	↓	0 1	1 2	2 3	3 4	5 6	8 9	12 13	18 19	27 28	41 42	↑	↑	↑	↑	↑
H	50	↓	↓	↓	↓	↓	↓	↓	↓	↓	↓	0 1	1 2	2 3	3 4	5 6	8 9	12 13	18 19	27 28	41 42	↑	↑	↑	↑	↑	↑
J	80	↓	↓	↓	↓	↓	↓	↓	↓	↓	0 1	1 2	2 3	3 4	5 6	8 9	12 13	18 19	27 28	41 42	↑	↑	↑	↑	↑	↑	↑
K	125	↓	↓	↓	↓	↓	↓	↓	↓	0 1	1 2	2 3	3 4	5 6	8 9	12 13	18 19	27 28	41 42	↑	↑	↑	↑	↑	↑	↑	↑
L	200	↓	↓	↓	↓	↓	↓	↓	0 1	1 2	2 3	3 4	5 6	8 9	12 13	18 19	27 28	41 42	↑	↑	↑	↑	↑	↑	↑	↑	↑
M	315	↓	↓	↓	↓	↓	↓	0 1	1 2	2 3	3 4	5 6	8 9	12 13	18 19	27 28	41 42	↑	↑	↑	↑	↑	↑	↑	↑	↑	↑
N	500	↓	↓	↓	↓	↓	0 1	1 2	2 3	3 4	5 6	8 9	12 13	18 19	27 28	41 42	↑	↑	↑	↑	↑	↑	↑	↑	↑	↑	↑
P	800	↓	↓	↓	↓	0 1	1 2	2 3	3 4	5 6	8 9	12 13	18 19	27 28	41 42	↑	↑	↑	↑	↑	↑	↑	↑	↑	↑	↑	↑
Q	1250	↓	↓	↓	0 1	1 2	2 3	3 4	5 6	8 9	12 13	18 19	27 28	41 42	↑	↑	↑	↑	↑	↑	↑	↑	↑	↑	↑	↑	↑
R	2000	↓	↓	0 1	1 2	2 3	3 4	5 6	8 9	12 13	18 19	27 28	41 42	↑	↑	↑	↑	↑	↑	↑	↑	↑	↑	↑	↑	↑	↑
S	3150	↓	0 1	1 2	2 3	3 4	5 6	8 9	12 13	18 19	27 28	41 42	↑	↑	↑	↑	↑	↑	↑	↑	↑	↑	↑	↑	↑	↑	↑

表 6-2-5　放宽检验一次抽样方案

接受质量限（AQL）

注：表中每格数值为 Ac（接收数）Re（拒收数）；↓ 表示采用箭头下面第一个抽样方案；↑ 表示采用箭头上面第一个抽样方案。

样本量字码	样本量	0.010	0.015	0.025	0.040	0.065	0.10	0.15	0.25	0.40	0.65	1.0	1.5	2.5	4.0	6.5	10	15	25	40	65	100	150	250	400	650	1000
A	2																	↓	1 2	2 3	3 4	5 6	7 8	10 11	14 15	21 22	30 31
B	2																	0 2	1 3	2 4	3 5	5 6	7 8	10 11	14 15	21 22	30 31
C	2														↓	0 1	0 2	1 3	1 4	2 5	3 6	5 8	7 10	10 13	14 17	21 24	↑
D	3													↓	0 1	0 2	1 3	1 4	2 5	3 6	5 8	7 10	10 13	14 17	21 24	↑	
E	5												↓	0 1	0 2	1 3	1 4	2 5	3 6	5 8	7 10	10 13	14 17	21 24	↑		
F	8											↓	0 1	0 2	1 3	1 4	2 5	3 6	5 8	7 10	10 13	14 17	21 24	↑			
G	13										↓	0 1	0 2	1 3	1 4	2 5	3 6	5 8	7 10	10 13	14 17	21 24	↑				
H	20									↓	0 1	0 2	1 3	1 4	2 5	3 6	5 8	7 10	10 13	14 17	21 24	↑					
J	32								↓	0 1	0 2	1 3	1 4	2 5	3 6	5 8	7 10	10 13	14 17	21 24	↑						
K	50							↓	0 1	0 2	1 3	1 4	2 5	3 6	5 8	7 10	10 13	14 17	21 24	↑							
L	80						↓	0 1	0 2	1 3	1 4	2 5	3 6	5 8	7 10	10 13	14 17	21 24	↑								
M	125					↓	0 1	0 2	1 3	1 4	2 5	3 6	5 8	7 10	10 13	14 17	21 24	↑									
N	200				↓	0 1	0 2	1 3	1 4	2 5	3 6	5 8	7 10	10 13	14 17	21 24	↑										
P	315			↓	0 1	0 2	1 3	1 4	2 5	3 6	5 8	7 10	10 13	14 17	21 24	↑											
Q	500		↓	0 1	0 2	1 3	1 4	2 5	3 6	5 8	7 10	10 13	14 17	21 24	↑												
R	800	↓	0 1	0 2	1 3	1 4	2 5	3 6	5 8	7 10	10 13	14 17	21 24	↑													

表 6-2-6　正常检验二次抽样方案

样本量字码	样本	样本量	累计样本量	接受质量限（AQL）																									
				0.010	0.015	0.025	0.040	0.065	0.10	0.15	0.25	0.40	0.65	1.0	1.5	2.5	4.0	6.5	10	15	25	40	65	100	150	250	400	650	1000
				Ac Re	Ac Re	Ac Re	Ac Re	Ac Re	Ac Re	Ac Re	Ac Re	Ac Re	Ac Re	Ac Re	Ac Re	Ac Re	Ac Re	Ac Re	Ac Re	Ac Re	Ac Re	Ac Re	Ac Re	Ac Re	Ac Re	Ac Re	Ac Re	Ac Re	Ac Re
A				↓	↓	↓	↓	↓	↓	↓	↓	↓	↓	↓	↓	↓	↓	★	↓	↓	★	★	★	★	★	★	★	★	★
B	第一	2	2	↓	↓	↓	↓	↓	↓	↓	↓	↓	↓	↓	↓	↓	★	↑	↓	0 2	0 3	1 3	2 5	3 6	5 9	7 11	11 16	17 22	25 31
	第二	2	4																	1 2	3 4	4 5	6 7	9 10	12 13	18 19	26 27	37 38	56 57
C	第一	3	3	↓	↓	↓	↓	↓	↓	↓	↓	↓	↓	↓	↓	★	↑	↓	0 2	0 3	1 3	2 5	3 6	5 9	7 11	11 16	17 22	25 31	↑
	第二	3	6																1 2	3 4	4 5	6 7	9 10	12 13	18 19	26 27	37 38	56 57	
D	第一	5	5	↓	↓	↓	↓	↓	↓	↓	↓	↓	↓	↓	★	↑	↓	0 2	0 3	1 3	2 5	3 6	5 9	7 11	11 16	17 22	25 31	↑	↑
	第二	5	10															1 2	3 4	4 5	6 7	9 10	12 13	18 19	26 27	37 38	56 57		
E	第一	8	8	↓	↓	↓	↓	↓	↓	↓	↓	↓	↓	★	↑	↓	0 2	0 3	1 3	2 5	3 6	5 9	7 11	11 16	17 22	25 31	↑	↑	↑
	第二	8	16														1 2	3 4	4 5	6 7	9 10	12 13	18 19	26 27	37 38	56 57			
F	第一	13	13	↓	↓	↓	↓	↓	↓	↓	↓	↓	★	↑	↓	0 2	0 3	1 3	2 5	3 6	5 9	7 11	11 16	↑	↑	↑	↑	↑	↑
	第二	13	26													1 2	3 4	4 5	6 7	9 10	12 13	18 19	26 27						
G	第一	20	20	↓	↓	↓	↓	↓	↓	↓	↓	★	↑	↓	0 2	0 3	1 3	2 5	3 6	5 9	7 11	11 16	↑	↑	↑	↑	↑	↑	↑
	第二	20	40												1 2	3 4	4 5	6 7	9 10	12 13	18 19	26 27							
H	第一	32	32	↓	↓	↓	↓	↓	↓	↓	★	↑	↓	0 2	0 3	1 3	2 5	3 6	5 9	7 11	11 16	↑	↑	↑	↑	↑	↑	↑	↑
	第二	32	64											1 2	3 4	4 5	6 7	9 10	12 13	18 19	26 27								
J	第一	50	50	↓	↓	↓	↓	↓	↓	★	↑	↓	0 2	0 3	1 3	2 5	3 6	5 9	7 11	11 16	↑	↑	↑	↑	↑	↑	↑	↑	↑
	第二	50	100										1 2	3 4	4 5	6 7	9 10	12 13	18 19	26 27									
K	第一	80	80	↓	↓	↓	↓	↓	★	↑	↓	0 2	0 3	1 3	2 5	3 6	5 9	7 11	11 16	↑	↑	↑	↑	↑	↑	↑	↑	↑	↑
	第二	80	160									1 2	3 4	4 5	6 7	9 10	12 13	18 19	26 27										
L	第一	125	125	↓	↓	↓	↓	★	↑	↓	0 2	0 3	1 3	2 5	3 6	5 9	7 11	11 16	↑	↑	↑	↑	↑	↑	↑	↑	↑	↑	↑
	第二	125	250								1 2	3 4	4 5	6 7	9 10	12 13	18 19	26 27											
M	第一	200	200	↓	↓	↓	★	↑	↓	0 2	0 3	1 3	2 5	3 6	5 9	7 11	11 16	↑	↑	↑	↑	↑	↑	↑	↑	↑	↑	↑	↑
	第二	200	400							1 2	3 4	4 5	6 7	9 10	12 13	18 19	26 27												
N	第一	315	315	↓	↓	★	↑	↓	0 2	0 3	1 3	2 5	3 6	5 9	7 11	11 16	↑	↑	↑	↑	↑	↑	↑	↑	↑	↑	↑	↑	↑
	第二	315	630						1 2	3 4	4 5	6 7	9 10	12 13	18 19	26 27													
P	第一	500	500	↓	★	↑	↓	0 2	0 3	1 3	2 5	3 6	5 9	7 11	11 16	↑	↑	↑	↑	↑	↑	↑	↑	↑	↑	↑	↑	↑	↑
	第二	500	1000					1 2	3 4	4 5	6 7	9 10	12 13	18 19	26 27														
Q	第一	800	800	★	↑	↓	0 2	0 3	1 3	2 5	3 6	5 9	7 11	11 16	↑	↑	↑	↑	↑	↑	↑	↑	↑	↑	↑	↑	↑	↑	↑
	第二	800	1600				1 2	3 4	4 5	6 7	9 10	12 13	18 19	26 27															
R	第一	1250	1250	↑	↑	0 2	0 3	1 3	2 5	3 6	5 9	7 11	11 16	↑	↑	↑	↑	↑	↑	↑	↑	↑	↑	↑	↑	↑	↑	↑	↑
	第二	1250	2500			1 2	3 4	4 5	6 7	9 10	12 13	18 19	26 27																

表6-2-7 加严检验二次抽样方案

接受质量限（AQL）

注：表中各格内上行为"第一"样本（Ac Re），下行为"第二"（累计）样本（Ac Re）。Ac＝接收数，Re＝拒收数。↓＝使用箭头下面的第一个抽样方案；↑＝使用箭头上面的第一个抽样方案；★＝使用相应的一次抽样方案。

样本量字码	样本	样本量	累计样本量	0.010	0.015	0.025	0.040	0.065	0.10	0.15	0.25	0.40	0.65	1.0	1.5	2.5	4.0	6.5	10	15	25	40	65	100	150	250	400	650	1000
A	第一			↓	↓	↓	↓	↓	↓	↓	↓	↓	↓	↓	↓	↓	↓	↓	↓	↓	↓	↓	↓	↓	↓	↓	↓	↓	↓
B	第一	2	2	↓	↓	↓	↓	↓	↓	↓	↓	↓	↓	↓	↓	↓	↓	★	0 2	0 3	↑	↑	↑	↑	↑	↑	↑	↑	↑
	第二	2	4																1 2	3 4									
C	第一	3	3	↓	↓	↓	↓	↓	↓	↓	↓	↓	↓	↓	↓	↓	★	0 2	0 3	1 4	↑	↑	↑	↑	↑	↑	↑	↑	↑
	第二	3	6															1 2	3 4	4 5									
D	第一	5	5	↓	↓	↓	↓	↓	↓	↓	↓	↓	↓	↓	↓	★	0 2	0 3	1 4	2 5	3 7	↑	↑	↑	↑	↑	↑	↑	↑
	第二	5	10														1 2	3 4	4 5	6 7	8 9								
E	第一	8	8	↓	↓	↓	↓	↓	↓	↓	↓	↓	↓	↓	★	0 2	0 3	1 4	2 5	3 7	5 9	6 10	↑	↑	↑	↑	↑	↑	↑
	第二	8	16													1 2	3 4	4 5	6 7	8 9	10 11	15 16							
F	第一	13	13	↓	↓	↓	↓	↓	↓	↓	↓	↓	↓	★	0 2	0 3	1 4	2 5	3 7	5 9	6 10	9 14	↑	↑	↑	↑	↑	↑	↑
	第二	13	26												1 2	3 4	4 5	6 7	8 9	10 11	15 16	23 24							
G	第一	20	20	↓	↓	↓	↓	↓	↓	↓	↓	↓	★	0 2	0 3	1 4	2 5	3 7	5 9	6 10	9 14	15 20	↑	↑	↑	↑	↑	↑	↑
	第二	20	40											1 2	3 4	4 5	6 7	8 9	10 11	15 16	23 24	34 35							
H	第一	32	32	↓	↓	↓	↓	↓	↓	↓	↓	★	0 2	0 3	1 4	2 5	3 7	5 9	6 10	9 14	15 20	23 29	↑	↑	↑	↑	↑	↑	↑
	第二	32	64										1 2	3 4	4 5	6 7	8 9	10 11	15 16	23 24	34 35	52 53							
J	第一	50	50	↓	↓	↓	↓	↓	↓	↓	★	0 2	0 3	1 4	2 5	3 7	5 9	6 10	9 14	15 20	23 29	↑	↑	↑	↑	↑	↑	↑	↑
	第二	50	100									1 2	3 4	4 5	6 7	8 9	10 11	15 16	23 24	34 35	52 53								
K	第一	80	80	↓	↓	↓	↓	↓	↓	★	0 2	0 3	1 4	2 5	3 7	5 9	6 10	9 14	15 20	23 29	↑	↑	↑	↑	↑	↑	↑	↑	↑
	第二	80	160								1 2	3 4	4 5	6 7	8 9	10 11	15 16	23 24	34 35	52 53									
L	第一	125	125	↓	↓	↓	↓	↓	★	0 2	0 3	1 4	2 5	3 7	5 9	6 10	9 14	15 20	23 29	↑	↑	↑	↑	↑	↑	↑	↑	↑	↑
	第二	125	250							1 2	3 4	4 5	6 7	8 9	10 11	15 16	23 24	34 35	52 53										
M	第一	200	200	↓	↓	↓	↓	★	0 2	0 3	1 4	2 5	3 7	5 9	6 10	9 14	15 20	23 29	↑	↑	↑	↑	↑	↑	↑	↑	↑	↑	↑
	第二	200	400						1 2	3 4	4 5	6 7	8 9	10 11	15 16	23 24	34 35	52 53											
N	第一	315	315	↓	↓	↓	★	0 2	0 3	1 4	2 5	3 7	5 9	6 10	9 14	15 20	23 29	↑	↑	↑	↑	↑	↑	↑	↑	↑	↑	↑	↑
	第二	315	630					1 2	3 4	4 5	6 7	8 9	10 11	15 16	23 24	34 35	52 53												
P	第一	500	500	↓	↓	★	0 2	0 3	1 4	2 5	3 7	5 9	6 10	9 14	15 20	23 29	↑	↑	↑	↑	↑	↑	↑	↑	↑	↑	↑	↑	↑
	第二	500	1000				1 2	3 4	4 5	6 7	8 9	10 11	15 16	23 24	34 35	52 53													
Q	第一	800	800	↓	★	0 2	0 3	1 4	2 5	3 7	5 9	6 10	9 14	15 20	23 29	↑	↑	↑	↑	↑	↑	↑	↑	↑	↑	↑	↑	↑	↑
	第二	800	1600			1 2	3 4	4 5	6 7	8 9	10 11	15 16	23 24	34 35	52 53														
R	第一	1250	1250	★	0 2	0 3	1 4	2 5	3 7	5 9	6 10	9 14	15 20	23 29	↑	↑	↑	↑	↑	↑	↑	↑	↑	↑	↑	↑	↑	↑	↑
	第二	1250	2500		1 2	3 4	4 5	6 7	8 9	10 11	15 16	23 24	34 35	52 53															
S	第一	2000	2000	0 2	0 3	1 4	2 5	3 7	5 9	6 10	9 14	15 20	23 29	↑	↑	↑	↑	↑	↑	↑	↑	↑	↑	↑	↑	↑	↑	↑	↑
	第二	2000	4000	1 2	3 4	4 5	6 7	8 9	10 11	15 16	23 24	34 35	52 53																

表 6-2-8　放宽检验二次抽样方案

接受质量限（AQL）

样本量字码	样本	样本量	累计样本量	0.010 Ac Re	0.015 Ac Re	0.025 Ac Re	0.040 Ac Re	0.065 Ac Re	0.10 Ac Re	0.15 Ac Re	0.25 Ac Re	0.40 Ac Re	0.65 Ac Re	1.0 Ac Re	1.5 Ac Re	2.5 Ac Re	4.0 Ac Re	6.5 Ac Re	10 Ac Re	15 Ac Re	25 Ac Re	40 Ac Re	65 Ac Re	100 Ac Re	150 Ac Re	250 Ac Re	400 Ac Re	650 Ac Re	1000 Ac Re
A																											★	★
B	第一	2	2																								★	★	←
	第二																											
C	第一	3	3																					★	★	★	←		
	第二	3	6																										
D	第一	2	2																				0 4	3 8	5 10	7 12	11 17	←	
	第二	2	4																				1 5	8 12	12 16	18 22	26 30		
E	第一	3	3																			0 4	0 4	5 10	7 12	11 17	←		
	第二	3	6																			1 5	3 6	12 16	18 22	26 30			
F	第一	5	5																		0 3	0 4	1 5	7 12	11 17	←			
	第二	5	10																		0 4	1 5	4 7	18 22	26 30				
G	第一	8	8																0 2	0 3	0 4	1 5	2 7	11 17	←				
	第二	8	16																0 2	0 4	1 5	4 7	6 9	26 30					
H	第一	13	13															0 2	0 3	0 4	1 5	3 8	←						
	第二	13	26															0 2	0 4	1 5	4 7	8 12							
J	第一	20	20														0 2	0 3	0 4	1 5	5 10	←							
	第二	20	40														0 2	0 4	1 5	4 7	12 16								
K	第一	32	32													0 2	0 3	0 4	1 5	←									
	第二	32	64													0 2	0 4	1 5	4 7										
L	第一	50	50												0 2	0 3	0 4	1 5	5 10	←									
	第二	50	100												0 2	0 4	1 5	4 7	12 16										
M	第一	80	80											0 2	0 3	0 4	1 5	←											
	第二	80	160											0 2	0 4	1 5	3 6												
N	第一	125	125									0 2	0 3	0 4	1 5	3 8	5 10	←											
	第二	125	250									0 2	0 4	1 5	4 7	8 12	12 16												
P	第一	200	200								0 2	0 3	0 4	1 5	3 8	5 10	←												
	第二	200	400								0 2	0 4	1 5	3 6	8 12	12 16													
Q	第一	315	315							0 2	0 3	0 4	1 5	3 8	5 10	←													
	第二	315	630							0 2	0 4	1 5	4 7	8 12	12 16														
R	第一	500	500					0 2	0 2	0 3	0 4	1 5	4 7	8 12	12 16	←													
	第二	500	1000					0 2	0 2	0 4		3 6																	

— 131 —

4. 产品检验

从所要检验的产品中，按照以上所述的样本数，随机地抽取样品，这样可以保证检验结果真实可靠。

在检验中，应该确保100%地检验所抽取的样品，即使在检验若干件以后，发现疵点数已经超过拒收数，仍然需继续检验所剩余的样品。因为检验的目的除了需要知道"接收"或"拒收"的结果外，还需要了解货物处于何种品质水平，并且可能通过积累历史数据，来判断供应商是否合格，并且决定以后对供应商的检验方案。对供应商本身来说，也可以明确如何去改善自身的产品品质。

5. 统计不合格品数

统计所有的不合格品并计数。

6. 判断接收与否

用统计出的不合格品数或者不合格数对照抽样表中的 Ac 和 Re，就可以决定是"接收"还是"拒收"（图6-2-1、图6-2-2）。

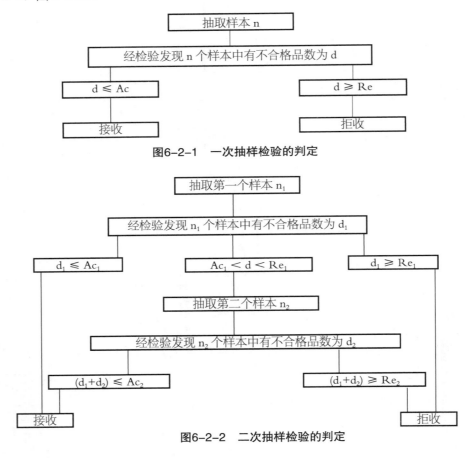

图6-2-1 一次抽样检验的判定

图6-2-2 二次抽样检验的判定

注释：
（1）抽样：在送检批中抽取一定数量样本的过程。
（2）批量：批中含单位数量，其大小用"N"表示。
（3）样本数：从批中抽取的部分单位数量，其大小用"n"表示。
（4）不合格判定个数（Re）：样本中的最小不良品数，如该批产品被检出的不良品数超过此数量，判定该批产品拒收。Re——Reject。
（5）合格判定个数（Ac）：样本中的最小不良品数，如该批产品中被检出的不良品小于此数时，判定该批允收。Ac——Accept。

二、装箱明细单

在末期验货时一般工厂会提供预装箱单（因为有时末期验货时，大货没有全部装箱，不知道尾箱的具体情况），到入库时，工厂应该提供明确的装箱明细单。

（一）装箱涉及的常用术语

1. 装箱方式

装箱方式是指外箱中服装的数量、颜色等的搭配方式。一般服装共有 4 种装箱方式，分别是单色单码，单色混码，混色单码，混色混码。

2. 尾箱

装箱过程中，对于不能满足客户要求的剩余数量按尾箱处理，箱号排在正常箱号的尾端，称之为"尾箱"。通常尾箱的比例不超过总箱数的 5%。

（二）装箱计算

1. 单色单码装箱方法

【例 1】现有一订单，资料如下。

尺码：	S	M	L	XL
数量（件）：	100	200	260	100

试以单码 20 件一箱包装，其装箱明细如何设计？

解法：① 先求出这张订单装箱的总箱数：

$$（100 ＋ 200 ＋ 260 ＋ 100）÷20 ＝ 33（箱）$$

② 由于是单码装箱，所以每个尺码的箱数为：

$$S 码：100÷20 ＝ 5（箱）$$
$$M 码：200÷20 ＝ 10（箱）$$
$$L 码：260÷20 ＝ 13（箱）$$
$$XL 码：100÷20 ＝ 5（箱）$$

共 33 箱。

算出所有尺码数的箱数后，把数据填入装箱明细表（表 6-2-9）。

表 6-2-9　单色单码装箱明细表

箱号	箱数	总数	颜色	尺　码			
				S	M	L	XL
1 ～ 5	5	100		20			
6 ～ 15	10	200			20		
16 ～ 28	13	260				20	
29 ～ 33	5	100					20

【例 2】某一订单尺码与数量分配如下。

尺码：	S	M	L	XL
数量（件）：	96	186	189	129

试以单码 24 件一箱包装分配。

解法：① 总箱数：

$$（96＋186＋189＋129）÷24＝25（箱）$$

② 各尺码的箱数：

S 码：$96÷24＝4$（箱）

M 码：$186÷24＝7$（箱）　　余 18 件

L 码：$189÷24＝7$（箱）　　余 21 件

XL 码：$129÷24＝5$（箱）　　余 9 件

整箱数：

$$4＋7＋7＋5＝23（箱）$$

余下的总件数为：

$$18＋21＋9＝48（件）$$

混码箱数为：

$$48÷24＝2（箱）$$

如箱数出现小数，则只能将余数的几个码混合装箱。至于余数的分配，要取最佳的方法。如将 9 件拆成 6 件＋3 件，那么，18 件＋6 件＝24 件，21 件＋3 件＝24 件，故装箱表如表 6-2-10 所示。

表 6-2-10　单色单码装箱明细表

箱号	箱数	总数	颜色	尺　码			
				S	M	L	XL
1 ~ 4	4	96		24			
5 ~ 11	7	168			24		
12 ~ 18	7	168				24	
19 ~ 23	5	120					24
24	1	24			18		6
25	1	24				21	3

2. 单色混码装箱方法

【例3】其订单尺码及数量分配如下。

尺码：　　　　8　　　　10　　　　12　　　　14　　　　16

数量（件）：　100　　　200　　　400　　　200　　　100

如果以混码 24 件一箱装箱，其包装明细表如何设计？

解法：① 总箱数：

$$（100＋200＋400＋200＋100）÷24＝41（箱）　　余 16 件$$

② 每个尺码在每箱的件数：

8 码：$100÷41＝2$（件）　　余 18 件

10 码：$200÷41＝4$（件）　　余 36 件

12 码：$400÷41＝9$（件）　　余 31 件

14 码：$200÷41＝4$（件）　　余 36 件

16 码：$100÷41＝2$（件）　　余 18 件

整箱件数：

$$2＋4＋9＋4＋2＝21（件）$$

也就是一箱只有21件，每箱少了3件。考虑在C/NO.1～18箱中，将8、10、12码各加1件，即：

尺码：　　　8　　　　　10　　　　　12　　　　　14　　　　　16

件数：　　　3　　　　　5　　　　　10　　　　　4　　　　　2　＝24（件）

余数：　　　－　　　　　18　　　　　13　　　　　36　　　　　18（件）

再在C/NO.19～36箱中，将10、14、16码各加1件，即：

尺码：　　　8　　　　　10　　　　　12　　　　　14　　　　　16

件数：　　　2　　　　　5　　　　　9　　　　　5　　　　　3　＝24（件）

余数：　　　－　　　　　－　　　　　13　　　　　18　　　　　－（件）

再在C/NO.37～41箱中，将12码加1件，将14码加2件，即：

尺码：　　　8　　　　　10　　　　　12　　　　　14　　　　　16

件数：　　　2　　　　　4　　　　　10　　　　　6　　　　　2　＝24（件）

余数：　　　－　　　　　－　　　　　8　　　　　8　　　　　－（件）

余下的件数作为第42箱，即C/NO.42：

尺码：　　　12　　　　　14

件数：　　　8　　　　　8　＝16（件）

第42箱为扫零箱，其特点是混码混色和件数不够定值。装箱明细如表6-2-11所示。

表6-2-11　单色单码装箱明细表

箱号	箱数	总数	颜色	尺　码				
				8	10	12	14	16
1～18	18	432		3	5	10	4	2
19～36	18	432		2	5	9	5	3
37～41	5	120		2	4	10	6	2
42	1	16				8	8	
总数	42	1000						

3.混色混码装箱方法

【例4】现有订单资料如下。

尺码：　　　　8　　　　　10　　　　12　　　　14　　　　16

数量：红：100　　　200　　　400　　　200　　　100　＝1000（件）

　　　蓝：80　　　　100　　　300　　　200　　　100　＝780（件）

试以混色混码24件一箱包装，其装箱明细表如何设计？

解法：① 总箱数：

$$（1000＋780）÷24＝74（箱）　　余4件$$

② 每个尺码在每一箱中所占的件数：

尺码：　　　8　　　　　　10　　　　　　12　　　　　　14　　　　　　16

红色： 1（26） 2（52） 5（30） 2（52） 1（26）（件／箱）（余数）

蓝色： 1（6） 1（26） 4（4） 2（52） 1（26）

说明：括号中的数是余数。

每箱整件数为：

$$（1＋2＋5＋2＋1）＋（1＋1＋4＋2＋1）＝20（件）$$

每箱少4件，这4件平均分给两种颜色，第一次分配可将红色的8和16码与蓝色的10和16码在C/NO.1～26箱中各加一件，即：

尺码： 8 10 12 14 16

红色： 2 2（52） 5（30） 2（52） 2

蓝色： 1（6） 2 4（4） 2（52） 2

第二次分配取30箱较易处理，即将红色的10、12、14码在C/NO.27～56中各加1件，将蓝色的14码加1件，即：

尺码： 8 10 12 14 16

红色： 1 3（22） 6 3（22） 1

蓝色： 1（6） 1 4（4） 3（22） 1

第三次分配将红色的10、14码在C/NO.57～62箱中各加1件，将蓝色的8、14码各加1件，即：

尺码： 8 10 12 14 16

红色： 1 3（16） 5 3（16） 1

蓝色： 2 1 4（4） 3（16） 1

第四次分配将红色的10、14码在C/NO.63～70箱中各加1件，将蓝色的14码加2件，即：

尺码： 8 10 12 14 16

红色： 1 3（8） 5 3（8） 1

蓝色： 1 1 4（4） 4 1

第五次分配将红色10、14码在C/NO.71～74箱中各加2件，即：

尺码： 8 10 12 14 16

红色： 1 4 5 4 1

蓝色： 1 1 4（4） 2 1

C/NO.75：尺码： 12

蓝色： 4（件）

第75箱只有4件，具体装箱情况如表6-2-12所示。有时尾箱中服装数量太少会不单独成箱，即把第75箱4件直接装入第74箱中。

表6-2-12 混色混码装箱明细表

箱号	箱数	总数	颜色	尺 码				
				8	10	12	14	16
1～26	26	624	红	2	2	5	2	2
			蓝	1	2	4	2	2
27～56	30	720	红	1	3	6	3	1
			蓝	1	1	4	3	1

（续表）

箱号	箱数	总数	颜色	尺　码				
				8	10	12	14	16
57 ~ 62	6	144	红	1	3	5	3	1
			蓝	2	1	4	3	1
63 ~ 70	8	192	红	1	3	5	3	1
			蓝	1	1	4	4	1
71 ~ 74	4	96	红	1	4	5	4	1
			蓝	1	1	4	2	1
75	1	4	红					
			蓝			4		
总数	75	1780	红					
			蓝					

（三）装箱明细单例子

装箱明细单中除了要清楚表达每箱装的服装信息外，还必须在表头列明该装箱明细表所对应的订单号、款号信息。同时在表尾算清整批货的总净重、总毛重、总体积等，便于后续出运工作。例如，附录 3 运动裤订单其中的一个装箱单如表 6-2-13 所示。

表 6-2-13　附录 3 运动裤订单的装箱明细单

ORDER NO（订单号）：546837　　　　　STYLE NO（款号）：MKS3845

ETD（出货期）：2019-09-29　　　　　INVOICE REF：

STYLE NAME（品名）	COLOUR（颜色）	SIZES（尺码）					CARTON QTY（每箱件数）	NO. OF CARTON（箱数）	TOTAL QTY（合计件数）	CARTON NOS（箱号）
		S	M	L	XL	XXL				
MKS3845	GREY MARL	20					20	73	1460	1-73
			20				20	95	1900	74-168
				20			20	41	820	169-209
					20		20	30	600	210-239
						20	20	8	160	240-247
			3		17		20	1	20	248
			13	7			20	1	20	249
			17	2	1			1	20	250
		1460	1916	837	609	178		250	5000	

NET WEIGHT（总净重）
2500kg

GROSS WEIGHT（总毛重）　　　　　2750kg

Carton meas（纸箱尺寸）	Cartons（箱数）	立方数
S-M：55×34×40	168	12.57
L-XXL：58×36×40	82	6.85
总计：	250	19.42

NET WEIGHT（净重）：（kg）　　　10
GROSS WEIGHT（毛重）：（kg）　　11

三、末期检验流程

在中期、末期检验中，检验的操作程序基本是相同的，都是针对用料搭配、尺寸规格、缝制工艺、面辅料的功能及性能等方面进行的，但各有侧重。中期的重点在跟进服装的加工质量和交货期，末期的重点在包装和配合出运等方面的检验。下面以大货末期具体操作流程为例详细说明大货生产的检验操作。

末期检验一般要到全部成衣包装完成才能进行。从企业的生产进度来看，由于一些特殊的情况，不能在100%完成产品后再进行末期检验，而是在完成70%～80%时就需要检验。在这种情况下，可以将已检验的80%作为一个批次，而将未检的20%作为另一个批次，分批进行检验。如果订单数目特别大，也可以分批进行检验。但是为了防止混淆已检的和未检的，需要清楚"检验批次"的识别项目。如以某一个裁剪作为批次，某条生产线作为批次，或者以某一个颜色作为批次等。合理地制定、确认、识别"批次"，可以防止漏验。某些服装如硬领的衬衣、高档的内衣裤，需要比较复杂的包装，如果在包装后检验，必然会破坏一些包装。有时包装材料是客供的，并且数量有限，这就不允许包装材料被破坏。如果抽样检验不合格，需要返工，就会造成人力、物力的浪费。在这种情况下，可以在包装前检验。如果吊牌和价格牌是在包装内，包装前检验应该在打好吊牌或价格牌以后进行，因为吊牌或价格牌上内容需要经过检查。如果在包装外，则可以在包装后检验。另外，事先对包装材料做检查也很有必要，任何错误都不应该在最后一刻被发现。在完成包装后，仍然需要检验包装方法、箱内搭配、箱唛等外包装内容。

（一）资料准备

在进行检验前，检验员首先要将资料、工具准备齐全。这些资料、工具主要包括：皮尺、返工贴纸、剪刀、订单资料、样衣、标准色卡、面辅料卡、头缸布、空白检验报告、样品确认意见等。如果客户要求水洗测试、验针等，也需提供相应检验报告。跟单员要认真阅读各项资料，对缺少的资料做好记录或向有关人员查询。

（二）抽样

抽样前，首先检查装箱明细单并与订单核对数量是否正确，尺码／颜色搭配是否正确。如果有短溢装客户是否允许，或者其数量是否在客户允许的范围内。如果有尺码／颜色搭配不齐的尾箱，客户是否接收。正确的装箱是商品合格的前提。

检验应该有一定的标准，要了解客户是采用什么样的标准进行检验，然后参照客户的标准进行检验。也许会有个别的客户不了解接受质量限（AQL），此时品质管理部门仍然应该确定一个AQL标准，如对一般的服装，可以选用 Level Ⅱ、Normal、AQL 4.0 或者 AQL 2.5 等，对价值较高的服装可以选用 Level Ⅱ、Normal、AQL 1.5 等。同时要注意的是，很多日本客户的订单是要求全检的，并且要在指定的检品公司进行检验。

在选定 AQL 检验标准以后，就可根据出货数量来确定应该抽取样品的数量。抽取样品的原则如下：

① 抽验必须是随机的，以保证抽取样品的品质能够代表大货的品质。

② 抽取的样品中应该包含所有的颜色和尺码并且按订单的比例增减。

（三）检查包装

把抽到的箱子运送到指定地点后，首先进行包装的检查。

1. 纸箱的尺寸和重量

一般客户的货物到达目的地以后，首先要进入配（发）货中心（distribution center）。由于其物流管理的要求，对纸箱的尺寸和重量一般有严格规定。如果客户对纸箱的尺寸和重量有要求时，通常情况下应使实际的尺寸和重量略微小于规定的尺寸和重量。

有时客户出于环保和回收的考虑，对纸箱会有特别要求，如不能带有铁钉（nail）和封箱带（strap band）等，这些都需逐项进行检查。

2. 箱唛和封箱

根据资料仔细核对箱唛，确保准确无误。箱子的四面都要进行检查，如果箱唛上有手写的订单号、商品号等，则有必要检查所抽取的全部纸箱。另外，若客户对封箱方法有特殊要求，则需检查封箱方法。

3. 箱内成衣的包装

① 打开纸箱，检查尺码、颜色、数量的搭配是否与订单相符，是否与装箱明细表相符。如果发现装箱出现错误，必须加检总箱数的 20%。如果在这 20% 中仍然发现有错误，则供应商需检查所有的装箱。

② 检查成衣在箱内的放置方法是否正确。

③ 拿出包装袋，检查包装袋整体外观是否正确，如检查领子是否歪斜，是否对称；领尖距是否正确，折叠外观是否正确；包装袋尺码与成衣尺码是否一致；包装袋是否太紧或太松。检查包装袋的材质、印字、封口等是否正确。如果包装袋上有尺码、颜色等内容，则检查与所装的成衣是否相符。

④ 从包装袋中取出成衣，检查衣架是否正确（如有），或检查其他的包装是否正确等。

⑤ 检查成衣的折叠方法是否正确。有些客户由于销售的需要，对成衣的折叠方法有一定的要求，检验时就要检查其折叠方式。

检查包装需要检验员认真负责的工作态度和有条不紊的工作方法。

（四）检查成衣

1. 检验面辅料

尽管面辅料在材料进场和产前检查中已经做过检验，但是在成衣生产企业的实际操作中，往往材料不是一步到位，而是在生产中逐步到位的，在以前的检查中有可能会疏忽。另外，也不排除可能会错误地把其他款的辅料用到这一款，特别是对同一客户的货物。通过此项检查可以确保面辅料是否正确。从品质管理的观念来说，是检查、检查、再检查。

① 面料：检查面料的颜色、花型、质地，注意箱内是否有色差，是否对条、对格或对花，是否有明显的疵点。如果经过成衣水洗，颜色、手感是否符合要求。

② 里料：检查里料的颜色、质地，是否有褶皱等明显的疵点等。

③ 标志：检查主标、洗标的内容是否正确，车缝位置是否正确，车缝是否美观。

④ 拉链：试验拉链的开合和关闭是否顺畅，自锁等功能是否完好，拉链带是否配色，拉链的车缝是否美观。如果客户指定 YKK 拉链，则注意其是否假冒。

⑤ 纽扣、金属扣和揿扣：检查材质是否正确，钉扣的方法是否符合客户的要求，是否牢固；纽扣是否太大或太小。对于揿扣类的扣件，还要进行拉力测试以保证其功能和牢度。

⑥ 绣花：检查颜色、花型、密度是否正确，注意有无脱针等绣花疵点，绣花背面的绣花纸、线头是否合理处理。

⑦ 垫肩：检查垫肩的尺寸是否正确，垫肩包布是否配色，缝钉位置是否正确。

⑧ 肩带：检查肩带的材质、尺寸、颜色是否正确。

⑨ 橡筋：试拉其松紧程度是否合适，橡筋处松量、拉量尺寸是否正确。拉直橡筋，检查是否有脱针等车缝疵点。

⑩ 罗纹：检查质地、结构是否正确，弹性恢复是否合适，车缝是否美观。

⑪ 尼龙搭扣：质地、颜色、尺寸是否正确，车缝位置是否正确，车缝是否牢固并美观。

⑫ 腰带和束带：检查颜色、质地是否正确，尺寸是否符合要求。

⑬ 黏合衬：检查是否有脱胶、渗胶等不良外观，也可以试着从面料上剥离黏合衬，如果很容易地被剥离，说明其黏合牢度有问题，应该进一步进行黏合牢度的测试。

2. 检查成衣

必须对被检品做彻底的检查，并且要按抽样数全部检验。

在进行成衣检验时，要有良好的照明条件，一般要求 750Lux。将成衣平放在检验台上，按顺时针方向，由里到外，由左到右，由中心到外围的方向，避免漏检，如图 6-2-3 所示进行。还要注意在检查每一个部位时，都要有一个拉伸的动作，防止人穿着用力或运动时，线迹太紧或面料不良而爆掉的现象；检查衣服还要注意衣服的对称性：① 上装要比一下衣服有无长短肩／长短袖，左右领子大小是否一致；② 下装有无长短裤／脚口有无大小。具体的检验动作如下所示。

（1）上衣的检验动作

① 检查前身：将被检的衣服放平于检验台上，观察前身以及整件衣服的造型和线条。

② 检查衣领：将衣领竖起，折叠核对左右领的形状和大小是否对称，同时注意主唛是否在后领中。观察领面有无黏合不良，如渗胶、脱胶、起皱等。观察领面的车缝规格是否准确，车缝外观是否美观。将领子翻过来，检查底领的车缝和平整。

③ 检查右袖：一手拿肩部，一手拿袖口，观察袖窿和袖缝。检查袖口的各个细节，如袖纽、纽孔、袖褶等。如果有夹里，则将手伸入袖子中，看袖衬里是否顺畅。

④ 检查左袖：同检查右袖。

⑤ 检查左右肩部：观察肩的车缝。如有垫肩，检查袖山、垫肩的效果。

⑥ 检查前身口袋：观察袋口的车缝，将手伸入袋中，检查袋布及其长度。如果是贴袋，观察其形状和车缝效果。

⑦ 检查前片纽孔或纽扣：观察锁缝的密度、位置、大小和外观，检查纽扣的牢度和车缝规格。

⑧ 检查前片：检查前片的所有车缝，并检查侧缝。特别注意前门襟或者加有衬里处是否平服。

⑨ 检查下摆：观察下摆的弧度是否顺畅。检查下摆车缝效果，例如暗缝是否过面，是否细密没有痕迹，平缝是否起扭。

⑩ 检查后身：检查育克和后褶等的车缝。

⑪ 检查内身：若有夹里，检查夹里的品质、滴针等。无夹里也要检查所有的缝迹、线型和密度。

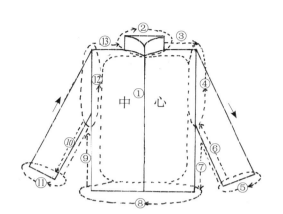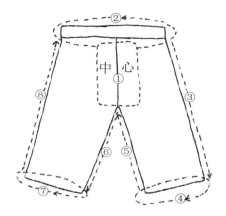

图6-2-3　检查成衣

⑫ 试穿：将所检查的衣服穿于相同尺寸的模特上，如果没有模特，也可以用合适的人替代。检查肩点是否在准确位置，肩的位置是否正确、有无偏斜。如果有垫肩，垫肩的效果是否自然，是否圆顺美观；前袖平直垂放于肋两侧的位置，应该对称，不允许有左右差异；在左右侧面，观察袖的位置是否正确，是否有起皱等影响外观的疵点；检查领部的造型和线条是否美观，左右领是否匀称。扣上前扣，领窝是否太紧或太松。领的覆褶是否太深或太浅；检查前后片是否有影响外观的不和谐或疵点，检查肋部是否顺帖；检查开衩部位是否正确、自然；检查下摆的下垂是否自然。不用每件样衣都进行试穿，一般做到齐色齐码即可。

（2）裤子的检验动作

① 检查前身：观察裤身的造型和线条是否美观、流畅。检查裤筒的缝合，注意丝缕是否顺向。

② 检查腰围：检查腰头的车缝是否圆顺、平服，腰头内侧是否平服。

③ 检查前开口：拉合拉链（或纽扣），检查门襟的车缝是否平服，是否遗漏封结。拉开拉链，检查拉链的车缝，检查纽扣、纽孔、扣件位置是否正确，是否牢固。

④ 检查裆缝：检查前裆弧线、后裆弧线缝合效果，是否有布料的褶皱，十字裆的结合是否完善。

⑤ 检查侧袋：手插入袋中，感觉大小是否合适。注意袋口是否服帖，是否遗漏套结。拉出袋布，检查其车缝。

⑥ 检查后袋：观察袋口及袋盖的整体外观，检查纽扣和纽孔的车缝或装钉，是否遗漏套结。手插入袋中，检查袋布的车缝。

⑦ 检查侧缝和下裆缝，检查它们是否起皱或有其他外观疵点。左右裤长是否相同，左右裤口的大小是否一致。

⑧ 检查整体效果：两手拿起裤腰，查看裤筒是否挺直，挺缝线是否居中，是否有外观的不良。将裤腰朝下，手拿裤口，看其前后的横截面是否有起皱或不顺服以及其他影响外观的疵点。

⑨ 检查裤子反面：将所验的裤子翻向反面，检查所有的缝是否有跳针、漏缝等疵点。

⑩ 试穿：与上衣同样的，在模特或者在人体上试穿。观察腰、臀等部位造型是否美观；如果有中缝，则中缝是否居中，是否有歪扭；裤筒是否起扭；前后裆弧线是否平服，有无明显的起皱；如果有前门襟，前门襟是否服帖，是否有拉链露出；等等。

将所发现的疵点做好明显标记，放置在一边，并根据疵点的严重性、所在部位、产品的类型、订单标准等确定其是严重疵点还是普通疵点。检验时，考虑到不同的款式需要不同的检验步骤，所以可以在检验前首先设计一个检验计划，以避免仅仅是按照经验随意地检查，从而遗漏严重的疵点。

如果在检验若干件后没有发现疵点，不能认为这批货合格。同样在发现几个严重疵点后，也不能认为这批货不合格。检验的结论应该是在按照抽样数检验完毕后得出。

（五）疵点计数

按照抽样数检验好以后，就可以对疵点数进行计数。计数通常有以下几种方法。

① 对带有严重不合格（major defects）的某件成衣，计数时按一个不合格计。对带有轻微不合格（minor defects）的某件成衣，计数时按 1/2 件计。

② 不区分严重不合格和轻微不合格，而是认为只要不合格是可见的，就进行计数。

③ 对严重不合格和轻微不合格分别给予不同的 AQL 值。例如对严重不合格规定为 AQL 2.5，而对轻微不合格规定为 AQL 4.0。此时检验者可以对严重和轻微不合格分别计数。这种计数方法，比较符合服装加工的特点，也便于检验者操作。

计数时，同件成衣中的疵点不重复计数，如果同时带有严重不合格和轻微不合格，按严重不合格计数。除了区分严重不合格和轻微不合格以外，要特别注意严重不合格中的致命性疵点（critical defects）和原则性问题。所谓致命性疵点是指那些根本不能使用或销售的商品，例如破洞、严重污渍、同件色差、脱线等。如果这些致命性疵点重复性地出现或在严重不合格中占有较大的比例，检验者需要提高警惕，因为这些致命性疵点在检验中很容易被发现，而供应商和生产者却没能发现，这说明货物的漏验率高，或者货物没有经过检验。原则性问题是指混 PO、混码、混洗标、少各种辅料（标、吊牌、锭绳等）、扣件不良（脱落、脱漆、拷纽拷破衣服等）、错款、有断针等，这类问题抽样时仅只发现 1 件，必须要求车间全数重查，并查明原因，让质管人员寻找管理问题并寻求相应改善措施。

在计数的同时，检验者也可以把检查出的疵点展示给生产者和供应商，尽可能取得一致的意见。

（六）测量尺寸

在检查过的成衣中每色每码至少取 2 ~ 3 件，测量其尺寸。也可按 AQL 抽样来决定测量尺寸的样衣件数，一般按 S-2、Normal、AQL 4.0 或 AQL 2.5 来进行。按照确认样以及产前样制作和确认过程中测量方法及尺寸表测量即可。在测量的同时，在尺寸数据记录表上填上测量的结果。

所有服装测量的基本原理和方法是一致的，但是不同的客户，其测量方法会稍有差异。因此在测量尺寸时，一要注意客户的尺寸规格表是否有测量方法的提示，二是在生产前就需要了解客户的测量方法，三是在确认样和产前样的测量中，如果发现和客户的测量结果有较大的差异时，需考虑测量方法与客户的测量方法是否存在差异。这时应该及时与客户沟通有关尺寸的测量方法。

被测服装必须平整，服装的纽扣、拉链必须扣上或拉上。被测服装在测量前或测量中不得拉伸或卷曲。在测量时，将被测服装平放于检验台上，检验台的尺寸必须足够平放整件衣服，台面需平整、干净。

1. 上衣各部位的测量

（1）衣长（Body Length）

通常有两种测量衣长的方法。

① 后衣长（back length）：在上装的后身量取肩高点至下摆的距离。记作：from HPS（肩高点量）。有时从后领中点量，称后中长，记作：from C.B.neck，如图6-2-4所示。

② 前衣长（front length）：在上装的前身，量取肩高点至下摆的距离，记作：from HPS（肩高点量），如图6-2-5所示。有时也会从前领中点量，但比较少见，记作：from C.F.neck。

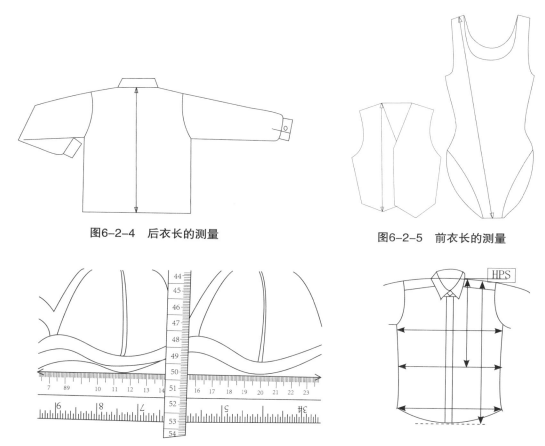

图6-2-4　后衣长的测量　　　　　　　　图6-2-5　前衣长的测量

图6-2-6　衣长测量

如果下摆不是直线，一般量到下摆最低点，如图6-2-6所示。

（2）胸围（Chest Width）

在大多数情况下，测量位置点是在袖窿下2.5厘米（1英寸）处，从一侧的侧缝水平量至另一侧，记作：at 2.5cm below the armhole，或者直接简写成1"FM A/H。也有直接在袖窿下测量。测量时，注意尺寸表上是否有说明。如果成衣的款式带有褶，例如衬衫的后褶，需注意尺寸规格表上是否注明测量时"褶打开（pleats opened）"还是"褶收拢（pleats closed）"。

（3）腰围（Waist Width）

一般在尺寸规格表上会注明一个测量位置点，指出是在肩高点下多少距离测量，记作：× cm down from HPS。测量时，在位置点上从一侧的侧缝水平量至另一侧。如果没有注明测量位置点，则取最狭窄处作为测量位置点。如果腰围带有橡筋，需要分别测量松量尺寸（relaxed）和拉量尺寸（extended）。

（4）下摆围（Bottom Width）

从下摆的一侧量至另一侧。如果下摆带有橡筋，则需要分别测量松量尺寸（relaxed）和拉量尺寸（extended）。如果下摆是弧的，则要注意客户要求是直量（Straight）还是弧量（Along the curve）。

（5）肩宽（Cross Shoulder）

在后肩，从一侧与袖窿接缝的肩点量到另一侧的对应肩点（图6-2-7）。另一种肩宽的测量为侧肩宽（side shoulder or shoulder seam length），也称小肩宽，从肩高点（HPS）量到肩低点（LPS）（图6-2-8）。

（6）前胸宽（Cross Front or Front Breadth）

在大多数情况下，尺寸规格表上会指出测量位置线，记作：× cm down from HPS，测量时按照此位置线，从一侧袖窿水平量至另一侧。如果无测量位置线，可以在袖窿中央最狭窄处量，如图6-2-8所示。

（7）后背宽（Cross Back or Back Breadth）

与测量前胸宽类似，按照测量位置线或者在后身袖窿中央最狭窄处，从一侧袖窿缝水平量至另一侧，如图6-2-7所示。

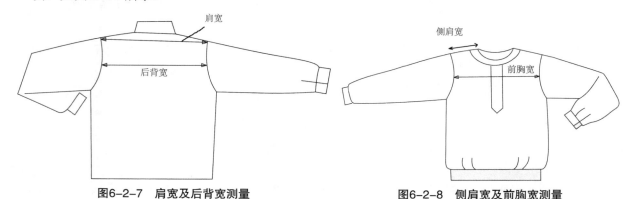

图6-2-7　肩宽及后背宽测量　　　　　　　　图6-2-8　侧肩宽及前胸宽测量

（8）袖窿（Armhole）

袖窿的测量有两种方法：一是沿着袖窿缝的曲线进行测量，尺寸表上记作：Along the curve；二是在袖窿缝的上下两点做直线测量，尺寸表上记作：Straight。在大多数情况下采用前者的测量方法，但针织毛衫采用后者较多。还有一种连肩／插肩袖（Raglan and saddle armhole）的款式，其测量方法也有沿弧线或两点直线测量两种，如图6-2-9所示。

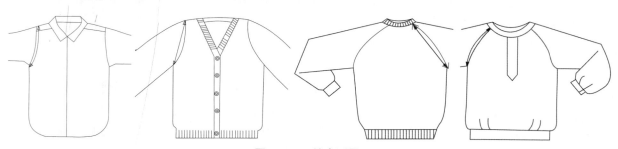

图6-2-9　袖窿测量1

对于无袖衣服的袖窿，其测量基准线要看袖窿处有无罗纹或包边等。如果有罗纹或包边等，一般沿着缝辑线测量，如果是大货面料延伸，则一般沿着袖口外弧线，如图6-2-10所示。

（9）袖长（Sleeve Length）

袖长的测量方法有三种，在客户的尺寸表上一般会提示测量的方法。① 从肩点测量（from the shoulder point）；② 从肩颈点量（from the HPS）；③ 从后中点量（from the CB），如图6-2-11所示。

（10）臂围（Muscle or Girth Top of Sleeve）

通常在袖窿下2.5厘米处垂直量向袖中线，记作：from 2.5cm below the armhole，如图6-2-12所示。

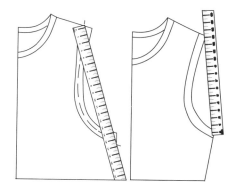

图6-2-10　袖窿测量2

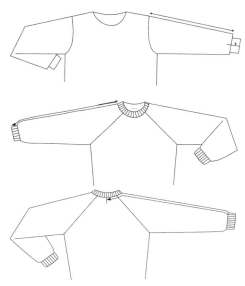

图6-2-11　袖长测量

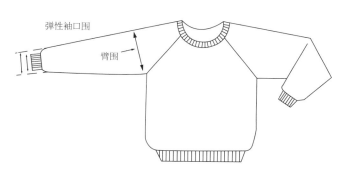

图6-2-12　臂围和弹性袖口围测量

（11）袖口尺寸（Sleeve Size）

① 袖口围（sleeve opening），即袖口一周的围度。测量带有弹性的袖口围，需要分别测量松量尺寸（relaxed）和拉量尺寸（extended），如图6-2-12。② 袖头围（cuff opening），测量时从纽扣中央量至扣眼的外侧。③ 袖头宽（cuff height）。④ 袖衩长和宽（sleeve placket length and width），如图6-2-13所示。

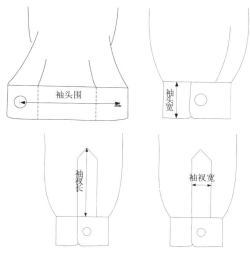

图6-2-13　袖口尺寸测量

（12）衬衫领尺寸（Collar Size）

① 领围（collar opening），测量时从纽扣的中央到扣眼的外侧。② 领座长度（collar band length along seam）。③ 翻领外沿长度（collar length at outer edge）。④ 翻领高（collar height）。⑤ 领尖长（collar point）。⑥ 领座高（collar band height），如图 6-2-14 所示。

（13）衬衫领间距（Collar Spread）

扣好纽扣并将领子放平整，测量两个领尖之间的距离，如图 6-2-15 所示。

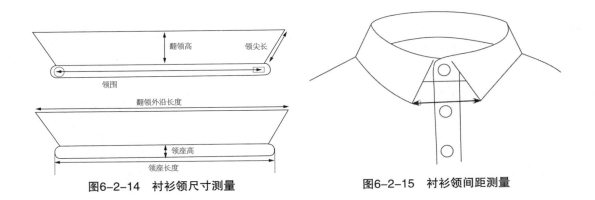

图6-2-14　衬衫领尺寸测量　　　　　图6-2-15　衬衫领间距测量

（14）套衫领围（Neckline Circumference）

套衫领围测量的基准线有两种情况，如果有罗纹领或者领口包边的，量取基准线是领口缝缉线。如果是衣身面料延长的，即没有罗纹或包边等，量取基准线是领口线，如图 6-2-16 所示。

套衫领围还存在一个拉量尺寸（extended），拉量领围是将领围拉至最大时的领开口测量值，如图 6-2-17 所示。拉量领围必须大于所规定的最小尺寸。

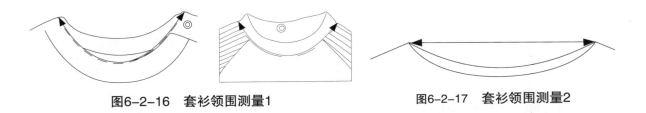

图6-2-16　套衫领围测量1　　　　　图6-2-17　套衫领围测量2

（15）领宽（Neck Width）

测量从一侧 HPS 至另一侧的 HPS 的距离，如图 6-2-18 所示。

（16）前领深（Front Neck Drop）

在领开口一侧的 HPS 至另一侧 HPS 做一条虚拟的水平线（imaginary line），量取该水平线至前领中的距离，如图 6-2-19 所示。

如果是带有领子的前领深，有时测量这条虚拟水平线至第一粒纽扣（或其他标记处）的距离，也可以测量后中领缝至第一粒纽扣的距离，如图 6-2-19 所示。

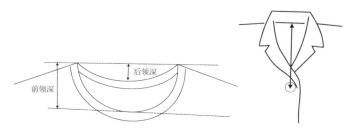

图6-2-18　领宽测量　　　　　　　　图6-2-19　前领深和后领深测量

（17）后领深（Back Neck Drop）

与测量前领深类似，在领开口一侧的 HPS 至另一侧 HPS 做一条虚拟的水平线，量取该水平线至后领中的距离，如图 6-2-19 所示。

（18）门襟长和门襟宽（Placket Length / Placket Width）

测量方法如图 6-2-20 所示。

（19）育克长和育克高（Yoke Horizontal Length / Yoke Height）

测量方法如图 6-2-21 所示。

（20）帽子大小（Hood Size）

上衣连帽衫帽子的尺寸一般以帽前长（front hood length）、帽后长（back hood length）和帽宽（hood width）来表示，如图 6-2-22 所示。

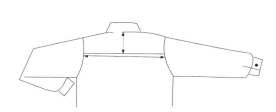

图6-2-20　门襟长和门襟宽测量　　图6-2-21　育克长和育克高测量　　图6-2-22　帽子大小的测量

2. 裙子、裤子的各部位测量

（1）腰围（Waist）

测量腰头开口长度，沿着腰线测量。如果自然状态下，前后腰线不在同一水平线上，一般要调整使其重叠在一起再测量。如果是橡筋腰头，腰围测量有松量尺寸（relaxed）和拉量尺寸（extended）之分。松量是在自然松弛的状态下进行测量，拉量是将弹性腰头拉到最大值量，如图 6-2-23 所示。

（2）腿围（Thigh Width）

一般是在胯下 2.5 厘米处测量，尺寸规格表上会记作：at 2.5cm bellow the crotch。也有直接在胯下测量。所以测量时要注意尺寸规格表上的测量位置点，如图 6-2-23 所示。

（3）膝围（Knee Circumference）

尺寸规格表上会有测量位置线的说明，记作：× cm down from the crotch（距胯下多少距离处量），如图 6-2-23 所示。

（4）臀围（Hip Width）

臀围有三点测量和直线测量，如图 6-2-24 所示。

测量臀围时，注意尺寸规格表上注明的测量位置点或测量的附加说明。

① 测量时是否含腰头，尺寸规格表上会说明：含腰头量（include WB）还是不含腰头（exclude WB 或者是 below WB），或"× cm down from top/below waistband"。

② 如果带有褶，是否需要将褶打开或合拢，通常在尺寸规格表上也会注明：褶打开量（open pleats）或者褶合拢量（close pleats）。

（5）前裆线 / 后裆线（Front Rise / Back Rise）

将裤子的下裆缝和侧缝对齐折叠，然后露出前裆线以及后裆线，量取腰围至裆下十字缝的距离。测量时要注意尺寸规格上的测量要求，尺寸表上会注明含腰头（include WB）还是不含腰头（exclude WB 或者是 below WB），如图 6-2-25 所示。

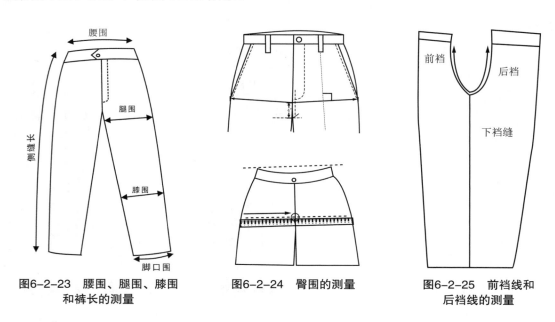

图6-2-23　腰围、腿围、膝围　　　　图6-2-24　臀围的测量　　　　图6-2-25　前裆线和
和裤长的测量　　　　　　　　　　　　　　　　　　　　　　　后裆线的测量

（6）脚口围 / 裙摆围（Leg Opening / Skirt Bottom Opening）

裤子要测量脚口开口的尺寸，裙子是测量裙子下摆开口的尺寸，如图 6-2-26 所示。

（7）裤长（Pants Length）

裤长以下裆长（inseam）和侧缝长（outseam）来表示，但是以下裆长居多。测量下裆长时是在裤子的下裆缝，量取裆下十字缝到裤口的距离，如图 6-2-27 所示；测量侧缝长时是从腰头开始沿着裤侧缝量至脚口，但要注意是否含腰头，如图 6-2-23 所示。

（8）腰头高（Waist Band Height）

测量如图 6-2-28 所示。

（9）串带襻宽度 / 长度（Belt Loop Width / Length）

测量如图 6-2-28 所示。

（10）门襟开口（Fly Front Opening）

测量如图 6-2-29 所示，注意测量时是否包括腰头。

（11）口袋测量（The Pocket Measurements）

口袋尺寸一般有口袋大小尺寸和口袋位置尺寸。大小尺寸一般以袋口大、口袋深等表示。位置一般以肩高点（from HPS）、前中心线（from CF）等为参考基准点，如图 6-2-30、表 6-2-14 所示。

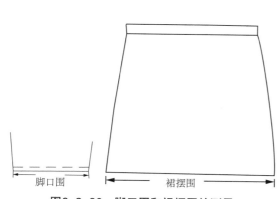

图6-2-26　脚口围和裙摆围的测量

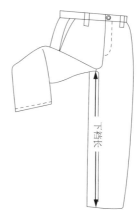

图6-2-27　裤长的测量

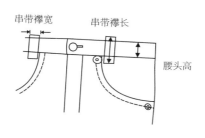

图6-2-28　腰头高及串带襻长、宽的测量

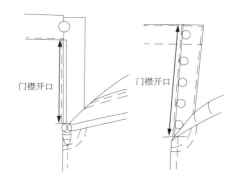

图6-2-29　门襟开口的测量

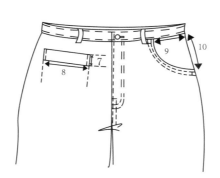

图6-2-30　口袋的测量

表6-2-14

编号	测量名称
1	Pocket Height（袋高）
2	Pocket Opening（袋口大）
3	Pocket Placement from HPS（袋位距肩高点）
4	Pocket Placement from Bottom Edge（袋位距底边）
5	Pocket Placement from Center Front（袋位距前中）
6	Pocket Placement from Center Back（袋位距后中）
7	Welt Pocket Height/Width（挖袋袋嵌线宽）
8	Welt Pocket Length（挖袋大）
9	Crescent Pocket Width at WB（在腰线处月亮弯口袋宽）
10	Crescent Pocket Height at Side Seam（在侧缝处月亮弯口袋宽）
11	Flap Long（袋盖长）
12	Flap Height（袋盖高）

（12）袋布长/宽（Pocket Bag Length/Width）

测量如图6-2-31所示。

值得注意的是，尺寸的测量方法常常是检验者和生产者争论的焦点。因为服装是一种柔性、可伸展的物体，不同的测量方法，会有不同的检验结果。为了避免这种争执，在产前就应该得到客户的测量方法，并与其取得一致。

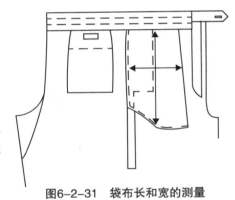

图6-2-31　袋布长和宽的测量

如果尺寸不准确，超出允差，作为检验员是不能接受的。但是如果尺寸差异不是很大，作为管理层则需考虑某一个尺寸不合格是不是意味着整件服装不合格？以下因素可在考虑时参考。

① 面料结构：是机织还是针织，或是毛针织。

② 款式：是西装、衬衣还是睡衣，或是其他休闲的款式。

③ 合身性：通过试穿来确定合身性。

以上 ① 和 ②，是评估尺寸的重要因素；③ 对于服装来说，合身和尺寸是两个稍有不同的问题，即尺寸稍有差异但不一定不合身。由模特儿试穿来评估合身性是最好的方式，模特会告诉你是不是太紧或太松。

（七）检查结果的评估

检查工作完成后，按前面提到的图6-2-1和图6-2-2 AQL抽样检验判定方法进行判定。对于判定质量合格、可以出货的，处理较为简单，直接安排出货；但对于按AQL判定方法进行判定，不能出货的一般有以下几种处理情况：

① 返工修正，重新查验。经检查，发现部分成品或成品个别部位不符合订单的质量要求，需返工修正，使成品的质量得到改善，并达到订单的质量要求，通过重新检验合格后，才能出货。大

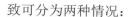

致可分为两种情况：

a. 带有疵点的成衣挑出后疵点可改正。

b. 可以把带有疵点的成衣挑出，但疵点不可改正。

对于上述情况a，比较容易解决。此时只要将含有疵点的成衣展示给将参与100%检验的人员，让他们知道疵点的情况，以便在重新检验时挑出返工。

对于上述情况b，同样将疵点展示给有关的检验人员，让他们重新检验并挑出。同时在货期允许、面辅料允许的情况下补做。如果不可能补做，则迅速与客户联系，争取客户的理解并同意短装。不管是短装还是补做，都会需要立刻估计一个疵点百分率。

比较方便的估计方法是求带有疵点的成衣占抽样检验数的百分率，例如抽样检验125件，带有疵点的成衣20件，则：（20/125）×100% = 16%，即需要补做或者短装16%。

② 有小问题，担保出货。经检查，成品的整体质量合格，但存在质量上的小问题，而这个小问题没法修补，在加工厂法人代表签名担保的条件下，可以担保形式出货。

③ 质量较次，拒绝出货。经检查，发现成品有较大的质量问题，即使返修也不可能符合订单的质量要求（如错款），或经返修两次仍不能有效改良质量，存在较多的疵点，认定成品质量不合格，客户拒绝接受成品，不能安排出货。

（八）填写检验报告

不论检验是否合格，或是第一次检验还是重新检验，检验者都应该出具检验报告。检验报告是质量跟单工作的重要文件，必须以认真、负责、客观、公正的态度编写。在填写质检报告时要注意以下几点。

（1）文字简洁

要以简练、明了的文字来表达质量检查的情况，尽量运用专业的名词，不使用自创的词语和"可能""大概"等不确定的词语，避免产生歧义，应让阅读者准确理解报告的内容。

（2）实物辅助

如果文字不能充分描述成品的质量，最好的办法就是附上有代表性的样本，使阅读者更加直观了解成品的质量情况。

（3）提防遗漏

报告反映的质量情况要力求全面、真实，以免影响阅读者的判断。报告填写完后，要反复核对、审阅，防止错误或遗漏。

一份规范的质检报告一般包括以下内容。① 时间：明确表示检查的时间。② 抽查比率或数量：表明抽查样品的数量和抽查结果的可靠程度。③ 疵点：准确表述抽查样品疵点的数量、出现位置与频率。④ 评语：对质量检查情况做出总结，客观评定成品的质量是否合格。⑤ 建议：对成品存在的质量问题提出改进意见。⑥ 签名确认：检验员签名，以示对质量检查的结果负责。如表6-2-15至表6-2-17为附录3运动裤订单的检验报告。

第一次检验不合格，生产车间或者供应商应采取措施以改正。品质管理部门需要对已经改正的货物重新检验。重新检验的标准一般会比第一次检验严格，例如，第一次检验采用的标准是：Level Ⅱ、Normal、AQL 4.0，重新检验时就应该采用AQL 2.5，当然也可以采用其他标准，这通常由客户来决定。

表 6-2-15　附录 3 运动裤订单末检报告

××× Merchandising Limited

INSPECTION CERTIFICATE
质检证书

Date（日期）：2019-09-20 　　　　　　　　Contract No.（合同号）：××××

Style No.（款号）：MKS3845 　　　　　　　Contract Qty.（合同数量）：5000pcs

Shipment Date（开船期）：2019-09-29 　　　Inspector（验货人员）：××××

Inspected Qty（抽查数量）：200pcs

Supplier（卖方）：_____

Tel. No.（电话）：_____　　Fax No.（传真）：_____

This inspection certificate is issued to the supplier by ×××× Merchandising Limited.

Dear Sirs,

According to our random inspection of above goods, we found the quality, quantity etc are in accordance with our contract. However, this inspection certificate issued to you will not release your responsibilities for above goods until our final buyer accepted it. If any inferior products found in the uninspected portion of the shipped goods, the supplier agrees to pay 100% economic responsibilities caused therefore. So the supplier is going to make sure the whole lot of the goods are as good as the inspected qualified products.

依照我公司验货人员对上述产品的随机抽查，我们发现质量以及数量等与合同相符，但是，直至最终客户接受所有出运货品之前，此质检证书的签发并未解除卖方对上述出运货品应负的责任。如果在已出运货品的未检测部分中发现有劣质产品，卖方要承担 100% 的经济责任。因此卖方确保，所有出运货品同已检合格产品的质量一致。

With best regards.

商祺！

Supplier（卖方签字盖章以示同意）

表 6-2-16　尾期查货报告

FINAL INSPECTION REPORT

DATE OF INSPECTION 查货日期：2019-09-20　　　　　　packed percentage 装箱：100%

Vendor（供应商）	×××	Order No.（订单号）	546842	Style No.（款号）	MKS3845
Order Qty（订单数量）	5000pc	Shipping Qty（走货数量）	5000pc	Inspected Qty（实查数量）	200pc
Total Cartons（走货总箱数）	250 箱	Inspect Carton No.（查货箱号）	1, 209, 235, 247, 166, 236, 162, 100, 71, 208, 245		

DETAIL CHECKLIST（查货细数表）

CARTON SIZE（纸箱尺寸）　　S-M：55×34×40　　L-XXL：58×36×40　　CARTON G.W（纸箱毛重）：11kg

	YES 正确	NO 错误		YES 正确	NO 错误	pass grade 通过的等级：1.poor 极差 2.fair 差 3.satisfactory 满意 4.good 好 5.excellent 优	
SHIPPING MARK（箱唛）	√		LABLES（标签）	√		PRESENTATION（外观）	3
PACKING INS（装箱方法）	√		CONFORMTRY（标签的一致性）	√		WORKMANSHIP（做工）	3
ASSORTMENT（分配）	√			是	否	PRESSING（整烫）	3
POLYBAG（塑胶袋）	√		能否提供验针机灵敏度测试记录？	√		PACKING（包装）	3
TICKETS（贴纸）	√		能否提供验针报告？	√		CLEARANCE（清洁度）	3
HANGTAGS（挂牌）	√		现场验针是否通过？	√		MISCELLANEOUS（综合）	3

（续表）

GARMENT DEFECT CHECKLIST 衣服疵点表

DEFECT DETAIL DESCRIPTION（疵点详细描述）	MAJ（大疵）	MIN（小疵）
① 抽绳长短	1	2
② 袋口长短 / 袋口脱线	2	
③ 裆底缝未对齐		2
④ 线头		2
TOTAL（合计）	3	6
AQL 1.5 ACCEPTABLE FAULTS NUMBER　（AQL 1.5 可接受疵点数量）	7	10

SHIPMENT RESULT BASED ON AQL 1.5　（根据 AQL 1.5 查货结论）					
RELEASED（接受）	√				
FAIL（不接受）					
CHECKED BY（检验员）	×××	FACTORY REPRESENTATIVE（厂方代表签名）	×××	APPROVED BY（批准人）	×××

表 6-2-17

Specification Sheet（尺寸表）　　**po. 546842**

Style No.（款号）	MKS3845	Description（品名）	SANDRINGHAM FLEECE PANT
Collection（系列）	MCKENZIE MENS	Season（季节）	A/W 2018/2019
Supplier（供应商）		Date（日期）	2019-09-20

Measurement Description（测量部位）:	Point:	S			M			L			XL			XXL		
HALF WAIST (relaxed)（腰宽（松量））	A	34.5	-0.5	/	37	/	-0.5	39.5	-0.5	-0.5	42	/	-0.5	44.5	/	/
HALF WAIST (stretched)（腰宽（拉紧））	B	44.5	/	/	47	/	/	49.5	/	/	52	/	/	54.5	/	/
FRONT RISE (inc.waistband)（前裆长（含腰带））	C	29	0.5	/	30	/	1	31	0.5	0.5	32	1	0.5	33	0.5	1
BACK RISE (inc.waistband)（后裆长（含腰带））	D	39	/	−1	40	/	-0.5	41	1	/	42	/	/	43	0.5	/
WAISTBAND DEPTH（腰带宽）	E	6	/	/	6	/	/	6	/	/	6	/	/	6	/	/
SEAT (meas 18cm below bttm of w/band. follow waistline)（臀宽（腰带底部向下 18 厘米测量，与腰线平齐））	F	52.5	0.5	0.5	55	1	-0.5	57.5	1	1	60	/	1	62.5	1	1
THIGH AT CROTCH（大腿围）	G	33.5	0.5	/	35	-0.5	-0.5	36.5	0.5	0.5	38	/	/	39.5	1	0.5
MID THIGH (18cm below crotch seam)（中腿围（裆缝向下 18 厘米测量））	H	28	/	-0.5	29	-0.5	-0.5	30	1	/	31	0.5	0.5	32	1	1
KNEE (36cm below crotch seam)（膝围（裆缝向下 36 厘米测量））	I	26	/	/	27	-0.5	-0.5	28	-0.5	-0.5	29	/	/	30	/	/

（续表）

测量部位	代码															
HEM (relaxed)（脚口（松量））	J	19	/	/	20	−0.5	−0.5	21	/	/	22	−0.5	−0.5	23	/	/
HEM (stretched)（脚口（拉紧））	K	24	/	/	25	/	/	26	/	/	27	/	/	28	/	/
INSEAM（内裆缝）	I★	80	−1	0.5	80	−0.5	/	82	2	0.5	82	−0.5	1	82	/	1
POSITION OF BACK LEG SEAM (measure up from bottom of hem)（后腿缝线位置（脚口底部向上测量））	M	30	−0.5	−0.5	30	/	/	30	/	/	30	−0.5	−0.5	30	/	/
FRONT POCKET WIDTH (meas along waistseam)（前口袋宽（沿腰缝测量））	N	6	/	/	6	/	/	7	/	/	7	/	/	7	/	/
FRONT POCKET LENGTH (meas along side seam)（前口袋长（沿侧缝测量））	O	13	/	/	13	/	/	14	−0.5	−0.5	14	/	/	14	/	/
TICKET POCKET WIDTH（零钱袋宽）	P	8	/	/	8	/	/	8	/	/	8	/	/	8	/	/
TICKET POCKET LENGTH（零钱袋高）	Q	10	/	/	10	/	/	10	−0.5	−0.5	10	/	/	10	−0.5	−0.5
HEM DEPTH（脚口宽）	R	2.5	/	/	2.5	/	/	2.5	/	/	2.5	/	/	2.5	/	/
BACK POCKET FLAP LENGTH（后袋盖长）	S	15	−1	/	15	−0.5	−0.5	15	/	/	16	−0.5	−0.5	16	/	/
BACK POCKET FLAP DEPTH (meas @ centre)（后袋盖高（中间测量））	T	7	/	/	7	/	/	7	/	/	7.5	/	/	7.5	/	/
BACK PKT WELT LENGTH (under back pkt flap)（后袋嵌线长（袋盖下面））	U	15	/	−0.5	15	−1	−1	15	−0.5	−0.5	16	−1	−0.5	16	−1	−1
BACK PKT WELT DEPTH (under back pkt flap)（后袋嵌线高（袋盖下面））	V	1	/	/	1	/	/	1	/	/	1	/	/	1	/	/
BACK SEAT SEAMLINE (meas at back rise from crotch)（后臀拼缝尺寸（从裆部沿后裆缝线））	W	23	0.5	0.5	24	0.5	0.5	25	0.5	0.5	26	/	/	27	/	/
BACK SEAT SEAMLINE (meas at inseam)（后臀拼缝尺寸（内缝线））	X★	18.5	−0.5	−0.5	18.5	1	1	20.5	/	/	20.5	0.5	0.5	20.5	0.5	0.5
BACK SEAT SEAMLINE (meas at 9.25cm at back rise from crotch)（后臀拼缝尺寸（从裆部沿后裆9.25厘米处））	Y★	13.5	/	/	14	/	/	14.5	0.5	0.5	15	0.5	0.5	15.5	1	1
BACK SEAT SEAMLINE (meas 10cm down inseam from crotch)（后臀拼缝尺寸（从裆部沿内缝线10厘米））	Z★★	16.5	−1	−0.5	17	−0.5	−0.5	17.5	/	/	18	−1	−0.5	18.5	−0.5	/
BACK SEAT SEAMLINE (meas at thigh at crotch)（后臀拼缝尺寸（裆部））	1★	20.5	/	/	21	/	/	21.5	/	/	22	0.5	0.5	22.5	0.5	0.5
DRAWCORD HANGING LENGTH (visible/protruding length)（腰绳长度（外露可见的部分））	2	18	1	/	18	1	1	18	1	1	18	1	/	18	1	1

作业与练习

1. 仔细阅读下面表 1、表 2 即附录 6 棉夹克订单的生产通知单和生产工艺单，讨论其设计的优、缺点。

2. 以两款服装（上装／下装）为例进行尺寸测量的实际操作，并填写相关尺寸测量报告。

表1　宁波××××服饰（针织一厂）生产通知单

客户/跟单	×××××			款号	MFT0002200		面料成分	CVC绒布+纫棉+梳棉绒	联系方式		龙川楼厂　803086
大货数量	21000+432 备疵			棉袄			出货日期	2019-07-20			

生产数量（允许±3%）

类别		色组	英文颜色/颜色	S 出货数/备疵	M 出货数/备疵	L 出货数/备疵	XL 出货数/备疵	XXL 出货数/备疵	合计 出货数/备疵
PO#	国家								
A8379-00	美国	BLK 黑色		744+15	1592+32	2049+41	1366+28	249+5	6000+121
		MIG 淡灰		568+12	1562+32	2248+45	1650+33	472+10	6500+132
		MSC 中蓝		568+12	1562+32	2248+45	1650+33	472+10	6500+132
A8380-00	加拿大	BLK 黑色		92+2	233+5	274+6	169+4	32+2	800+19
		MIG 淡灰		69+2	175+4	206+4	126+3	24+1	600+14
		MSC 中蓝		69+2	175+4	206+4	126+3	24+1	600+14
合计				2110+45	5299+109	7231+145	5087+104	1273+29	21000+432
数量汇总		黑色		836+17	1825+37	2323+47	1535+32	281+7	6800+140
		淡灰		637+14	1737+36	2454+49	1776+36	496+11	7100+146
		中蓝		637+14	1737+36	2454+49	1776+36	496+11	7100+146

用料明细

类别	CVC人字绒布	1*1氨纶罗纹	素色汗布	梳棉绒	1厘米编棉绳+彩色封头	喷胶棉	402涤纶线
所用部位	大身	袖口/下摆	小袋布	里子	帽口	大身和袖子的中间层	全部线迹
要求	普通水洗	普通水洗 60厘米圆筒	普通水洗	一件一方向			
净门幅	1.65米		1.75米	1.8米		2.1米	面170米/3米　里105米/3米
段长（厘米）	127.375	22.28	7.87	95.74	118.11	83.55	
毛单耗（克）	503.71	115.35	26.15	1.02	1.52	0.89	
损耗（%）	1.16	1.16	1.16	1.07	1.29	1.07	
克重（克/平方米）	200	360	160	220		40	
色组　黑色	黑色	黑色	黑色	纯黑色	纯黑色	白色	黑色
淡灰	淡灰	淡灰	淡灰	纯黑色	纯黑色	白色	淡灰
中蓝	中蓝	中蓝	中蓝	纯黑色	纯黑色	白色	中蓝

备注： 1. 其中缝纫线采购数量：中蓝483个，黑色462个，淡灰492个，里子黑882个。2. 此订单是常规订单，允差是±3%。穿起左边是彩色封头，右边是透明封头。

裁剪方式： 梳棉绒和外层人字绒布都是要求一件一方向。此款的外层裁片需平车纺喷胶棉（帽子除外）。

（续表）

品名	供方	单耗	辅料明细	款式图
主标	公司	1已到	黑底白字织标。钉在后中领缝下 2.5 厘米处，底面线配色，单层四周钉	
尺码标	公司	1已到	黑底白字织标。对折钉在主标下居中处。	
下摆夹标	公司	1已到	黑底白字织标。夹在穿起左下摆距侧缝 2.5 厘米处。要求做光	
洗唛	公司	1已到	罗纹拼缝上 10 厘米。分 PO 号的	
18L 气眼	公司	1已到	穿起左内侧缝，要求烫和锁眼后再敲上去。注意字母要正	
吊牌	公司	1已到	亚光黑色刻字气眼，用透明枪针将价格牌挂在左腋下	
吊牌啰纸	公司	1已到	主吊牌和价格牌，贴在吊牌背面	
胶啰测纸	公司	1已到	贴在胶袋反面	
拉链	公司	1已到	5# 单开口金属拉链，码带全部是大身色，拉链牙亚光黑	

	包 装 要 求	
整烫要求	要求平整，尺寸要好	
包装要求	一件一独立胶袋，胶袋反面右下角贴上贴纸。具体待告	
装箱要求	独色独码装箱。尾箱也不能漏码！三瓦楞无钉箱，上下天地板，不用打包带。每个订单的一号箱要放装箱单，且 N 箱上侧面贴标有 "PACKING LIST" 的黄色贴纸	

制单日期：2019-06-22　　　打样：司密

制单人：　　　审批人：

表2　××××（针织）生产工艺单

| 客户/跟单 | ×××××/×××× | 款号 | MFT0002200 | 面料 | CVC纱布+纱棉+棉啰纹 | 数量 | 21000+432 | 备疵 | 交货期 | 2019-09-20 | 星期五 |

成衣量尺寸图

序号	部位/名称	量法	误差	S	M	L	XL	XXL
						单位：英寸		
A	身长肩点量		1/2	27 1/2	28 1/2	29 1/2	30 3/4	32
B	前中拉链长		1/2	23 1/4	24	24 3/4	25 3/4	26 3/4
C	肩斜		1/8	1 1/2	1 1/2	1 1/2	1 1/2	1 1/2
D	过肩		1/8	3/4	3/4	3/4	3/4	3/4
E	肩宽缝量		3/8	17 3/4	18 1/2	19 1/4	20 1/4	21 1/4
F	后胸肩点下 6"		3/8	17 1/2	18 1/4	19	20	21
G	前胸肩点下 6"		3/8	16 1/4	17	17 3/4	18 3/4	19 3/4
H	胸周腋下 1"		1/2	21 1/2	22 1/2	23 1/2	25	26 1/2
I	下摆宽罗纹上 2"		1/2	20 1/4	21 1/2	22 1/2	24	25 1/2
	下摆松量		1/2	19	20	21	22 1/2	24

1. 平车挖口袋，袋条宽 2.5 厘米，外压 0.3 厘米，不能单针。注意钉袋口条时，袋条一定要放平，不能有多余的量于大身，袋条内有衬料，袋布要固定于前中和下摆处

2. 四线搭肩（内搭肩带）上袖、合大身，腋下缝+字要对好，四线拷边所有里布，四线拷位于里外层，帽檐平车压线宽 2.5 厘米，入织带定于里外层，不能有宽窄

3. 平车上帽合大身里外层，注意里布不能有破洞，平车合下摆拷袖口罗纹，丝拷边一定要拷住止口。平车止口需分中，针距一定要密，续要直，不能扭斜，止口不能少于 12 针，不然有缝隙。袖口罗纹，平车上下摆，3 厘米不能少于 12 针，各处缝位一定要对好

（续表）

客户/跟单 xxxx/xxxx	款号 MFT0002200	面料 CVC纱卡+纺棉+棉绒	数量 21000+432	备注	交货期 星期五 2019-09-20

4. 领圈、袖窿、袖口、下摆、外均压 0.6 厘米单针线

5. 0.6 厘米双针缉线于大身，底部绗花，格局为 12.7 厘米

6. 单针上盖齿拉链，外压 0.6 厘米单线，内缝 0.1 厘米单线

7. 注意左右袖子纱线要对称，前后片要对纱线。成品要求无线头，无污渍，无破洞。所有针距 3 厘米不能少于 12 针。大货之前请封样。

成衣量尺寸图

MOSAIC BLUE (MSK)　MINERAL GREY (MIG)

序号	部位/名称	量法 误差	S	M	L	XL	XXL
					单位：英寸		
J	下摆罗纹高	1/8	2 1/2	2 1/2	2 1/2	2 1/2	2 1/2
K	领宽缝量	1/8	7 3/4	8	8 1/4	8 1/2	8 3/4
L	前领深肩点到缝	1/8	4	4 1/4	4 1/2	4 3/4	5
M	后领深肩点到缝	1/8	5/8	3/4	7/8	1	1 1/8
N	袖窿直量	1/4	10 1/4	10 5/8	11	11 1/2	12
O	袖状腋下 1"	1/8	8 3/8	8 5/8	8 7/8	9 1/4	9 5/8
P	袖肘位置离肩缝	0	12 7/8	13	13 1/8	13 1/4	13 3/8
Q	袖肘宽	1/8	7 1/4	7 1/2	7 3/4	8 1/8	8 1/2
R	前臂袖口上 7 1/2"	1/8	6 3/8	6 5/8	6 7/8	7 1/4	7 5/8
S	袖口宽、松量	1/8	3 7/8	4	4 1/8	4 3/8	4 5/8
T	袖长离后中	1/2	34 3/4	35 3/4	36 3/4	37 7/8	39
U	下袖长	1/4	21 1/8	21 5/8	22 1/8	22 5/8	23 1/8
V	袖口罗纹高	1/8	2 1/2	2 1/2	2 1/2	2 1/2	2 1/2
W	帽高领缝到帽顶	1/4	14 3/4	15	15 1/4	15 1/2	15 3/4
X	帽宽帽顶下 5"	1/4	10 1/4	10 1/2	10 3/4	11	11 1/4
Y	后中帽长	1/4	20 1/4	20 3/4	21 1/4	21 3/4	22 1/4
Z	帽绳长束封	1/2	45 1/2	46	46 1/2	47	47 1/2
	帽带距前中	1/8	1 1/4	1 1/4	1 1/4	1 1/4	1 1/4
	口袋边宽	1/8	1	1	1	1	1
	口袋开口宽	1/8	6 1/2	6 1/2	7	7	7
	口袋距离侧边上面	1/8	3 1/4	3 1/2	3 3/4	4	4 1/4
	口袋距离侧边下面	1/8	2	2 1/4	2 1/2	2 3/4	3
	口袋距离下摆	1/8	2 1/2	2 1/2	2 1/2	2 1/2	2 1/2
	门襟挂面宽在下摆	1/8	3	3	3	3	3
	门襟挂面宽在肩处	1/8	2 1/4	2 1/4	2 1/4	2 1/4	2 1/4

打样：　理单：　主管：　日期：2019-06-24

3. 仔细阅读下列中期检验报告，讨论中、末期检验报告异同点。

MG MACAO COMMERCIAL OFFSHORE LIMITED

NO: B22 BANCO NATIONAL ULTRAMARINO BUILDING MACAO S.A.R.CHINA

TEL: 853-2388-6196

INLINE INSPECTION REPORT

MANUFACTURER	STYLE NO. : 83871623 3XL		INSPECTION DATE：2018-06-13			
NINGBO XINHUA	PO. NO.：2209L		SHIPPING DATE：2018-07-13			
UB－CON：	ORDER QTY：150DOZ/1800PCS		CUT	OUTPUT(%)	WASHED	PACKED
FUBAO GARMENTS	DESCRIPTION9：FUBU CARRYOVER STYLE JKT		100%	33%	N/A	0
COL：BLACK , WHITE						

TRIMS		LINING		LABEL	
01 THREAD		08 INTERLINING/FUSIBLE		11 MAIN LABEL	
02 ZIPPER		09 POCKETING		12 SIZE LABEL	
03 BUTTON/SNAP		10 SHLDR PAD		13 CARE LABEL	
04 HOOK/EYE/RIVET				14 OUTSIDE LABEL	
05 EYELET				OTHERS：	
06 BUCKLE					
07 EMBROIDERY					

PRODUCTION STATUS：33% FINISHED SEWING（2X ONLY），BLACK NOT YET START SEWING

DESCRIPTION OF DISCREPANCIES	CORRECTIVE ACTION TAKEN BY FTY
① OPEN SEAM/VISIBLE NEEDLE HOLE ON PINTUCKS STITCHING INSIDE BODY LINING.1PC	HAD ALREADY DISCUSSED TO FACTORY REPRESENTATIVE LILIAN，MERCHANDISER MS WANG，QC HEAD AND TO SEWING LINE LEADERS
② SLIGHTLY PUCKERED AND PLEATED ALONG FRONT PLACKED TOPSTITCH WITH ZIPPER.2PCS	ALL DEFECTS ARE WELL NOTED FTY WILL CORRECT AND IMPROVE IT IN BULK PRODUCTION
③ NEEDLE MARKS/HOLE ON BACK ALONG CRISSCROSS STITCHING.1PC	ADJUST FTY TO CHANGE THE NEEDLE SIZE，IT MUST BE POINTED TIP. AND FTY CHANG12 # TO11 #
④ MISALIGNED CRISSCROSS JOINING ALONG SIDE SEAM & BACK JOINING SEAM.1PC	
⑤ UNEVEN WIDTH ALONG HOOD OPENING TOPSTITCH.1PC	
⑥ MISALIGNED & MESSY JOINING STITCHES ALONG HOOD TOPSTITCHING.	
⑦ SLIGHTLY TWISTING/UNEVEN WIDTH AT SWEEP CIRCUMFERENCE.1PC	
⑧ WATCH OUT STAINS ON PANEL DUE TO THIS COLOR IS PRONE TO STAIN	FTY WILL ALWAYS CLEAN ALL THE MACHINES & TABLES BEFORE SEWING
⑨ MEASUREMENT IS QUITE OK EXCEPT SLEEVE OPENING @ EDGE WITH NEGATIVE 1/4"	FTY WILL ADJUST THE ELASTIC LENGTH，WL ADJUST TO ACHIEVE THE SPECS
INSPECTOR： RUBY 2018-06-13	CONFIRM BY FTY 王×× LILIAN 2018-06-13	REMARKS：FTY WILL PAY ATTN AND TAKE CORRECTIVE ACTION ON ABOVE DEFECT SEEN

GRADES	1X	SMPL	2X	SMPL	3X 尺码	SMPL	TOL（±）
Body length from HPS	27 7/8		28 1/2	−1/4	—	29 1/8		3/8
Body length from CB	28 3/8		29	−1/8	—	29 5/8		3/8
Chest −1inch from AH	50		53	—	−3/8	56		1/2
Waist from HPS	16		16 1/2	—	—	17		1/4
Waist circ	48		51	—	−1/4	54		1/2
Sweep circ.−straight	50		53	—	—	56		1/2
X−shoulder	19 1/4		20 1/2	—	+1/4	21 3/4		1/4
X−front @5 1/2inch from HPS	17 1/4		18 1/2	−1/8	+1/8	19 3/4		1/4
X−back@5 1/2inch from HPS	18 1/4		19 1/2	+1/4	—	20 3/4		1/4
Armhole straight	11 1/4		11 3/4	+1/4	+1/4	12 1/4		1/4
Sleeve length from CB	34 1/2		35 1/2	—	—	36 1/2		1/4
Muscle 1 inch below armhole	19 1/2		20 1/2	—	+1/8	21 1/2		1/4
Sleeve opening @ cuff edge	9		9 1/2	−1/4	−1/8	10		1/8
Sleeve trim ht	1 1/4		1 1/4	—	—	1 1/4		1/8
Neck width from seam to seam	8		8 1/4	+1/8	+1/8	8 1/2		1/8
Front neck drop from	3 1/8		3 1/4	+1/8	−1/8	3 3/8		1/8
Back neck drop from	1		1	—	—	1		1/8
Collar ht @ CB	3		3	—	—	3		1/8
Collar ht @ CF	3		3	+1/8	—	3		1/8
Front zipper length	28		28 1/2	—	—	29		3/8
Hood width (5 inch from top)	9 1/2		9 3/4	−1/8	—	10		1/8
Hood crown length @ ctr	17 1/4		17 3/4	—	+1/8	18 1/4		1/8
Hood length from neck to top	13 3/4		14	−1/8	—	14 1/4		1/8
Shoulder slope	2 1/8		2 1/4	—	—	2 3/8/		1/8
Pocket width (total)	3/4		3/4	—	—	3/4		1/8
Pocket length @ ctr	7		7 1/4	—	—	7 1/4		1/8
Pocket placement from bttm	3		3	−1/8	−1/8	3		1/8
Pocket placement from cf	7 3/4		8	—	−1/8	8 1/4		1/8

Remarks: only one size 2X is available, other sizes no output yet.

4. 阅读下列末期检验报告，分析其缺少的信息和存在的问题。

TOO BRANDS, INC. GARMENT INSPECTION REPORT

Report Date:

Prepared for:	TOO BRANDS INC		Page 1 of 2
	8323 WALTON PARKWAY		Inspection Date: 2016-12-02
	NEW ALBANY, OHIO 43054		Project#: 13298 18407
Attention:	Donna Sikyta		Tracking#
Vedor: Ningbo Jieseng Textile Imp. & Exp. Co., Ltd.		[ ]Int.Sew [ ]Inline; [ ]Final; [ ]Re-insp.	
PO#: 30069		Control Garment Available：Yes[ ] No[×]	
		Shade Bands Available：Yes[ ] No[×]	
		Test Reports：Yes[ ] No[×]	
Merchandise: Jacket		Order Qty	Qty Available	Sample Size
Style#: s2727s		10188 pcs	10512 pcs	200pcs
Color(s): white				
Place of Inspection: Hangzhou FuRoDA Yuhao GMT. CO., Ltd Hangzhou, Zhejiang, China		Inspector（s）：Bobby	
75% Rule Utilized( )Yes( )No		10% Repeat Defect Rule Utilized：( ) Yes ( ) No	

IR−G02/04, Rev.6

INSPECTION RESULT: [×]Accepted [ ]Rejected [ ] On Hold

Samples Sent To Client: [×]No [ ]Yes Courier:＿＿＿＿＿＿＿＿ AWB#:＿＿＿＿＿＿＿

EXECUTIVE SUMMARY: The merchandise identified above was inspected for＿＿＿＿criteria for workmanship,appearance and conformance to measurements. There were a total of＿7＿major defects and＿9＿minor defects reported for workmanship and a total of＿＿0＿＿major defects for measurements.

This signature confirms that the STR inspector has discussed the results of this inspection with me and that I am an authorized factory.

Representative：＿＿＿＿＿＿＿＿ Print Name：＿＿＿＿＿＿＿＿.

Comments：1. Inspection according to factory's size chart & reference samples.

2. 100% finished & packed into ctns before inspection.

3. Found factory ID label NO. is 1393.

4. Found the content of care label is different from client's tech file.

5. No information of shipping mark, hangtag for checking.

6. Inspection result "Accepted" due to within AQL allowance.

7. Total order Qty is 10188pcs but Qty available is 10512pcs in 1 po$^{\#}$, 1 style$^{\#}$, 1 color & 9 sizes.

Specialized Technology Resources

INSPECTION SUMMARY

Project#: 13298.18407   Tracking#:   Page 2 of

AQL：（4.0）workmanship　　Major　　Ac 14　　RE 15　　Result：7　　Major
AQL：（4.0）workmanship　　Minor　　Ac 14　　RE 15　　Result：9　　Minor
AQL：（4.0）Measurement　　Major　　Ac 3　　RE 4　　Result：0　　Major

DEFECTS		DEFECTS FOUND	DEFECTS		DEFECTS FOUND
Major	Minor		Major	Minor	
		Appearance			Fabric
	4	Any marks,stains,dirt or oil			Barre
		Bum or scortch			Bowing or skewing
		Excessive creasing			Cuts or tears
		Fraying fabric or unfinished edge		3	Foreign particles caught into fabric
		Fusible delamination			Nap or pile deformation
		Loose threads/untrimmed threads			Needle lines
		Mis-matched checks,plaids or stripes.			Stop marks,broken/missing warp/weft/yarn
		Mis-shapen/formed/placed panels			Surface hole, run, drop-stitch
		Poorly pressed garment			Slubs or misweaves
		Rough or abrasive			Snag
		Unbalanced/uneven appearance			Knot or repair
		Appearance-other			Odor
		Seams and Stitching			Fabric-other
3		Broken stitches			Buttons and Buttonholes
		Fabric caught in stitch	1		Loose or insecure
		Incorrect thread selection	2		Missing
		Mis-formed seams			Loop are irregular or inconsistant
		Needle damage			Buttons stitching too tight
		Open seam			Buttonhole has broken stitches
		Poor top stitching			Buttons/holes are out of alignment
1		Seam pucker			Trimmings
		Twisted seam			Bow/Motif poorly positioned
	2	Skipped stitches			Embroidary/Applique poorly positioned
		Stitch type or density			Hook/eye, rivets snaps poorly positioned
		Unfinished or insecurely finished seam			Lace irregular
		Seams-other			Zipper broken/poorly placed
		Color			Trimmings-other
		Color Fastness			Sizing/Labeling/Packaging/Other
		Color off-standard			Care/Fiber/Origin details missing or wrong
		Dye Spots			Measurements not within tolerances
		Fault in printing registration/placement			Size mismatch to bag size
		Flaring			Joker/Hang/Price tickets are missing
		Streaky appearance			Labels poorly positioned
		Visible shading			Main label missing
		Color-other			Top/Bottom sizes of a set mismatched
		Critical			Size/Labeling-other
		Critical			Multiple Defects

	Workmanship	Measurements
Major Defects	7	0
Minor Defects	9	

INSPECTED CARTONS

carton#						
size						
qty						

Factory Representative＿＿＿＿＿＿＿＿＿＿＿＿＿＿

第七章　大货出运跟单

出口外贸的服装企业大多设有外贸员、报检员、报关员、单证员等专门岗位，分工明确，本章只简单介绍与跟单员相关度高的部分。

一、报检

报检是指对外贸易关系人（即进出口商品的发货人或者收货人）按照法律、法规或根据对外贸易的需要，向出入境检验检疫机构申请，接受出入境检验检疫机构对其进口或出口的商品实施检验的行为。报检是法律赋予对外贸易关系人的权利，同时也是对外贸易关系人应尽的法定义务。

进出口商品法定检验的报检范围包括：国家法律、行政法规规定须由出入境检验检疫机构实施检验检疫的进出口商品；对外贸易合同约定须凭出入境检验检疫机构签发的证书进行结算的进出口商品；有关国际条约规定须经出入境检验检疫机构检验检疫的进出口商品。

对于法定检验的出口商品，在国家质检总局统一规定的地点和期限内，其发货人应当持合同等必要的凭证和相关批准文件，向出入境检验检疫机构报检。服装跟单人员应协助报检员或单证员在报关或装运至少7天前准备好报检所需的相关凭证和文件：出境货物报检单；对外贸易合同；装箱单；发票；处境货物运输包装性能检验结果单（非纸箱包装除外）；该批货物质量合格的符合性声明。涉及下列情况的报检时还需注意：出口羽绒制品须提供检验检疫机构出具的羽绒测试报告；需检验检疫出具"卫生证书"的羽绒制品，还须提供羽绒产地出具的检疫合格证明、生产企业的中英文名称和地址；产品若涉及我国和进口国有关强制性技术规范要求的，应提供检验检疫机构出具的相关测试报告。

商检机构将根据《出口服装检验管理规定》，对出口服装进行抽样和检验。并按有关检验依据对外观、理化、包装等项目进行检验和结果判定，同时对出口服装标示进行查验。对检验合格的，检验检疫机构按外贸合同、信用证要求出具检验检验证书，签发《出境货物通关单》；异地通关的，则签发《出境货物换证凭单》，作为口岸验放货物的依据。

二、办理运输和保险

运输是服装贸易合同中的一个重要组成部分，也是服装交易最终能够得以完成的必不可少的手段。在服装跨国运输中，运输方式很多，如海洋运输、铁路运输、航空运输、公路运输、邮包运输及各种运输方式组合而成的国际多式联运等。这些运输方式在运输能力、运输费用、货物适应性及风险等方面有不同的特点，实际业务中，应根据具体情况合理地选择。现行的服装外贸出口中以海运居多。

1. 办理运输

若合同规定由出口方安排运输，跟单员应协助物流部门确认运价和舱位，以书面形式委托订舱，填写运输委托书（托运单）。托运单上必须注明下列事项：① 托运人；② 收货人；③ 通知方；④ 目的港；⑤ 箱型、箱量；⑥ 件数、毛重、尺码；⑦ 运费条款；⑧ 货名；⑨ 其他要求，如报检、报关等。

此外，在订舱过程中还要注意：① 如果出口公司与船公司或无船承运人有协议运价，需要同时传真船公司的运价确认件（如果没有船公司的确认件，该运价无效）。② 在舱位得到确认后，需要准备有关报关单据，并告知海运公司业务人员集装箱是进仓还是拖箱。③ 货物如果需要进运输公司的仓库内装箱，必须按海运公司签发的进仓单进仓。进仓单上会注明进仓编号、仓库地址、联系电话、联系人、最迟进仓期。如果货物在最迟进仓期以后进仓，海运公司将不能保证货物如期出运。④ 如果货物需"门对门"运输，在装箱 24 小时（300 千米以内）、48 小时（300 千米以外）前通知海运公司配载人员具体地点、时间及装箱联系人，以保证海运公司按时到达装箱地点。⑤ 海关的截关期为开船前一天上午十点。此时货物应当装箱完毕并进入港区指定位置。⑥ 海运公司会在装船前一天将提单确认件传真给托运人，如提单由船公司缮制，海运公司会在收到船公司的提单确认件后立即传真给托运人。托运人尽量在装船以前确认回传，以免额外更改费的支出。开船以后，海运公司一般在收到托运人提单确认件后一个工作日内签发提单并派送快件或交给跟单员。

2. 保险

如果合同规定由服装出口方办理保险，则出口方一般应该在装运前向保险公司递交投保单。投保单也应该按照合同或信用证要求填写，主要内容有被保险人的中英文名称、唛头或发票编号、包装数、货物的统称、投保金额、运输路线、启运日期、赔付地点、中转港（如果有）及保险险别。如果信用证对保险单据有加注要求等，也必须在投保单上明确说明。投保单经保险公司审核确认后，保险公司向出口方收取保险费，并按投保单内容缮制签发保险单。投保单是保险公司缮制保险单的依据，出口方应正确填写。收到保险公司签发的保险单后，出口方还应该仔细审核保险单，如果仍发现存在与信用证或合同条款不符之处，出口方应该立即和保险公司协商更改，以免以后交单被拒付。

三、报关

报关是指进出口货物收发货人、进出境运输工具负责人、进出境物品所有人或者他们的代理人向海关办理货物、物品或运输工具进出境手续及相关海关事务的过程，包括向海关申报、交验单据证件，并接受海关的监管和检查等。报关是履行海关进出境手续的必要环节之一。

服装跟单员应在装运 24 小时前协助报关员准备好以下材料向海关申报：① 出口货物报关单；② 发票；③ 装箱单；④ 核销单；⑤ 出境货物通关单（若是法定检验商品）；⑥ 海关认为需审核的其他单证。

海关通关对货物的查验，检查核对实际进出口货物是否与报关单相符，确定货物的性质、成分、规格、用途等，进行统计归类。出口货物的查验，一般是在海关规定的时间、场所（即海关监管区域内的仓库、场所）内进行。"门到门"运输的集装箱货物在海关规定地区进行查验有困难的，经进出口货物收发货人的申请，海关核准，派员到监管区域以外的地点进行查验。经就地查验后，放行货物。

四、制单结汇

在国际贸易中，交货和结算都是依靠各种单证来说明完成的，属于象征性的交货。因此单证的正确与完善，在进出口运输和结算中就显得极为重要。跟单员需根据运输和结算方式的不同，认真协助各部门准备和细心跟进各种必备的单证，才能完成相应的任务。

（一）制单结汇相关单据

货物装运后，要及时按照合同内容缮制各种所需单证。缮制单据时，应以"正确、完整、及时、简明、整洁"为原则，做到"单证相符""单单一致"。办理议付结汇时，所需单据有如下几种。

1. 汇票

汇票是国际货款结算中使用最多的票据，是出票人签发给受票人即付款人的一张无条件的书面支付命令，要求付款人在指定的时间内按票面金额付给指定的受款人或持票人的委托。国际贸易中，主要使用跟单汇票作为出口方要求付款的凭证。通常汇票的使用要经过出票、提示、承兑和付款等环节，如有转让，则有背书环节，如遭拒付，则还有追索环节。

2. 发票

发票的主要作用是供进口商凭以收货、支付货款和进出口商记账、报关纳税的凭据，是出口方向银行办理结汇，投保人向保险公司办理投保时不可缺少的单据。在不用汇票的情况下，发票代替汇票作为付款的依据。

在以信用证方式结算时，对发票的要求最为严格。发票的日期要确定在开证日后，交货期前。发票中货物的描述要与信用证上的完全相同，小写、大写金额都要正确无误。信用证上对发票的条款应显示出来，要显示唛头。如果发票要办理对方大使馆认证，一般需要提前 20 天办理。

总之，发票是全套货运单据的中心，其他单据均参照发票内容缮制，因而制作不仅要求正确无误，还应排列规范，整洁美观。

（1）商业发票

商业发票是出口商开立的发货价目清单，是装运货物的总说明，内容包括货物名称、品质、规格、数量、价格、包装、交货条件等，发票全面反映了合同内容。

（2）海关发票

海关发票是根据某些进口国海关的规定，由出口商填制的一种特定格式的发票。海关发票是供进口商凭以向海关办理进口报关、纳税等手续的依据。进口国海关根据其内容核定原产地，实施差别税率政策，以确定是否征收反倾销税或反补贴税。其对进口货物起估价定税的作用，也可对货物做分类统计之用。因此，对进口商来说，海关发票是一种很重要的单据。

（3）领事发票

领事发票主要为拉美国家所采用，是由进口国驻出口国的领事出具的一种特别印就的发票。这种发票证明出口货物的详细情况，进口国可用于防止外国商品的底价倾销；同时可用作进口税计算的依据，有助于货物顺利通过进口国海关。出具领事发票时，领事馆一般要根据进口货物价值收取一定费用。

（4）厂商发票

厂商发票是出口货物的制造厂商所出具的以本国货币计算，用来证明出口国国内市场的出厂价格的发票。要求提供厂商发票的目的是检查出口国出口商品是否有削价倾销行为，供进口国海关估价、核税以及征收反倾销税之用。

3. 运输单据

运输单据因不同贸易方式而异，有海运提单、海运单、航空运单、铁路运单、货物承运收据及多式联运单据等。

4. 保险单

保险单是保险人与被保险人之间订立的保险合同的凭证，是被保险人索赔、保险人理赔的依据。

5. 产地证

即原产地证书，是出口商应进口商要求而提供的、由公证机构或政府或出口商出具的证明货物原产地或制造地的一种证明文件。原产地证书是贸易关系人交接货物、结算货款、索赔理赔、进口国通过验收、征收关税的有效凭证。

6. 检验证书

国际贸易中检验证书种类很多，分别用以证明货物的品质、数量、重量和卫生条件等方面的情况。检验证书一般由国家指定的检验机构出具，也可根据不同情况，由出口企业或生产企业自行出具。应注意，出证机构检验货物名称和检验项目必须符合信用证的规定。还须注意检验证书的有效期，出口货物务必在有效期内出运，如超过期限，应重新报检。

7. 装箱单

装箱单应清楚标明货物装箱情况，显示每箱内装的数量和毛重、净重，外箱尺寸。按外箱尺寸计算出来的总体积要与标明的总体积相符。要显示唛头和箱号，以便查找。装箱单的重量、体积要与提单相符。服装商品一般要求装箱单反映每箱内的款号、颜色、尺码、数量搭配等内容。

8. 其他单证

其他单证按不同交易情况，由合同或信用证规定，常见的其他单证有寄单证明、寄样证明、邮局收据、装运通知以及有关运输和费用方面的证明。

（二）交单结汇

1. 交单

交单是指全部单据准备妥当后，由受益人签署议付申请书。申请议付、承兑或付款。为了依据信用证规定结算货款，必须将审核无误、完整的单据交至议付银行，请求议付、承兑或付款。

2. 结汇

目前我国出口结汇的办法有三种：买单结汇、收妥结汇和定期结汇。买单结汇又称"出口押汇"，即国际上银行界通常采用的"议付"做法，是指银行议付行在审单认可的情况下，按信用证的条款买入外贸企业（受益人）的汇票和单据，按照票面金额扣除从议付到期日到估计收到票款之日的利息和手续费，将净数按议付日外汇牌价折成人民币，付给外贸企业。收妥结汇又称收妥付款，是指议付行收到外贸公司的出口单据后，经审查无误，将单据寄交国外付款行索取货款，待收到付款行将货款拨入议付行账户的贷记通知书时，即按当日外汇牌价，折成人民币收入受益人账户。定期结汇是议付行根据向国外付款行索偿所需时间，预先确定一个固定的结汇期限，到期后主动将票款金额折成人民币拨交外贸公司。

五、资料整理与归档

跟单员应及时将自己负责的资料整理并归档，以备查询。

1. 业务登记

每单出口业务在完成后要及时登记，包括电子登记和书面登记，便于以后查询、统计等。

2. 文件存档

所有文件、信用证和议付文件必须存一整套以备查询。

3. 信息搜集

单证员平时应注意搜集运价变动，船期、航线的信息，为业务员报价提供帮助。

附录

附录1　童装订单

SAMPLE ORDER（打样单）

DATE（日期）: 2018-07-15	SEASON（季节）: FALL 2019（2019秋）	PROTO #: BM2018-66188	STYLE #（款号）: 66188	
FROM（来自）:	FABRIC（面料）: INTERLOCK （棉毛布）	GROUP（组别）: INFANTS（婴儿）	SIZE（尺码）: 6M（6个月）	TYPE OF SAMPLE（样品类型）: Boy's Creepers（男婴爬爬服）

ACCY DETAIL（辅料要求）		SKETCH（款式图）
BODY FABRIC（衣身面料）	INTERLOCK（棉毛布）	
BODY FABRIC CONSTRUCTION（衣身面料结构）	100% CTN 190 GSM（100% 棉 190 克/平方米）	
BODY COLOR（衣身颜色）	crème 32054（奶油色 32054）	
NECK & LEG BINDING（脖子及大腿处包边面料）	100% CTN 190 GSM（100% 棉 190 克/平方米）	
NECK & LEG BINDING COLOR（脖子及大腿处包边色）	P158U	
EMB./PRINT @ FRONT（前胸印绣花）	EM#9210	
RING SNAPS（环形按扣）	15L DTM P158U	
TOPSTITCH THREAD（明缉线）	DTM UNLESS OTHERWISE INDICATED（一般为配色，除非有特殊说明）	
MAIN LABEL @ C.B.（后中主唛）	SEE ARTWORK（SL2579R2）（见图稿 SL2579R2）	
HANGTAG（吊牌）	SEE ARTWORK（HT1386）（见图稿 HT1386）	PAGE:
PRICE TICKET（价格牌）	SEE ARTWORK（BE STK C1502）（见图稿 BE STK C1502）	
NOTE（备注）:		
APP SAMPLE（确认样）: SIZE 6M, QUANTITY 1PC（6M 尺码，1 件）		
PP SAMPLE（产前样）: ASSORTED COLOR & SIZE, TOTAL 3PCS（混色混码 3 件）		
SHIPMENT SAMPLE（船样）: ASSORTED COLOR & SIZE, TOTAL 9PCS（混色混码 9 件）		

ALL MEASUREMENTS ARE IN INCHES（测量单位为英寸）						
POINTS OF MEASUREMENT（具体尺寸）						
CODE（编号）	MEASUREMENTS（测量）	3M	6M	9M	12M	TOL+/−
100	TOTAL LENGTH HPS TO CROTCH 总长（颈肩点到裆底）	15.5	16.5	17.5	18.25	1/4
100A	TOTAL LENGTH HPS TO SIDE LEG 躯干长（颈肩点到裆底）	12.5	13.5	14.5	15	1/4
130	CHEST WIDTH 1" BELOW AH 胸围（腋下 1"）	9.5	9.75	10	10.5	1/8
180	ACROSS SHOULDER 总肩宽	7.5	7.75	8	8.25	1/8
140	SLEEVE LENGTH @ AH SEAM 袖长（从肩端点量）	2.75	3	3.25	3.5	1/8
200	SLEEVE OPENING RELAXED 袖口大（松量）	3	3.25	3.5	3.75	1/8

（续表）

220	ARMHOLE OPENING 袖窿大	4.5	4.75	5	5.25	1/8
250	FRONT NECK DEPTH 前领深	1.625	1.625	1.625	1.625	1/8
255	BACK NECK DEPTH 后领深	0.625	0.625	0.625	0.625	1/8
275	NECK OPENING EDGE TO EDGE 横开领大（边至边）	3.75	4	4.25	4.5	1/8
276	MINIMUM NECK STRETCH 最小领围（拉量）	21	21	21	21	MIN
	NECK BINDING WIDTH COVER STITCH 领包边宽	0.5	0.5	0.5	0.5	MIN
300	HIP WIDTH 2 1/2" ABOVE CROTCH 臀围（裆上 2 1/2"）	9.5	9.75	10	10.5	1/8
330	LEG OPENING 腿围	3.5	3.75	4	4.25	1/8
1	THIGH FRT TO BACK 腿口前后差	0.75	0.75	0.75	0.75	1/8
2	CROTCH WIDTH @ snaps 裆宽（纽扣处）	3.5	3.5	3.75	4	1/8
3	CROTCH WIDTH @ fold 裆宽（回折处）	4.75	4.75	5	5.25	1/8
4	CROTCH HEIGHT from binding edge to fold 裆深（包边边沿至回折处）	1.75	1.75	1.75	1.75	MIN
5	LEG BINDING WIDTH 腿口包边宽	0.625	0.625	0.625	0.625	MIN
	# RING SNAPS AT CROTCH 裆部纽扣数	3	3	3	3	MIN

GUIDELINE FOR MEASUREMENTS（测量指示图）

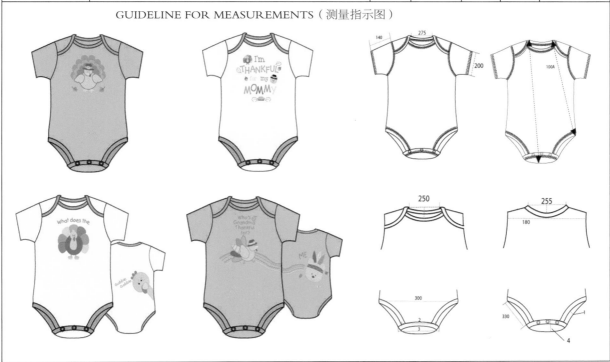

注：① ACCY 为 accessory 的缩写，辅料、配料。

② EMB. 为 embroidery 的缩写，刺绣、修饰；刺绣品，绣花。

③ L 为 lignes 的缩写，是纽扣直径的大小单位，1L ＝ 0.635mm。

④ DTM 为 dye to match 的缩写，即配色。

BE STK C1502

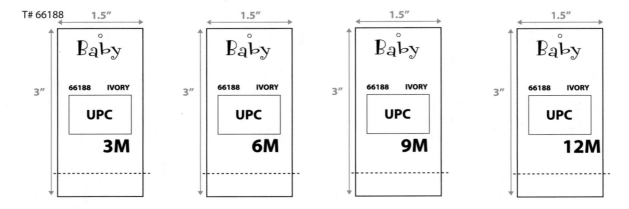

注：UPC 处印条形码，此处条形码详细信息无，在客户下订单后需与客户沟通取得。

（位置图）
Placement

INTERLOCK ONLY ON BEAR, HAT AND PIE EVERYTHING ELSE IS EMBROIDERY

（只有熊、帽子、馅饼用棉毛布贴布，其余均为刺绣）

interlock p.464u
interlock p.467u
interlock p.467u

APPLIQUE/EMBROIDERY/SCREEN PRINT DEVELOPMENT（印绣花开发样）

DATE（日期）：2018-07-16	
DESIGNER（设计者）：Natasha	
EM:9210	
GROUP NAME（组别）：Thanksgiving fall 08	
TREATMENT（方法）	
EMBROIDERY（刺绣）：☐	
APPLIQUE（贴布绣）：☐	
EM.&APP（刺绣和贴布绣）：☒	
SCREEN（网印）：☐	
SPECIAL INSTRUCTIONS（特别说明）：	
USE TATAMI FILL STITCH UNLESS OTHER WISE INDICATED（除非特殊说明请使用榻榻米线迹）	
REVISIONS:（REV.DATE&NAME）修改情况（修改日期，修改者）	

EMB.COLORS&PANTONE#'S（绣花颜色及潘通号）

P464U	P158U	P186U	P121U	P467U	P583U	white

LAYDOWN FABRICS AND COLORS（贴布面料及颜色）：

interlock P467U outline	interlock P464U outline					

* FOLLOW REAL T/C & PANTONES FOR COLOR, DO NOT FOLLOW PRINT OUT FOR COLORS

（绣花时对照潘通通色，不以此图打印色为准）

SL#2579R2	DATE（日期）：2018-07-16

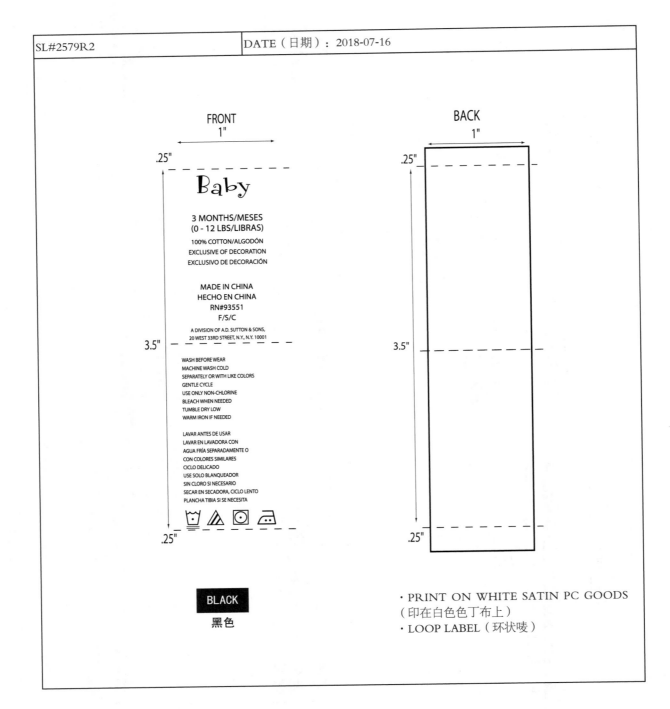

FRONT
1"

.25"

Baby

3 MONTHS/MESES
(0 - 12 LBS/LIBRAS)
100% COTTON/ALGODÓN
EXCLUSIVE OF DECORATION
EXCLUSIVO DE DECORACIÓN

MADE IN CHINA
HECHO EN CHINA
RN#93551
F/S/C

A DIVISION OF A.D. SUTTON & SONS,
20 WEST 33RD STREET, N.Y., N.Y. 10001

3.5"

WASH BEFORE WEAR
MACHINE WASH COLD
SEPARATELY OR WITH LIKE COLORS
GENTLE CYCLE
USE ONLY NON-CHLORINE
BLEACH WHEN NEEDED
TUMBLE DRY LOW
WARM IRON IF NEEDED

LAVAR ANTES DE USAR
LAVAR EN LAVADORA CON
AGUA FRÍA SEPARADAMENTE O
CON COLORES SIMILARES
CICLO DELICADO
USE SOLO BLANQUEADOR
SIN CLORO SI NECESARIO
SECAR EN SECADORA, CICLO LENTO
PLANCHA TIBIA SI SE NECESITA

.25"

BLACK
黑色

BACK
1"

.25"

3.5"

.25"

· PRINT ON WHITE SATIN PC GOODS
（印在白色色丁布上）
· LOOP LABEL（环状唛）

HT#1386
DATE（日期）：2018-07-16
INSTRUCTIONS（制作说明）：
1. OUTSIDE print on white coated card stock
Inside print on white non-coated card stock
（吊牌正反面印花白色卡纸，正面涂层，
反面不涂层）
2. Match Pantone colors, not printout（对照
潘通色，而不是本图打印出来的颜色）
3. DIE CUT HOLES（吊牌上要打洞）
4. HT SIZE 2.5" × 2.5"（吊牌尺寸为 2.5 英
寸 × 2.5 英寸）
5.CMYK PRINTING（按 CMYK 色印花）
REVISIONS:

Pantone Colors（潘通色）：
Orange: 021c
RED: 186c
YELLOW: 110c
GREEN: 368c
BROWN: 464c
Tan: 465c
Tan: 728c
GREEN: 348c
YELLOW: 120c
YELLOW: 121c
Black

FRONT

正面

BACK

反面

SIZE TALLE	WEIGHT LIBRAS
3M	0-12 LBS
6M	12-16 LBS
9M	16-18 LBS
12M	18-23 LBS
18M	23-26 LBS
24M	26-29 LBS

A DIVISION OF B.B. SUTTON & SONS,
88 WEST 44RD ST., N.Y, N.Y, 10001

附录 2 吊带衫订单

Buyer （买家）	Import - Vivienne	Vendor （卖家）	HSDP	Style No. （款号）		110-1E7228	PO （订单号）	10045475
Description （品名）	Woven top （梭织吊带）	Size （号型）	S—L	Fabric content （面料成分）		100% polyester （100%涤纶）	Date （日期）	2018-08-19

	DESCRIPTION （Flat Measuements） 尺寸名称（平铺测量）	S	M	L	TOLERANCE （允差）	Sketch（款式）
1	ACROSS F STRAP DISTANCE （前肩带间距）	8 3/4	9 1/8	9 1/2	（−/+）1/4	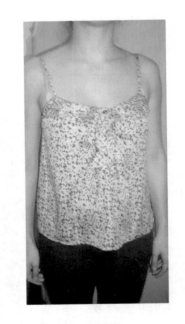
2	ACROSS B STRAP DISTANCE （后肩带间距）	7 1/2	7 7/8	8 1/4	（−/+）1/4	
3	CHEST 1" FROM ARMHOLE（CIRC） 胸围（腋下1"）	38	40	42	（−/+）1/2	
4	WAIST 7" FROM ARMHOLE（CIRC） 腰围（腋下7"）	38 1/2	40 1/2	42 1/2	（−/+）1/2	
5	BOTTOM OPENING（下摆）	40 1/2	42 1/2	44 1/2	（−/+）1/2	
6	FRONT NECK DROP （前领深）	2 1/4	2 3/8	2 1/2		
7	BACK NECK DROP （后领深）	1 1/2	1 5/8	1 3/4		
8	FRONT ARMHOLE CURVE（1/2） （前袖窿弧线长）	5	5 3/8	5 3/4	（−/+）1/4	
9	TOP RUFFLE WIDTH （顶荷叶边宽）	2	2	2	（−/+）1/4	
10	UNDER RUFFLE WIDTH （底荷叶边宽）	2 5/8	2 5/8	2 5/8	（−/+）1/8	
11	C. FRONT PLACKET WIDTH （前中门襟宽）	5/8	5/8	5/8	（−/+）1/8	
12	C. FRONT BODY HEIGHT （前中衣身长）	15	15 3/8	15 3/4	（−/+）3/16	
13	C. BACK BODY HEIGHT （后衣身长）	13	13 3/8	13 3/4	（−/+）3/16	
14	S. SEAM BODY LENGTH （侧缝长）	13	13 3/8	13 3/4	（−/+）3/16	

注：① PO 为 purchase order 的缩写，订单、订货单。

② CIRC 为 circumference 的缩写。

③ C. FRONT，其中 C. 为 center 的缩写。

④ S. SEAM，其中 S. 为 side 的缩写。

TRIM SHEET 辅料页

VENDOR（卖家）：HSDP	TRIM DESCRIPTION（辅料描述）	PLACEMENT（位置）	BULE/NAVY（蓝色/海军蓝）	CREAM/PINK（奶油/粉色）	PINK/PURPLE（粉色/紫色）	PICTURE（图片）
	STYLE #（款号）：110-1E7228			PO#（订单号）：10045475/10045476		DATE（日期）：2018-08-19
MAIN LABEL（主唛）	MITRE LABEL ENDS SEWN BINDING AT CB（船型标两端缝在后中处）	RH104-L07A	RH104-L07A	RH104-L07A	MAIN LABEL（主唛）
SIZE/COUNTRY LABEL（尺寸/产地唛）	SEWN UNDER MAIN LABEL AT CENTER（主唛下）	RH104-S2A	RH104-S2A	RH104-S2A	
SATIN 9 LANGUAGE CARE LABEL（水洗唛）	3" UP FROM SWEEP ON WEARER'S LEFT SIDE SEAM（穿着者左侧缝从底摆向上3英寸处）	STANDARD（标准）	STANDARD（标准）	STANDARD（标准）	
PRICE TICKET（价格唛）	THROUGH SIZE/COUNTRY LABEL（穿过尺寸/产地唛）	STANDARD（标准）	STANDARD（标准）	STANDARD（标准）	HANGTAG（吊牌）
STRAP ADJUSTERS: METAL, DTM. SEND FOR APPROVAL（吊带调节扣：金属、配色，需提交确认）	AS SAMPLE（按照样衣）	DTM GOLDEN SEND FOR APPROVAL（金色配色提交确认）	DTM WHITE SEND FOR APPROVAL（白色配色提交确认）	DTM GOLDEN SEND FOR APPROVAL（金色配色提交确认）	
HANGTAG（吊牌）	2" DOWN FROM ARMHOLE ON WEARER'S LEFT SIDE SEAM（隆向下2英寸处）	RH104-HT03B	RH104-HT03B	RH104-HT03B	BUTTON BAG（备扣袋）
BUTTON BAG（备扣袋）		H103-BT06P	H103-BT06P	H103-BT06P	
TOPSTITCHING: 11–13 STITCHES PER INCH（明缝线：11~13针/英寸）	AS SAMPLE（按照样衣）	DTM NAVY SEND FOR APPROVAL（海军蓝配色提交确认）	DTM CREAM SEND FOR APPROVAL（奶油色配色提交确认）	DTM PINK SEND FOR APPROVAL（粉色配色提交确认）	

** ALL TRIMS INCLUDING LABEL MUST BE SUBMITTED FOR APPROVAL BEFORE PRODUCTIONS **
（在大货生产之前所有的辅料包括唛头必须提交通过）

REPEAT（循环）= 12" WIDTH（宽）×10.3" HEIGHT（高）

REPEAT（循环）= 12" WIDTH（宽）×10.3" HEIGHT（高）

REPEAT（循环）= 12" WIDTH（宽）×10.3" HEIGHT（高）

附录 3　运动裤订单

B.B.B

B.B.B MENS: AUTUMN/WINTER 2018/2019

RANGE: MENS A/W 2018/2019

STYLE NO（款号）：	MKS3845
GARMENT DESCRIPTION（服装描述）：	FLEECE PANT WITH THIGH PRINT&POCKET DETAILING
COLLECTION（系列）：	AUTUMN/WINTER 2018/2019
RANGE（类别）：	SPORT

TOP STITCHING ON THE TICKET POCKET IS TO BE TWIN NEEDLE IN BASE COLOUR WITH RIVET MKR 2385 TOP RIGHT CORNER AS WORN（大身布线迹、车双线，右袋顶角钉铆钉 MKR2385）

WAISTBAND DRAWCORD REF: MKDC 1753（腰绳为 MKDC 1753）

BACK INNER LABEL REF: MKL 1726（MKL1726 主唛／内唛）

THE FRONT OF THE WAISTBAND HAS A FLEECE PANEL WITH TWIN NEEDLE TOPSTITCHING FEATURE（前均腰头原身布，车双线）

THIGH POCKET IS TO HAVE A 1cm WIDE COTTON JERSEY COL 1 BOUND EDGE, A FLEECE TICKET POCKET BEHIND) THE RIGHT POCKET AS WORN WITH UNBRANDED ENAMELLED METAL RIVET IN THE CORNER AS ILLUSTRATED（袋口用大身布有 1cm 宽、穿起计右插袋后有用绒布做的零钱袋，如图所示，装钉有一无标示的铆钉。）

KNEE DART FEATURE（膝盖省）

1 × 1 COTTON RIB WAISTBAND WITH ELASIC ENCASED INSIDE（1 × 1 全棉罗纹腰头，内穿橡筋）

ENAMMELED METAL EYELET IN CONTRAST COLOUR, 16mm WIDE（16mm 无标志搪色鸡眼）

1 × 1 COTTON RIB WAISTBAND WITH COVERSEAMED SEAMLINE IN SELF COLOURED STITCHING（腰头搪色缝线绷缝线迹，车双线）

BACK BADGE REF: MKB2572（MKB2572 后唛贴）

BACK LAID ON SELF FABRIC POCKET FLAPS WITH CONTRAST COLOUR BRANDED POPPA FASTENING, REF: MKP2475（后片有大身面料贴的袋盖，上有搪色四合扣: MKP 2475）

POCKET FLAP IS TO BE TWIN NEEDLE COLOUR BARTACK AT EACH END AS ILLUSTRATED（袋盖有搪色套结）双明线

CURVED SEAT SEAM WITH SELF COLOURED COVERSEAM TOPSTITCHING FEATURE（弯背车绷缝线，配底色）

LOWER LEG SEAM WITH SELF COLOURED COVERSEAM FEATURE（下脚内侧绷缝线，配底色）

LOOSELEY ELASTICATED HEM（脚口松紧带）

PLEASE REFER TO COLOUR PALETTE PROVIDED FOR BACK BADGE REF: COLOUR PANTONE NUMBERS/COLOUR SWATCHES(色彩请参考潘通色号或者色样)：

STYLE CODE（款号）	COL 1 颜色	RIVET COL	EYELET COL	DRAWCORD REF	BACK INNER LABEL REF	SWING TICKET REF	BACK BADGE REF	POPPA REF	TICKET POCKET RIVET REF	BACK POCKET BARTACK COL
MKS3845	GREY MARL	BLACK	BLACK	MKDC 1753	MKL 1726	MKSW 2293	MKB 2572	MKR2475	MKR2385	BLACK

FABRIC INFO	TRIM INFO	DESIGNER
OUTER: 65% COTTON, 35% POLYESTER, BRUSHED BACK FLEECE, 290 GSM WEIGHT	5cm WIDE ELASTIC TO BE ENCASED IN WAISTBAND	ILLJ
WAIST BAND: 100% COTTON, 1 × 1 RIB, WEIGHT TO SUIT GARMENT, 100% COTTON JERSEY FOR THIGH POCKET BINDING, 200 GSM	COTTON RIB	DATE
（织物面料: 65%棉、35%涤纶毛刷绒布，290克/平方米，磨背毛绒纹; 100%棉，1 × 1 罗纹，克重与服装匹配，膜部口袋包边: 100%棉针布，200克/有 5 厘米宽橡筋）		2018-05-30

Specification Sheet(尺码表)

Style No.（款号）	MKS3845	Description（品名）	SANDRINGHAM FLEECE PANT			
Collection（系列）	MCKENZIE MENS	Season（季节）	A/W 2018/2019			
Supplier（供货商）		Date（日期）	2018-10-11			

Measurement Description（尺寸描述）	S	M	L	XL	XXL
HALF WAIST（relaxed）腰宽（松量）	34.5	37	39.5	42	44.5
HALF WAIST（stretched）腰宽（拉紧）	44.5	47	49.5	52	54.5
FRONT RISE（inc. waistband）前裆长（含腰带）	29	30	31	32	33
BACK RISE（inc. waistband）后裆长（含腰带）	39	40	41	42	43
WAISTBAND DEPTH（腰带宽）	6	6	6	6	6
SEAT（meas 18cm below bttm of w/band, follow waistline）臀宽（腰带底部向下18厘米测量，与腰线平齐）	53.5	56	58.5	61	63.5
THIGH AT CROTCH（大腿围）	33.5	35	36.5	38	39.5
MID THIGH（18cm below crotch seam）中腿围（裆缝向下18厘米测量）	28	29	30	31	32
KNEE（36cm below crotch seam）膝围（裆缝向下36厘米测量）	26	27	28	29	30
HEM（relaxed）脚口（松量）	19	20	21	22	23
HEM（stretched）脚口（拉紧）	24	25	26	27	28
INSEAM（内裆缝）	80	80	82	82	82
POSITION OF BACK LEG SEAM（measure up from bottom of hem）后腿缝线位置（脚口底部向上测量）	30	30	30	30	30
FRONT POCKET WIDTH（meas along waistseam）前口袋宽（沿腰缝测量）	6	6	7	7	7
FRONT POCKET LENGTH（meas along side seam）前口袋长（沿侧缝测量）	14	14	14	14	14
TICKET POCKET WIDTH（零钱袋宽）	8	8	8	8	8
TICKET POCKET LENGTH（零钱袋高）	10	10	10	10	10
HEM DEPTH（脚口折边宽）	2.5	2.5	2.5	2.5	2.5
BACK POCKET FLAP LENGTH（后袋盖长）	16	16	16	16	16
BACK POCKET FLAP DEPTH（meas @ centre）后袋盖高（中间测量）	7.5	7.5	7.5	7.5	7.5
BACK PKT WELT LENGTH（under back pkt flap）后袋嵌线长（袋盖下面）	16	16	16	16	16
BACK PKT WELT DEPTH（under back pkt flap）后袋嵌线高（袋盖下面）	1	1	1	1	1
BACK SEAT SEAMLINE（meas at back rise from crotch）后臀拼缝尺寸（从裆部沿后裆缝线）	23	24	25	26	27

（续表）

Measurement Description（尺寸描述）	S	M	L	XL	XXL
BACK SEAT SEAMLINE（meas at inseam）后臀拼缝尺寸（内缝线）	18.5	18.5	20.5	20.5	20.5
BACK SEAT SEAMLINE（meas at 9.25cm at back rise from crotch）后臀拼缝尺寸（从裆部沿后裆缝线9.25厘米处）	13.5	14	14.5	15	15.5
BACK SEAT SEAMLINE（meas 10cm down inseam from crotch）后臀拼缝尺寸（从裆部沿内缝线10厘米）	16.5	17	17.5	18	18.5
BACK SEAT SEAMLINE（meas at thigh at crotch）后臀拼缝尺寸（裆部）	20.5	21	21.5	22	22.5
DRAWCORD HANGING LENGTH（visible/protruding length）腰绳长度（外露可见的部分）	18	18	18	18	18

Measurement tolerances（尺寸允差）：

JD reserve the right to reject all goods that do not conform to the following（JD保留拒绝不符合下列要求的货物的权利）：

Garment（服装）	Centimetre（cm）	
	Measurement（尺寸）	Tolerance（允差）
Woven（梭织）	under 15	+/−0.5
	15 ~ 65	+/−1
	65 ~ 130	+2/−1.5
	over 130	+2.5/−2
Knitted（针织）	under 15	+/−0.5
	15 ~ 65	+/−1
	65 ~ 130	+2.5/−2
	over 130	+3/−2.5

注：① inc. 为 include 缩写。
② meas 为 measure 的缩写。
③ bttm 为 buttom 的缩写。
④ pkt 为 pocket 的缩写。

附录 4 衬衫订单

Cover Page				
Style No.（款号）	RB23SW02	**Delivery Date**（交货日期）	2018-05-05	**Designer**（设计师）	
Name（品名）	BEACH PLAID	**Group Name**（组别）	SUMMER1	**Contact**（联系人）	
Fabrication（面料）	100% COTTON Y/D, 40×40, 120×80	**Season**（季节）	SUMMER 2018（2018夏）	**Contact Email**（联系邮箱）	
Size Range（号型）	1XL ~ 6XL	**Category**（类别）	Wovens（梭织）		

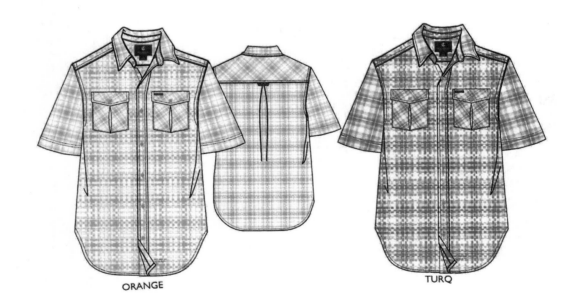

ORANGE   TURQ

Material Description （材料描述）	Placement（位置）	Qty （数量）	Size 尺寸	TURQ （绿色）		ORANGE （橙色）	
BODY FABRIC （大身面料）	MAIN BODY FABRIC — see detail page （大身面料－参见详图）		*NA		（18-4930 TCX） TROPICAL GREEN（翠绿色）		（16-1364 TCX） VIBRANT ORANGE （亮橙色）
BARTACKS （套结）	POCKET（口袋）		*NA		（18-4930 TCX） TROPICAL GREEN（翠绿色）		（16-1364 TCX） VIBRANT ORANGE （亮橙色）
BUTTON HOLE THREAD（纽洞线）	BUTTON HOLE THREAD- TEX 105（纽洞线－105tex）		TEX 105		（11-0601 TCX） BRIGHT WHITE STD （亮白色）		（11-4201 TCX） OFF WHITE （米白色）
BUTTON THREAD （纽扣线）	BUTTON THREAD-TEX 105（纽扣线）		TEX 105		（18-4930 TCX） TROPICAL GREEN（翠绿色）		（16-1364 TCX） VIBRANT ORANGE （亮橙色）
CONTRAST BUTTON HOLE THREAD （撞色纽洞线）	LAST BUTTON HOLE ON CF PLACKET, AN CUFFS （前中最下面的纽洞，袖口）		TEX 105		（14-4201 TCX） LUNAR ROCK （银灰色）		（16-1324 TCX） LARK
MAIN THREAD COLOR （主缝线）	MAIN TOP STITCH-TEX 105（主明线）		TEX 105		（B.WHITE 11-0601 TCX） BRIGHT WHITE STD （亮白色）		（11-0103 TC） VINTAGE WHITE （复古白）
（R-CT-003-WL）"MITRE FOLD LABEL"WOVEN LABEL （船型织唛）	CB YOKE-SEE TP（后育克）	1	*NA		（JAY Z BLUE 19-3933 TC） JAY-Z BLUE19-3933 TC COMBO 1		（JAY Z BLUE 19-3933 TC） JAYZ BLUE 19-3933 TC COMBO 1
（R-CL-011-WL）"MAIN LABEL" WOVEN LABEL （主标）	MAIN LABEL（主标）	1	*NA		（JAY-Z BLUE）539C COMBO1		（JAY-Z BLUE）539C COMBO 1
（R-CL-017-HT）"TWO SIDED PRINTED" HANGTAG （双面印吊牌）	ON WRS.LEFT SLEEVE HEM （穿着者左侧袖口）	1000	*NA		（JAY Z BLUE 19-3933 TC）JAY Z BLUE 19-3933 TC		（JAY Z BLUE 19-3933 TC） JAY Z BLUE 19-3933 TC
R-FA12-021-BU	MATTE PLASTIC BUTTON （亚光塑料扣）	9	*NA		DTM OR CLEAR （配色或透明色）		DTM OR CLEAR （配色或透明色）
（R-CO-014-WL） STRIP LABEL（条标）	WEARER'S LEFT CHEST PKT （穿着者左胸口袋）	1	*NA		（JAY-Z BLUE）539 C COMBO3		（JAY-Z BLUE）539 C COMBO 3
（R-CL-015 WL）"SIZE DETAIL LABEL"WOVED LABEL （尺码唛）	UNDER MAIN LABEL （主标下面）	1	*NA		（JAY Z BLUE 19-3933 TC）JAY Z BLUE 19-3933 TC		（JAY Z BLUE 19-3933 TC） JAY Z BLUE 19-3933 TC

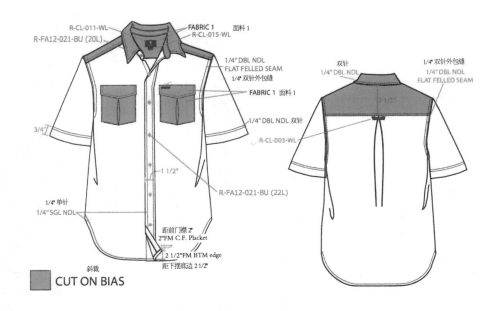

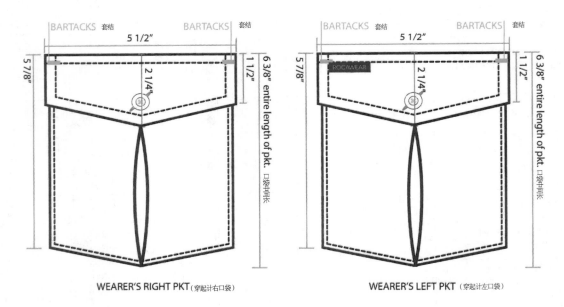

WEARER'S RIGHT PKT（穿起计右口袋）　　　　WEARER'S LEFT PKT（穿起计左口袋）

注：① DBL NDL 为 double needle 的缩写。
　　② FM C.F. Placket 为 from center front Placket 的缩写。
　　③ BTM 为 bottom 的缩写。
　　④ SGL NDL 为 single needle 的缩写。

ORANGE

A	B	C	D	E
V. ORANGE	BRT WHITE	BUTTERCUP	LARK	STONE
16-1364 TCX	11-0601 TCX	12-0752 TCX	16-1324 TCX	13-0607 TCX

面料 100% 棉
FABRICATION: 100% COTTON
40X40
120x80

C　　A E　B　E　　D D

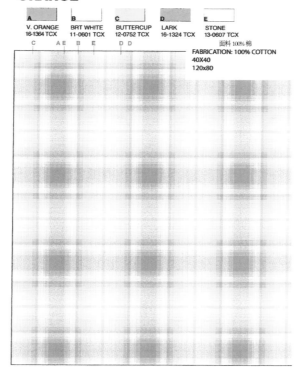

TURQ

A	B	C	D	E
V. ORANGE	B. WHITE	LUNAR ROCK	T. GREEN	TURQUOISE
16-1364 TCX	11-0601 TCX	14-4201 TCX	18-4930 TCX	15-5519 TCX

面料 100% 棉
FABRICATION: 100% COTTON
40X40
120x80

C　　A E　B　E　　D D

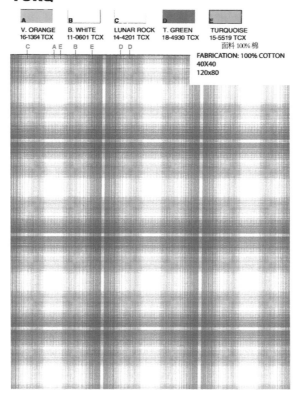

Date（日期）：2018-01-09
Short Sleeve Woven Shirt（短袖梭织衬衫）

GARMENT PART 服装部位	1X	2X	3X	4X	5X	6X	TOL/+-
CB LENGTH（后中长）	33 1/2	34 1/4	35	35 1/2	36	36 1/2	1/2
CHEST 1" BELOW A.H. 胸围（腋下1"）	27	28 1/2	29	31	33	34 1/2	3/4
SWEEP/BOTTOM OPENING（下摆）	27	28 1/2	29	31	33	34 1/2	3/4
SHOULDER（from neck seam to armhole）（小肩宽）	8	8 1/2	9	9 1/2	10	10 1/2	1/4
ARMHOLE CIRCUMFERENCE（袖窿周长）	12 1/2	13	13 1/2	14	14 1/2	15	1/4
MUSCLE 1" BELOW ARMHOLE 袖肥（腋下1"）	10 3/4	11 1/4	11 3/4	12 1/4	12 3/4	13 1/4	1/4
SLEEVE LENGTH FROM CB（@3pts）袖长（从后中）	22 3/4	23 1/2	24 1/4	25	25 3/4	26 1/2	1/2
SLEEVE OPENING（@btm edge）（袖口大）（袖口底量）	9	9 1/2	10	10 1/2	11	11 1/2	1/4
CUFF HEIGHT（克夫高）	1 1/2	1 1/2	1 1/2	1 1/2	1 1/2	1 1/2	1/16
NECK WIDTH SM TO SM 横开领（缝到缝）	7	7 1/2	8	8 1/2	9	9 1/2	1/4
FRONT NECK DROP FROM HPS（前领深）	3	3 1/4	3 3/4	3 3/4	4	4 1/4	1/8
COLLAR LENGTH OUTSIDE EDGE（上领外沿长）	18 7/8	20	21 1/8	22 1/4	23 3/8	24 1/2	1/4
NECK BAND LENGTH（领座高）	17 1/8	18 1/4	19 3/8	20 1/2	21 5/8	22 3/4	1/4
COLLAR HEIGHT CF（领宽（前中））	3	3	3	3	3	3	1/8
COLLAR HEIGHT CB（领宽（后中））	2 1/4	2 1/4	2 1/4	2 1/4	2 1/4	2 1/4	1/8
COLLAR BAND HEIGHT CB（领座宽（后中））	1 1/2	1 1/2	1 1/2	1 1/2	1 1/2	1 1/2	1/8
POCKET LENGTH（口袋长）	6 3/4	6 3/4	6 3/4	7	7	7	1/8
POCKET WIDTH（口袋宽）	5 3/8	5 3/8	5 3/8	5 5/8	5 5/8	5 5/8	1/8
POCKET PLACEMENT FROM HPS 口袋位（距肩领点）	8 3/4	8 3/4	8 3/4	9	9	9	1/8
POCKET PLACEMENT FROM Placket centre（口袋位（距前门襟中））	2 1/2	2 1/2	2 1/2	3	3	3	1/8

附录 5　夹克衫订单

Working: AF23K616
Style name（款号）：YG H TL TRK JKT
Factory（工厂）：JIN JIANFENG
Status（状态）：IN WORK

Season（季节）：Fall/Winter 2019
Date and time（时间日期）：2018-03-14 at 08:01:46 CET

Base（基础码）：A152	Develop（开发者）：Zhang Lily Size:	CAD（CAD 样板制作者）：Tan Suiki Pattern Maker:
Product Type（组别）：Tracksuit Jacket	Gender（性别）：Female　Age（年龄）：Junior	Brand（品牌）：
Sourcing Sizes（尺码）：A92, A98, A104, A110, A116, A128, A140, A152, A164, A176		

General lnfo Text	WORKMANSHIP（工艺要求） GENERAL INFO "ELASTIC TIECORDS AND TOGGLES ON BABYWEAR" : There shall be no elastic drawstrings, functional or decorative cords or toggles used on babywear in areas like leg hem, sleeve hem, waistband of top and bottom, and hood/neck area. This includes all sizes from size 62 to size 104. （关于婴幼儿服装上弹性拉绳和套索扣： 在婴幼儿服装的裤口、袖口、腰带上下及帽子／领子部位不应配置弹性拉绳、功能性或装饰性绳带、套索扣，这包括 62 码到 104 码都要满足该要求）

Section 部分: Main Component 主材料

part Number（部位代码）	part Name（部位名称）	Material（材料）	Supplier（供应商）	Desc.（描述）	Supp. Uom（单位）	Yield（用量）	Orange（橙色组）	Ink Blue（蓝色组）
10	see sketch: all body, center front zipper garage and pocket garage (must except the big star fabric), pocket facing（见款式图: 大身, 前中拉链盖以及口袋盖(除去大星星), 袋贴）	62578196 plain weave（62578196 平纹）	0KY002 - TEIJIN NANTONG (CHN)	100% PES Print 75.00 g/sqm cire（100% 涤纶印花 75克/平方米 轧光处理）	yard（码）	1.378		
10	base color（基布色）	62578196 plain weave（62578196 平纹）	0KY002 - TEIJIN NANTONG (CHN)	100% PES Print 75.00 g/sqm cire（100% 涤纶印花 75克/平方米 轧光处理）	yard（码）	0.000	BRIGHT PINK F12 A5MY（亮粉色）	BRIGHT PINK F12 A5MY（亮粉色）
10	big stars（大星星）	62578196 plain weave（62578196 平纹）	0KY002 - TEIJIN NANTONG (CHN)	100% PES Print 75.00 g/sqm cire（100% 涤纶印花 75克/平方米 轧光处理）	yard（码）	0.000	HYPER ORANGE F12 A5MT（橙色）	PRIME INK BLUE S12 A52L（墨水蓝）
10	small stars and triangles（小星星及三角形）	62578196 plain weave（62578196 平纹）	0KY002 - TEIJIN NANTONG (CHN)	100% PES Print 75.00 g/sqm cire（100% 涤纶印花 75克/平方米 轧光处理）	yard（码）	0.000	LAB PINK F12 A5N3（粉色）	LAB PINK F12 A5N3（粉色）
20	body and hoodie lining, pocket bags（大身及帽子里布, 口袋布）	60010625 tricot（60010625 经编针织）	01W001 - MEN-CHUEN (TWN)	100% PES 77.00g/sqm hydrophilic finish, brushed face（100% 涤纶 77克/平方米 亲水后整理 磨毛处理）	yard（码）	1.243	HYPER ORANGE F12 A5MT（橙色）	BRIGHT PINK F12 A5MY（亮粉色）
30	interlining（衬布）	60010940 Construction not yet defined（60010940 结构未定义）	0JR001 - NINGBO SHENZHOU (CHN)	100% PES 0.00 g/sqm（100% 涤纶 0克/平方米）	yard（码）	0.125	WHITE 001A（白色）	WHITE 001A（白色）

Section 部分：Trim 辅料

Part Number （部位代码）	Part Name （部位名称）	Material （材料）	Supplier （供应商）	Desc. （描述）	Supp. UoM （单位）	Yield （用量）	ORANGE （橙色组）	BLUE （蓝色组）
200	CF zipper （前中拉链）	62580170 zipper/puller	09Z005-YKK （CHN）	zipper, coil 5, OE metal enamel finish （5# 尼龙开口拉链 拉链牙做金属光泽处理）	piece	1.000	HYPER ORANGE F12 A5MT （橙色）	PRIME INK BLUE S12 A52L （蓝色）
210	pkt zipper （口袋拉链）	62580162 zipper/puller	09Z005-YKK （CHN）	zipper, coil 3, CE automatic lock metal-nickel free, metal enamel finish （3# 闭口自锁尼龙拉链 拉链牙做金属光泽处理, 不含镍）	piece	2.000	HYPER ORANGE F12 A5MT （橙色）	PRIME INK BLUE S12 A52L （蓝色）
220	sleeve opening and hem binding （袖开口和下摆包边）	61029748 tape	099001-STRETCHLNE Ltd （CHN）	binding （包边） elastic plain PES 弹力平纹, 深绝	m	1.708	BRIGHT PINK F12 A5MT （亮粉色）	BRIGHT PINK F12 （亮粉色）
230	reflective piping along zipper tape （at right of the wearer） （沿拉带包边 （试穿者右面））	61037208 tape	07U001-JIA MEIR CO., Ltd （TWN）	tape （织带） laminated plain reflective not defined	yard	0.066	MATTE SILYER A0TR （银色）	MATTE SILVER A0TR （银色）
240	topstitching （all body） （线迹 （所有大身））	61020221 misc	0JR001-NINGBO SHENZHOU （CHN）		yard	1.000	DYE TO MATCH 4977 （配大身）	DYE TO MATCH 4977 （配大身）
250	sewing （chest） （缝 （胸））	61020221 misc	0JR001-NINGBO SHENZHOU （CHN）		yard	1.000	WHITE 001A （白色）	WHITE 001A （白色）

Section 部分： ARTWORK 艺术图案

Part Number (部位代码)	Part Name (部位名称)	Material (材料)	Supplier (供应商)	Desc. (描述)	Material Remarks	Remarks	Supp. UoM 单位	Yield 用量	Level 水平	Orange (橙色组)	Ink Blue (蓝色组)
600	left chest (左胸)	62559096 Corporate ID	0SP001 - FLEX PLM APPAREL SUPPLIER1 (MLT)	Glitter, Screen Print Corporate ID 24mm×35mm 闪耀丝网印 公司标志 24mm×35mm	Corp Logo screen print area: 8.4sqcm/1.29 sqin 公司 Logo 网印面积 8.4 平方厘米 /1.29 平方英寸	metallic glitter print W: 35mm× H: 24mm 闪耀丝网印 35mm 宽 × 24mm 高	piece	1	1	REFL.SI LVER 8415	REFL.SI LVER 8415

Section 部分： Label 唛

Part Number (部位代码)	Part Name (部位名称)	Material (材料)	Supplier (供应商)	Supp. UoM (单位)	Yield (用量)	Orange (橙色组)	Ink Blue (蓝色组)
0		62002447 Warning Label 警示唛	00V001 - AVERY DENNISON (HKG)	piece	1		
0		62002346 Decorative Label 装饰唛	00V001 - AVERY DENNISON (HKG)	piece	1		
0		62002417 Security 安全唛	00V001 - AVERY DENNISON (HKG)	piece	1		
0		62002836 Care Label 洗水标	00V001 - AVERY DENNISON (HKG)	piece	1		

Section 部分： Packing 包装

Part Number (部位代码)	Part Name (部位名称)	Material (材料)	Supplier (供应商)	Desc. (描述)
900		62550795 Packaging 包装	0M8001 - Generic Supplier	Price OVR based on Packaging Matrix; see manual for packaging 包装上印价格，参考包装图示

Name	A92	A98	A104	A110	A116	A128	A140	A152	A164	A176
Chest width (meas. 2cm below armhole) 胸围（腋下2厘米）	75.000	76.000	77.000	78.000	79.000	83.000	87.000	91.000	95.000	99.000
Waistband width 腰围	60.000	61.500	63.000	64.500	66.000	70.000	74.000	78.000	82.000	86.000
Waistband width stretched (pattern meas.) 腰围拉量（样板尺寸）	75.500	77.000	78.500	80.000	81.500	85.500	89.500	93.500	97.500	101.500
Shoulder length 肩宽	5.900	6.200	6.500	6.800	7.100	7.900	8.700	9.500	10.300	11.100
Sleeve length 袖长	34.500	37.000	39.500	42.000	44.500	49.000	53.500	58.000	62.500	67.000
Sleeve width (meas. 2cm below armhole) 袖肥（腋下2厘米）	27.700	28.300	28.900	29.500	30.100	31.500	32.900	34.300	35.700	37.100
Sleeve opening (relaxed) 袖口宽（松量）	14.700	15.100	15.500	15.900	16.300	16.900	17.500	18.100	18.700	19.300
Sleeve opening (stretched) 袖口宽（拉量）	22.200	22.600	23.000	23.400	23.800	24.400	25.000	25.600	26.200	26.800
Back neck width 后领宽	15.800	15.800	15.800	15.800	15.800	16.000	16.200	16.400	16.600	16.800
Neck drop 领深	5.000	5.100	5.300	5.400	5.600	6.400	7.200	8.000	8.800	9.600
Front zip length +/-1% 前中拉链长	34.000	35.500	37.000	38.000	39.000	41.500	44.000	46.500	49.000	51.500
Functional pocket opening 功能性口袋大	12.000	12.000	12.000	12.000	14.000	14.000	14.000	14.000	14.000	14.000
Forearm width 袖肘	24.800	25.100	25.400	25.700	26.000	26.800	28.000	29.200	30.400	31.600
Forearm meas. point above sleeve opening(meas. on inseam) 袖肘位（沿袖底缝距袖口）	10.000	10.000	10.000	13.000	13.000	13.000	18.000	23.000	28.000	33.000
Logo meas. top edge to div. seam 标示位（距离分割线）	1.500	1.500	1.500	1.500	1.500	1.500	2.000	2.500	3.000	3.500
Logo meas. edge to center front 标示位（距离前中）	5.000	5.300	5.600	6.000	6.000	6.500	6.500	6.500	6.500	6.500
Back length 后中长	38.000	40.000	41.500	42.500	43.500	47.000	50.500	54.000	57.500	61.000
1/2 Hood neck line from edge to c.b. 帽颈围（从边到后中）	19.300	19.500	19.600	19.800	19.900	20.700	21.500	22.300	23.100	23.900
1/2 Hood width（1/2帽宽）	23.700	23.700	23.700	23.700	23.700	24.300	24.900	25.500	26.100	26.700
Hood width meas. point from top of hood 帽宽测量点（距帽顶）	12.000	12.000	12.000	12.000	12.000	12.000	12.000	12.000	12.000	12.000
1/2 Hood length front (top edge of hood to c.f.) 帽前长（帽顶到前中）	33.500	33.500	33.500	33.500	33.500	34.500	35.500	36.500	37.500	38.500
Hood length meas. at middle of the panel 帽长（拼块中间量）	44.700	44.700	44.700	44.700	44.700	46.100	47.500	48.900	50.300	51.700
Hood panel width 帽拼块宽	9.000	9.000	9.000	9.000	9.000	9.000	9.000	9.000	9.000	9.000

附录 6　棉夹克订单

Technical Sketch 工艺图

Date（日期）：2018-10-01	Season（季节）：19HO Holiday 2019
Style（款号）：MFT0002200	Sample Size（样衣尺码）：M
Category（类别）：Fleece Top（卫衣上衣）	Size Scale（尺码）：S–M–L–XL–XXL

70% Cotton, 30% Poly Fleece Sherpa Lining（70% 棉，30% 涤绒布，含梳面绒衣里）

Mineral Grey（MIG） Mosaic Blue（MSC）
（淡灰组）　　　（中蓝组）

Black（BLK）
（黑色组）

STYLE NAME: OE FLEECE

衣里梳面绒 220 克
SHERPA LINING
SEE LINING PAGE

BACK NECK TAPING
3/8" back neck taping 后领带汗布 3/8"
1/4" double needle top stitching 压 1/4" 双针明线

左袖毛毡布贴布距离袖顶下 4 1/2" 居中
SLEEVE FELT APPLIQUE
− 4 1/2" down from armhole centered
− wearer's left arm
− see separate page

SET IN SLEEVE
− 1/4" single needle top stitching
装袖：压 1/4" 单针明线

HOOD LINING
jersey hood lining
帽里汗布

SELF FABRIC WELT POCKETS
− 1/8" single needle top stitching
− welt width: 1"
− welt length: 6 1/2"
− (SEE BOM)
大身布挖袋，压 1/8" 单针明线
嵌线：宽为 1"，长为 6 1/2"

EMBROIDERY ART
− 1/4" from rib centered
− wearer's right arm
− see separate page
绣花距离罗纹 1/4"，居中
穿起计右袖

CONTRAST CUFF & WAIST
− 2 × 2 RIB
− 1/4" single needle top stitching
− Cuff height: 2 1/2"
− (SEE BOM)
弹性袖口和下摆
2 × 2 罗纹
压 1/4" 单针明线
宽为 2 1/2"

CF ZIP
− exposed metal zip
− 1/4" single needle top stitching
前中金属露齿拉链 1/4" 压线

下摆标

ICON LOOP LABEL

Hurley International
Size Matrix

Date（日期）：2018-10-01		Season（季节）：19HO Holiday 2019	Style（款号）：MFT0002200
Category（类别）：Fleece Top（卫衣上衣）		Grade Rule：MFLEECETOP	
Size Scale（尺码）：S–M–L–XL–XXL			Sample Size（样衣尺码）：M

Measurements（fractional Inches）测量（分数 英寸）	Tol+/−（允差）	XXS	XS	S	M	L	XL	XXL	3XL	4XL	5XL
Body Length From HPS 身长从肩点量	1/2				28 1/2						
CF Zipper Length（Full Grade）前中拉链长	1/2				23 1/4						
Shoulder Slope 肩斜	1/8				1 1/2						
Shoulder Seam forward 前过肩宽	1/8				3/4						
Across Shoulder Seam to Seam 总肩宽（缝到缝）	3/8				18 1/2						
Across Back Chest @ 6" from HPS 后背宽后领肩点下 6"	3/8				18 1/4						
Across Front Chest @ 6" from HPS 前胸宽前领肩点下 6"	3/8				17						
Chest Width @ 1" Below armhole 胸围腋下 1"	1/2				22 1/2						
Bottom Opening Width @ 2" Above WB–STRAIGHT 下摆宽罗纹上 2"—直量	1/2				21 1/2						
Bottom RIB Measurement @ WB 下摆宽（罗纹）	1/2				20						
Waistband RIB Height 下摆罗纹高	1/8				2 1/2						
Neck Width–Seam to Seam 领宽（缝到缝）	1/8				8						
Front Neck Drop–HPS to Neck Seam 前领深领肩点到缝	1/8				4 1/4						
Back Neck Drop–HPS to Neck Seam 后领深领肩点到缝	1/8				3/4						
Armhole Length– Straight 袖窿直量	1/4				10 1/4						
SLEEVE INFO 袖子信息											
Bicep Width @ 1" Below Underarm 袖状腋下 1"	1/8				8						
Elbow Pos. from Shoulder Seam–LS 袖肘位置离肩缝	0				13						
Elbow Width 袖肘宽	1/8				7 1/4						
Forearm Width 7 1/2" from edge of Cuff 前臂（袖口上 7 1/2"）	1/8				6 1/4						
Sleeve Cuff Width at RIB Edge（Rlxd）袖口宽，在罗纹边，松量	1/8				4						
Sleeve Length from CB –LS 袖长从后中	1/2				35 1/2						
Undersleeve Length 下袖长	1/4				21 1/4						
Sleeve RIB Cuff Height 袖口罗纹高	1/8				2 1/2						

Default Colors-SPEC Measurements（fractional Inches）测量（分数 英寸）	Tol+/-	XXS	XS	S	M	L	XL	XXL	3XL	4XL	5XL
HOOD INFO 帽子信息											
Hood Height–NK Seam to Top 帽高（领缝至帽顶）	1/4				15						
Hood Width @ 5" Down from Top 帽宽（帽顶下 5"）	1/4				10 3/4						
Hood Length @ CB Seam 后中帽长	1/4				21						
Hood Drawcord Length（Total）帽绳长（总长）	1/2				42						
Hood Drawcord Exit from CF 帽带距离前中	1/8				1 1/4						
POCKET INFO 口袋信息											
Pocket Welt Width 口袋嵌条宽	1/8				1						
Pocket Welt Opening 口袋开口长	1/8				6 1/2						
Pocket Welt Pos. from Side @ Top 口袋距离侧边（上面）	1/8				3 1/2						
Pocket Welt Pos. from Side @ Bottom 口袋距离侧边（下面）	1/8				2 1/4						
Pocket Welt Pos. from WB seam 口袋距离下摆	1/8				2 1/2						
Inside CF Facing Width @ WB 门襟挂面宽（腰围处）	1/8				3						
Inside CF Facing Width @ Shoulder 门襟挂面宽（肩线处）	1/8				2 1/4						

Notes:

FOLLOW BODY FIT FROM FA13 RETREAT SHERPA

FOLLOW SPEC AND DESIGN SKETCH FOR ALL DETAIL AND TOP STITCHING

fc 01　2018-10-01　13:48

Hurley International
Bill of Material

Raw Material（原材料）	Long reference（详情）	Placement（位置）	BLK（黑色组）	MIG（淡灰组）	MSC（中蓝组）
COTTON BLEND（棉混）	70/30 C/P FLEECE（70%棉，30%涤毛圈布）	FRONT AND BACK BODY, SLEEVES, EXTERIOR HOOD（前后大身，袖子，帽子外层）	BLACK GROUND W/GRA TEXTURE	MINERAL GREY GROUND W/BLK	MOSAIC BLUE W/TRUE NAVY TEXTURE
COTTON BLEND（棉混）	60/40 C/P 160 GSM（60%棉，40%涤，160克/平方米）	HOOD LINING & NECK TAPING（帽里和领贴条）	BLACK（黑色）	BLACK（黑色）	BLACK（黑色）
COTTON BLEND（棉混）	1×1 RIB WITH LYCRA（1×1罗纹，含莱卡）	WELT, CUFF & RIB（口袋嵌线，克夫，罗纹）	MATCH BODY（配大身色）	MATCH BODY（配大身色）	MATCH BODY（配大身色）
POLYESTER BLEND（涤混）	SHERPA LINING INSIDE BODY AND SLEEVES（大身，袖子梳棉绒里）	BODY AND SLEEVES（大身和袖子）	BLACK（黑色）	BLACK（黑色）	BLACK（黑色）
THREAD（线）	ALL OVER THREAD（所有缝线）	ALL OVER THREAD（所有缝线）	DTM（配色）	DTM（配色）	DTM（配色）
WASH（水洗）	MINERAL WASH（矿物洗）	MINERAL WASH（矿物洗）	MINERAL WASH（矿物洗）	MINERAL WASH（矿物洗）	MINERAL WASH（矿物洗）
TLB999 CARE LABEL（洗唛）		ON THE WEARER'S LEFT SIDE SEAM: 4" FROM BOTTOM OF HEM（穿起计左侧缝距下摆底4"）			
ETG017 CLIP LABEL（下摆标）		WEARER'S LEFT BOTTOM HEM– SEE TECH（穿起计左下摆 – 详见图稿）			
DRAWCORD（拉绳）	COLORBAR DRAWCORD; COLORBAR SHOULD BE AT WEARER'S LEFT SIDE（含彩色封头棉绳，彩色封头在穿起计左侧）	HOOD（帽子）	BLACK（黑色）	BLACK（黑色）	BLACK（黑色）
93–MSRP HANGTAG STICKER（吊牌贴纸）		UPC/PRICE STICKER PLACED ON BACK OF MAIN HANGTAG（条形码/价格贴纸贴于主吊牌背面）			

（续表）

Raw Material（原材料）	Long reference（详情）	Placement（位置）	BLK（黑色组）	MIG（淡灰组）	MSC（中蓝组）
ICON LOGO ZIP PULL （含 logo 拉链头）	#5 METAL ZIP HEAD （5 号金属链头）	@ CF ZIP 前中拉链	MATTE BLACK （黑镍色）	MATTE BLACK （黑镍色）	MATTE BLACK （黑镍色）
MTH060M MAIN COLORBAR HANGTAG （G & S） （主吊牌）		PLACED @WEARER'S LEFT ARMHOLE SEAM （左腋下）			
ITG012 MEN'S DAMASK SIZE TAB （尺码标）		COUNTRY OF ORIGIN/ SIZE LABEL CENTERED UNDERNEATH MAIN LABEL （产地／尺码标位于主唛下居中）			
22-MSRP999 POLYBAG STICKER （胶装贴纸）		UPC/PRICE STICKER PLACED ON FRONT OF POLYBAG （条形码／价格贴纸贴于胶袋正面）			
POLY999 POLYBAG （胶袋）		BAG FOR FOLDED GARMENT – SEE VENDOR MANUAL （适用于折叠包装胶袋－详见供应商手册）			
GENERIC EYELET （普通气眼）	18L METAL EYELETS （18L 金属气眼）	DRAWCORD ENTRY @ HOOD （帽绳穿入口）	MATTE BLACK （黑镍色）	MATTE BLACK （黑镍色）	MATTE BLACK （黑镍色）
T ZIPPER GENERIC ZIPPER （普通拉链）	#5 METAL ZIP （5 号金属拉链）	@CF ZIP （前中拉链）	NATURAL TAPE W/ BLACK TEETH （自然色(大身色)马带／黑色拉齿）	NATURAL TAPE W/ BLACK TEETH （自然色（大身色)马带／黑色拉齿）	NATURAL TAPE W/ BLACK TEETH （自然色（大身色）马带／黑色拉齿）
ITG012 MAIN LABEL （主唛）		PLACE AT CB INTERIOR OF GARMENT, 1" BELOW NECK SEAM, LABEL STITCH IS DTM TO LABEL–SEE TECH （后中领缝下 1"。底面线配色。详见款式资料）			

参考文献

[1] 卓乃坚. 服装出口实务 [M]. 上海：东华大学出版社，2006.

[2] 沈根荣，阎文盈. 国外进口商验厂制度对我国出口的影响及对策探讨 [J]. 国际商务研究，2009（1）：29-34，43.

[3] 徐利平. 服装生产工艺单编制方法的探讨 [J]. 嘉兴学院学报，2002，14（3）：53-56.

[4] 周爱英. 服装外贸理单跟单实务 [M]. 上海：东华大学出版社，2011.

[5] 冯麟，等. 服装跟单实务 [M]. 北京：中国纺织出版社，2009.

[6] 李广松. 服装跟单实务 [M]. 北京：化学工业出版社，2012.

[7] 楼亚芳，韩纯宇. "服装外贸理单跟单"课程项目化教学的实施 [J]. 纺织教育，2012，27（1）：79-81.

[8] 金壮. 服装品质管理实用手册 [M]. 2 版. 北京：中国纺织出版社，2005.

[9] 张芝萍，田琦. 纺织品外贸跟单实务 [M]. 北京：中国纺织出版社，2008.